U0176476

# 系统架构设计师备考一本通

倪奕文　王建平　编著

中国水利水电出版社
www.waterpub.com.cn

·北京·

## 内 容 提 要

系统架构设计师考试是计算机技术与软件专业技术资格（水平）考试（简称"软考"）系列中的一个重要的高级专业技术资格考试，是计算机专业技术人员获得系统架构设计师职称的一个重要途径。但系统架构设计师考试涉及的知识面极广，几乎涵盖了计算机专业课程的全部内容，并且有一定的难度。目前市面上关于系统架构设计师考试的辅导书籍大部分都是侧重于某一个方向，例如单纯的知识点、真题等，而没有从该考试的三个科目（综合知识、案例专题、论文专题）去全面地阐述，这样就增加了考生复习上的困难。

本书结合作者多年从事软考教育培训和试题研究的心得体会，详细阐述了系统架构设计师考试三个科目所涉及的大部分知识点及真题。读者通过学习本书中的知识，可以全面且快速地提高复习效率，做到复习时有的放矢，考试时得心应手。书中还给出了一套模拟试卷并作了详细点评。

本书可作为参加系统架构设计师考试的考生的自学用书，也可作为软考培训班的教材。

## 图书在版编目（ＣＩＰ）数据

系统架构设计师备考一本通 / 倪奕文，王建平编著
. -- 北京 ： 中国水利水电出版社，2022.8
ISBN 978-7-5226-0889-1

Ⅰ．①系… Ⅱ．①倪… ②王… Ⅲ．①计算机系统－资格考试－自学参考资料 Ⅳ．①TP303

中国版本图书馆CIP数据核字(2022)第141192号

策划编辑：周春元　　　　责任编辑：王开云　　　　封面设计：李　佳

| 书　　名 | 系统架构设计师备考一本通<br>XITONG JIAGOU SHEJISHI BEIKAO YIBENTONG |
|---|---|
| 作　　者 | 倪奕文　王建平　编著 |
| 出版发行 | 中国水利水电出版社<br>（北京市海淀区玉渊潭南路 1 号 D 座　100038）<br>网址：www.waterpub.com.cn<br>E-mail：mchannel@263.net（万水）<br>　　　　 sales@mwr.gov.cn<br>电话：（010）68545888（营销中心）、82562819（万水） |
| 经　　售 | 北京科水图书销售有限公司<br>电话：（010）68545874、63202643<br>全国各地新华书店和相关出版物销售网点 |
| 排　　版 | 北京万水电子信息有限公司 |
| 印　　刷 | 三河市德贤弘印务有限公司 |
| 规　　格 | 184mm×240mm　16 开本　23 印张　547 千字 |
| 版　　次 | 2022 年 8 月第 1 版　2022 年 8 月第 1 次印刷 |
| 印　　数 | 0001—3000 册 |
| 定　　价 | 88.00 元 |

# 前　言

　　说到系统架构设计，软件行业从业人员应该都听说过这个名词，但在现实工作中很少看到纯粹的系统架构设计师岗位，这主要是因为系统架构设计概念一般应用在大型复杂信息系统的开发中，并且在传统的信息系统开发的五个阶段里是没有单独的系统架构设计阶段的。从定义上来说，系统架构设计是为了解决大型复杂项目从系统分析到系统设计之间的巨大鸿沟问题而提出的一个中间阶段，针对大型复杂信息系统项目，其需求分析过程是十分复杂的，最后形成的需求文档可能多达上千页，涉及的功能点达数万个，在这种情况下，直接过渡到系统设计阶段，将会有极大可能使得设计人员无法理解如此巨大的需求，因此，需要系统架构设计师来为复杂的系统先进行架构设计，确定系统的架构风格，也就是对系统进行分层或者模块化的过程，逐步划分、缩小需求范围，使得复杂的需求可以按架构层次分配给对应的设计人员，确保从需求分析到系统设计阶段的完美过渡。

　　凡是计算机软件开发行业从业者，心中都会有一个"系统架构设计师"的梦，想要自学相关知识却发现市面上很难找到真正的大型复杂项目的实战培训，基于此，笔者认为考生可以先从系统架构的基础理论知识开始学习，正所谓万丈高楼平地起，只有具备了相应的理论基础，在后续职业生涯的发展中面对大型复杂项目时才能游刃有余。这也是"系统架构设计师"考试的价值所在。同时，随着某些大城市积分落户制度的实施，"软考"中级以上职称证书也是获得积分的重要一项。因此，每年都会有大量的考生参加这个考试。我们每年在全国各地进行的考前辅导中，与很多考生交流过，他们都反映出一个心声："考试涉及的专业性太强，市面上辅导资料太少，通过考试非常难"。

　　为了帮助广大考生顺利通过考试，笔者结合多年来"软考"辅导的心得，以历次培训经典的综合知识、案例专题、论文专题三大模块内容为基础编写了本书。然而，考试的范围十分广泛，除了要掌握系统架构设计的相关知识，如软件架构风格、特定领域的软件架构、基于架构的软件开发、软件架构评估等，还要掌握计算机软件基础知识，如计算机组成与结构、操作系统、计算机网络和安全、软件工程、UML 建模和设计模式等。此外，还要了解信息化相关的法律法规以及经济管理知识。在下午卷的案例专题中还会涉及具体的应用架构以及 Web 架构技术，具有一定的难度。

　　本书的"三大模块"是这样来安排的：

　　第 1 篇，综合知识。结合最新考试大纲及历年真题形式，凝练出 14 章主题内容，每个章节都包含备考指南、考点梳理及精讲、课后演练及答案解析，保证考生学练结合，从而快速掌握知识点。

第 2 篇，案例专题。首先对案例分析科目做了概述性的分析以及考点归类，将案例分析所有试题归纳为五大类专题，然后对每一类专题都有专门的考点梳理及精讲，补充案例相关的技术知识点，并且也有配套的案例真题及详细解析，同样是学练结合，使得考生能把握案例考点。

　　第 3 篇，论文专题。首先对论文写作做了整体分析，将论文整体拆分成十大部分，并且给出了一套"万能模板"，考生可以据此搭建自己的论文模板。其次，还给出了架构设计师科目常考的十大论文主题以及对应的范文供学员参考、研究。

　　本书还新增了第 4 篇，模拟试卷及答案解析，帮助考生在考前整体检测自己的学习成果。

　　在此，要感谢中国水利水电出版社万水分社周春元副总经理，他的辛勤劳动和真诚约稿，也是我能编写此书的动力之一。感谢王建平女士、倪晋平先生对本书的编写给出的许多宝贵的建议，感谢我的同事们、助手们，是他们帮我做了大量的资料整理，甚至参与了部分编写工作。

　　然而，虽经多年锤炼，本人毕竟水平有限，敬请各位考生、各位培训师批评指正，不吝赐教。我的联系邮箱是：709861254@qq.com。

　　关注"文老师软考教育"公众号，然后回复"架构一本通，系统架构设计师一本通"，可免费观看指定视频课程。

编 者
2022 年 5 月

文老师软考教育

# 目　　录

## 第 2 篇　案例专题

## 第 3 篇　论文专题

## 第 4 篇 模拟试卷

# 第 1 篇　综合知识

# 第1章
# 计算机组成与结构

## 1.1 备考指南

计算机组成与结构主要考查的是计算机硬件组成以及系统结构，包括计算机基本硬件组成、中央处理单元组成、计算机指令系统、存储系统、总线系统等相关知识。本章内容是重点考点，在系统架构设计师的考试中只会考选择题，占 4～5 分。

## 1.2 考点梳理及精讲

### 1.2.1 计算机系统基础知识

计算机的基本硬件系统由运算器、控制器、存储器、输入设备和输出设备 5 大部件组成。

（1）运算器、控制器等部件被集成在一起统称为中央处理单元（Central Processing Unit，CPU）。CPU 是硬件系统的核心，用于数据的加工处理，能完成各种算术、逻辑运算及控制功能。

（2）存储器是计算机系统中的记忆设备，分为内部存储器和外部存储器。前者速度高、容量小，一般用于临时存放程序、数据及中间结果。而后者容量大、速度慢，可以长期保存程序和数据。

（3）输入设备和输出设备合称为外部设备（简称"外设"），输入设备用于输入原始数据及各种命令，而输出设备则用于输出计算机运行的结果。

CPU 的功能如下所述。

（1）程序控制。CPU 通过执行指令来控制程序的执行顺序，这是 CPU 的重要功能。

（2）操作控制。一条指令功能的实现需要若干操作信号配合来完成，CPU 产生每条指令的操作信号并将操作信号送往对应的部件，控制相应的部件按指令的功能要求进行操作。

（3）时间控制。CPU 对各种操作进行时间上的控制，即指令执行过程中操作信号的出现时间、持续时间及出现的时间顺序都需要进行严格控制。

（4）数据处理。CPU 通过对数据进行算术运算及逻辑运算等方式进行加工处理，数据加工处理的结果被人们所利用。所以，对数据的加工处理也是 CPU 最根本的任务。

此外，CPU 还需要对系统内部和外部的中断（异常）作出响应，进行相应的处理。

运算器由**算术逻辑单元**（Arithmetic and Logic Unit，ALU）（实现对数据的算术和逻辑运算）、**累加寄存器**（Accumulator，AC）（运算结果或源操作数的存放区）、**数据缓冲寄存器**（Data Register，DR）（暂时存放内存的指令或数据）和**状态条件寄存器**（Program Status Word，PSW）（保存指令运行结果的条件码内容，如溢出标志等）组成。执行所有的算术运算，如加减乘除等；执行所有的逻辑运算并进行逻辑测试，如与、或、非、比较等。

控制器由**指令寄存器**（Instruction Register，IR）（暂存 CPU 执行指令）、**程序计数器**（Program Counter，PC）（存放指令执行地址）、**地址寄存器**（Address Register，AR）（保存当前 CPU 所访问的内存地址）、**指令译码器**（Instruction Decoder，ID）（分析指令操作码）等组成。控制整个 CPU 的工作，最为重要。

CPU 依据**指令周期的不同阶段**来区分二进制的指令和数据，因为在指令周期的不同阶段，指令会命令 CPU 分别去取指令或者数据。

## 1.2.2 数据的表示

### 1. 进制的转化

（1）R 进制转十进制：位权展开法，用 R 进制数的每一位乘以 R 的 n 次方，n 是变量，从 R 进制数的最低位开始，依次为 0,1,2,3,…累加。

例如有六进制数 5043，此时 R=6，用六进制数的每一位乘以 6 的 n 次方，n 是变量，从六进制数的最低位开始（5043 从低位到高位排列：3,4,0,5），n 依次为 0,1,2,3，那么最终 $5043=3×6^0 + 4×6^1 + 0×6^2 + 5×6^3 = 1107$。

（2）十进制转 R 进制：十进制整数（除以 R 倒取余数），用十进制整数除以 R，记录每次所得余数，若商不为 0，则继续除以 R，直至商为 0，而后将所有余数从下至上记录，排列成从左至右顺序，即为转换后的 R 进制数。

（3）十进制小数（乘 R 正取整数），用十进制小数乘以 R，记录每次所得整数，若结果小数部分不为 0，则将小数部分继续乘以 R，直至没有小数，而后将所有整数从第一个开始排列为从左至右顺序，即为转换后的 R 进制数。

（4）m 进制转 n 进制：先将 m 进制转化为十进制数，再将十进制数转化为 n 进制数，中间需要通过十进制中转，但下面两种进制间可以直接转化：

1）二进制转八进制：每三位二进制数转换为一位八进制数，二进制数位个数不是 3 的倍数，则在前面补 0，如二进制 01101 有五位，前面补一个 0 就有六位，为 001 101，每三位转换为一位八进制数，001=1，101=1+4=5，也即 01101=15。

2）二进制转十六进制：每四位二进制数转换为一位十六进制数，二进制数位个数不是 4 的倍数，则在前面补 0，如二进制数 101101 有六位，前面补两个 0 就有八位，为 0010 1101，每四位转换为一位十六进制数，0010=2，1101=13=D，也即 101101=2D。

2. 数的表示

各种数值在计算机中表示的形式称为机器数，其特点是使用二进制计数制，数的符号用 0 和 1 表示，小数点则隐含，不占位置。

机器数有无符号数和带符号数之分。无符号数表示正数，没有符号位。带符号数最高位为符号位，正数符号位为 0，负数符号位为 1。定点表示法分为纯小数和纯整数两种，其中小数点不占存储位，而是按照以下约定：

（1）纯小数：约定小数点的位置在机器数的最高数值位之前。

（2）纯整数：约定小数点的位置在机器数的最低数值位之后。

（3）真值：机器数对应的实际数值。

带符号数有下列编码方式：

（1）原码：一个数的正常二进制表示，最高位表示符号。数值 0 的源码有两种形式：+0（0 0000000）和-0（1 0000000）。

（2）反码：正数的反码即原码；负数的反码是在原码的基础上，除符号位外，其他各位按位取反。数值 0 的反码也有两种形式：+0（0 0000000），-0（1 1111111）。

（3）补码：正数的补码即原码；负数的补码是在原码的基础上，除符号位外，其他各位按位取反，而后末位+1，若有进位则产生进位。因此数值 0 的补码只有一种形式+0 = -0 = 0 0000000。

（4）移码：用作浮点运算的阶码，无论正数负数，都是将该原码的补码的首位（符号位）取反得到移码。

符号表示：要注意的是，原码最高位是代表正负号，且不参与计数；而其他编码最高位虽然也是代表正负号，但参与计数。各编码取值范围见表 1-1。

表 1-1 机器字长为 n 时各种码制表示的带符号数的取值范围

| 码制 | 定点整数 | 定点小数 |
|---|---|---|
| 原码 | $-(2^{n-1}-1) \sim +(2^{n-1}-1)$ | $-(1-2^{-(n-1)}) \sim +(1-2^{-(n-1)})$ |
| 反码 | $-(2^{n-1}-1) \sim +(2^{n-1}-1)$ | $-(1-2^{-(n-1)}) \sim +(1-2^{-(n-1)})$ |
| 补码 | $-2^{n-1} \sim +(2^{n-1}-1)$ | $-1 \sim +(1-2^{-(n-1)})$ |
| 移码 | $-2^{n-1} \sim +(2^{n-1}-1)$ | $-1 \sim +(1-2^{-(n-1)})$ |

差别在于 0 的表示，原码和反码分+0 和-0，补码只有一个 0，因此可以多表示一个。

3. 浮点数的运算

浮点数：表示方法为 $N = F \times 2^E$，其中 $E$ 称为阶码，$F$ 称为尾数；类似于十进制的科学计数法，如 $85.125 = 0.85125 \times 10^2$，二进制如 $101.011 = 0.101011 \times 2^3$。

在浮点数的表示中，阶码为带符号的纯整数，尾数为带符号的纯小数，要注意符号占最高位（正数为 0，负数为 1），其表示格式如下：

阶符　阶码　数符　尾数

很明显，与科学计数法类似，一个浮点数的表示方法不是唯一的，浮点数所能表示的数值范围由阶码确定，所表示的数值精度由尾数确定。

尾数的表示采用规格化方法，即带符号尾数的补码必须为 1.0xxxx（负数）或者 0.1xxxx（正数），其中 x 可为 0 或 1。

浮点数的运算：对阶（使两个数的阶码相同，小阶向大阶看齐，较小阶码增加几位，尾数就右移几位）—尾数计算（相加，若是减运算，则加负数）—结果规格化（即尾数表示规格化，带符号尾数转换为 1.0xxxx 或 0.1xxxx）。

**4. 算术运算和逻辑运算**

（1）数与数之间的算术运算包括加、减、乘、除等基本算术运算，对于二进制数，还应该掌握基本逻辑运算，包括：

逻辑与（&&）：0 和 1 相与，只要有一个为 0 结果就为 0，两个都为 1 才为 1。

逻辑或（||）：0 和 1 相或，只要有一个为 1 结果就为 1，两个都为 0 才为 0。

异或：同 0 非 1，即参加运算的二进制数同为 0 或者同为 1 结果为 0，一个为 0 另一个为 1 结果为 1。

逻辑非（!）：0 的非是 1，1 的非是 0。

逻辑左移（<<）：二进制数整体左移 n 位，高位溢出则舍去，低位补 0。

逻辑右移（>>）：二进制数整体右移 n 位，低位溢出则舍去，高位补 0。

算术左移、算术右移：乘以 2 或者除以 2 的算术运算，涉及加减乘除的都是算术运算，要与逻辑运算区分开。

（2）短路计算方式：指通过逻辑运算符（&&、||）左边表达式的值就能推算出整个表达式的值，不再继续执行逻辑运算符右边的表达式。

若计算机存储数据采用的是双符号位（00 表示正号、11 表示负号），两个符号相同的数相加时，如果运算结果的两个符号位经异或运算得 1，则可断定这两个数相加的结果产生了溢出。

从计算的角度理解，正数和负数相加其结果肯定不会溢出。如果有溢出，必然同为正数或者同为负数，结果才会更大，有可能溢出。因此，正常情况下两个同符号数相加时，不考虑溢出，其符号位必然还是 00 或者 11。如果有溢出，那么数据位必然最高位进位 1，符号位就需要加 1，符号位就变为 01 或者 10，因此当符号位为 01 或者 10 时数据溢出。观察这两种溢出情况，两个符号位都是一个为 0，一个为 1，其异或运算必然为 1，没有其他可能，而逻辑或运算有可能两个都为 1，也能得出 1。

### 1.2.3　校验码

码距：就单个编码 A：00 而言，其码距为 1，因为其只需要改变一位就变成另一个编码。在两个编码中，从 A 码转换到 B 码所需要改变的位数称为码距，如 A：00 要转换为 B：11，码距为 2。一般来说，码距越大，越利于纠错和检错。

### 1. 奇偶校验码

在编码中增加 1 位校验位来使编码中 1 的个数为奇数（奇校验）或者偶数（偶校验），从而使码距变为 2。奇校验可以检测编码中奇数个数据位出错，即当合法编码中的奇数位发生了错误时，即编码中的 1 变成 0 或者 0 变成 1，则该编码中 1 的个数的奇偶性就发生了变化，从而检查出错误。但无法纠错。

### 2. 循环冗余校验码

循环冗余校验码（Cyclic Redundancy Check，CRC）只能检错，不能纠错，其原理是找出一个能整除多项式的编码，因此首先要将原始报文除以多项式，将所得的余数作为校验位加在原始报文之后，作为发送数据发给接收方。

使用 CRC 编码，需要先约定一个生成多项式 $G(x)$。生成多项式的最高位和最低位必须是 1。假设原始信息有 $m$ 位，则对应多项式 $M(x)$。生成校验码思想就是在原始信息位后追加若干校验位，使得追加的信息能被 $G(x)$ 整除。接收方接收到带校验位的信息，然后用 $G(x)$ 整除。余数为 0，则没有错误；反之则发生错误。

例：假设原始信息串为 10110，CRC 的生成多项式为 $G(x)=x^4+x+1$，求 CRC 校验码。

（1）在原始信息位后面添 0，假设生成多项式的阶为 $r$，则在原始信息位后添加 $r$ 个 0，本题中，$G(x)$ 的阶为 4，则在原始信息串后加 4 个 0，得到的新串为 101100000，作为被除数。

（2）由多项式得到除数，多项式中 $x$ 的幂指数存在的位置 1，不存在的位置 0。本题中，$x$ 的幂指数为 0,1,4 的变量都存在，而幂指数为 2,3 的不存在，因此得到信息串 10011。

（3）生成 CRC 校验码，将前两步得出的被除数和除数进行模 2 除法运算（既不进位也不借位的除法运算）。除法过程如图 1-1 所示。

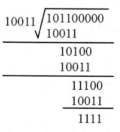

图 1-1　模 2 除法运算

得到余数 1111。

**注意**：余数不足 $r$，则余数左边用若干个 0 补齐。如求得余数为 11，$r=4$，则补两个 0，得到 0011。

（4）生成最终发送信息串，将余数添加到原始信息后。上例中，原始信息为 10110，添加余数 1111 后，结果为 10110 1111。发送方将此数据发送给接收方。

（5）接收方进行校验。接收方的 CRC 校验过程与生成过程类似，接收方接收了带校验和的帧后，用多项式 $G(x)$ 来除。余数为 0，则表示信息无错；否则要求发送方进行重传。

**注意**：收发信息双方需使用相同的生成多项式。

**3. 海明校验码**

海明校验码本质也是使用奇偶校验方式进行检验，通过下面的例题详解海明校验码。

**例**：求信息 1011 的海明码。

（1）校验位的位数和具体的数据位的位数之间的关系。

所有位都编号，从最低位编号，从 1 开始递增，校验位处于 2 的 $n$（$n=0,1,2,\cdots$）次方中，即处于第 1,2,4,8,16,32,$\cdots$ 位上，其余位才能填充真正的数据位，若信息数据为 1011，则可知，第 1,2,4 位为校验位，第 3,5,6,7 位为数据位，用来从低位开始存放 1011，得出的信息位和校验位分布见表 1-2。

**表 1-2    信息位和校验位分布**

| 7 | 6 | 5 | 4 | 3 | 2 | 1 | 位数 |
|---|---|---|---|---|---|---|---|
| $I_4$ | $I_3$ | $I_2$ | | $I_1$ | | | 信息位 |
| | | | $r_2$ | | $r_1$ | $r_0$ | 校验位 |

实际考试时可以依据公式 $n+k\leq 2^k-1$ 快速得出答案（$n$ 是已知的数据位个数，$k$ 是未知的校验位个数，依次取 $k=1$ 代入计算，得出满足上式的最小 $k$ 值）。

（2）计算校验码。将所有信息位的编号都拆分成二进制表示，如下所示：

$$7 = 2^2 + 2^1 + 2^0, \quad 6 = 2^2 + 2^1, \quad 5 = 2^2 + 2^0, \quad 3 = 2^1 + 2^0;$$
$$r_2 = I_4 \oplus I_3 \oplus I_2;$$
$$r_1 = I_4 \oplus I_3 \oplus I_1;$$
$$r_0 = I_4 \oplus I_2 \oplus I_1;$$

7=4+2+1，表示 7 由第 4 位校验位（$r_2$）和第 2 位校验位（$r_1$）和第 1 位校验位（$r_0$）共同校验。同理，第 6 位数据位 6=4+2，第 5 位数据位 5=4+1，第 3 位数据位 3=2+1，前面已知，这些 2 的 $n$ 次方都是校验位，第 4 位校验位校验第 7、6、5 三位数据位，因此，第 4 位校验位 $r_2$ 等于这三位数据位的值异或，第 2 位和第 1 位校验位计算原理同上，最终结果见表 1-3。

**表 1-3    最终生成的校验码**

| 7 | 6 | 5 | 4 | 3 | 2 | 1 | 位数 |
|---|---|---|---|---|---|---|---|
| 1 | 0 | 1 | | 1 | | | 信息位 |
| | | | 0 | | 0 | 1 | 校验位 |

计算出三个校验位后，可知最终要发送的海明校验码为 1010101。

（3）检错和纠错原理。接收方收到海明码之后，会将每一位校验位与其校验的位数分别异或，即做如下三组运算：

$$r_2 \oplus I_4 \oplus I_3 \oplus I_2$$
$$r_1 \oplus I_4 \oplus I_3 \oplus I_1$$
$$r_0 \oplus I_4 \oplus I_2 \oplus I_1$$

如果是偶校验，那么运算得到的结果应该全为 0，如果是奇校验，得到的结果应该全为 1（若采用奇校验，则前面计算校验码时需要将各校验位的偶校验值取反），假设是偶校验，且接收到的数据为 1011101（第四位出错），此时，运算的结果为：

$$r_2 \oplus I_4 \oplus I_3 \oplus I_2 = 1 \oplus 1 \oplus 0 \oplus 1 = 1$$
$$r_1 \oplus I_4 \oplus I_3 \oplus I_1 = 0 \oplus 1 \oplus 0 \oplus 1 = 0$$
$$r_0 \oplus I_4 \oplus I_2 \oplus I_1 = 1 \oplus 1 \oplus 1 \oplus 1 = 0$$

这里不全为 0，表明传输过程有误，并且按照 $r_2 r_1 r_0$ 排列为二进制 100，这里指出的就是错误的位数，表示第 100 位，即第 4 位出错，找到了出错位，纠错方法就是将该位逆转。

### 1.2.4　计算机体系结构

按处理机的数量进行分类，计算机系统可分为单处理系统（一个处理单元和其他设备集成）、并行处理系统（两个以上的处理机互联）、分布式处理系统（物理上远距离且松耦合的多计算机系统）。

1966 年，Michael. J. Flynn 提出根据指令流、数据流的多倍性特征对计算机系统进行分类（通常称为 Flynn 分类法），具体见表 1-4。

表 1-4　Flynn 分类法

| 体系结构类型 | 结构 | 关键特性 | 代表 |
| --- | --- | --- | --- |
| 单指令流单数据流（SISD） | 控制部分：一个<br>处理器：一个<br>主存模块：一个 | | 单处理器系统 |
| 单指令流多数据流（SIMD） | 控制部分：一个<br>处理器：多个<br>主存模块：多个 | 各处理器以异步的形式执行同一条指令 | 并行处理机阵列处理机超级向量处理机 |
| 多指令流单数据流（MISD） | 控制部分：多个<br>处理器：一个<br>主存模块：多个 | 被证明不可能，至少是不实际 | 目前没有，有文献称流水线计算机为此类 |
| 多指令流多数据流（MIMD） | 控制部分：多个<br>处理器：多个<br>主存模块：多个 | 能够实现作业、任务、指令等各级全面并行 | 多处理机系统多计算机 |

由表 1-4 可知，体系结构类型分类有两个因素，即指令流和数据流，指令流由控制部分处理，每一个控制部分处理一条指令流，多指令流就有多个控制部分；数据流由处理器来处理，每一个处理器处理一条数据流，多数据流就有多个处理器；至于主存模块，是用来存储的，存储指令流或者

数据流，因此，无论是多指令流还是多数据流，都需要多个主存模块来存储，对于主存模块，指令和数据都一样。

依据计算机特性是由指令来控制数据的传输，因此，一条指令可以控制一条或多条数据流，但一条数据流不能被多条指令控制，否则会出错，就如同上级命令太多还互相冲突，不知道该执行哪个，因此多指令单数据（MISD）不可能。

### 1.2.5　指令系统

1. 计算机指令

（1）计算机指令的组成。一条指令由操作码和操作数两部分组成，操作码决定要完成的操作，操作数指参加运算的数据及其所在的单元地址。

在计算机中，操作数和操作数地址都由二进制数码表示，分别称作操作码和地址码，整条指令以二进制编码的形式存放在存储器中。

（2）计算机指令的执行过程。指令的执行可分为取指令—分析指令—执行指令三个步骤，首先将程序计数器（PC）中的指令地址取出，送入地址总线，CPU 依据指令地址去内存中取出指令内容存入指令寄存器（IR）；而后由指令译码器进行分析，分析指令操作码；最后执行指令，取出指令执行所需的源操作数。

（3）指令寻址方式。

1）顺序寻址方式：由于指令地址在主存中顺序排列，当执行一段程序时，通常是一条指令接着一条指令地顺序执行。从存储器取出第一条指令，然后执行这条指令；接着从存储器取出第二条指令，再执行第二条指令；……，以此类推。这种程序顺序执行的过程称为指令的顺序寻址方式。

2）跳跃寻址方式：所谓指令的跳跃寻址，是指下一条指令的地址码不是由程序计数器给出，而是由本条指令直接给出。程序跳跃后，按新的指令地址开始顺序执行。因此，指令计数器的内容也必须相应改变，以便及时跟踪新的指令地址。

（4）指令操作数的寻址方式。

1）立即寻址方式：指令的地址码字段指出的不是地址，而是操作数本身。

2）直接寻址方式：在指令的地址字段中直接指出操作数在主存中的地址。

3）间接寻址方式：与直接寻址方式相比，间接寻址中指令地址码字段所指向的存储单元中存储的不是操作数本身，而是操作数的地址。

4）寄存器寻址方式：指令中的地址码是寄存器的编号，而不是操作数地址或操作数本身。寄存器的寻址方式也可以分为直接寻址和间接寻址，两者的区别在于：前者的指令地址码给出寄存器编号，寄存器的内容就是操作数本身；而后者的指令地址码给出寄存器编号，寄存器的内容是操作数的地址，根据该地址访问主存后才能得到真正的操作数。

5）基址寻址方式：将基址寄存器的内容加上指令中的形式地址而形成操作数的有效地址，其优点是可以扩大寻址能力。

6）变址寻址方式：变址寻址方式计算有效地址的方法与基址寻址方式很相似，它是将变址寄存器的内容加上指令中的形式地址而形成操作数的有效地址。

7）相对寻址方式：相对于当前的指令地址而言的寻址方式。相对寻址是把程序计数器 PC 的内容加上指令中的形式地址而形成操作数的有效地址，而程序计数器的内容就是当前指令的地址，所以相对寻址是相对于当前的指令地址而言的。

2．CISC 和 RISC

（Complex Instruction Set Computer，CISC）是复杂指令系统，兼容性强，指令繁多、长度可变，由微程序实现。

（Reduced Instruction Set Computer，RISC）是精简指令系统，指令少，使用频率接近，主要依靠硬件实现（通用寄存器、硬布线逻辑控制）。

二者的区别见表 1-5。

表 1-5　CISC 和 RISC 的区别

| 指令系统类型 | 指令 | 寻址方式 | 实现方式 | 其他 |
| --- | --- | --- | --- | --- |
| CISC（复杂） | 数量多，使用频率差别大，可变长格式 | 支持多种 | 微程序控制技术（微码） | 研制周期长 |
| RISC（精简） | 数量少，使用频率接近，定长格式，大部分为单周期指令，操作寄存器，只有 LOAD/Store 操作内存 | 支持方式少 | 增加了通用寄存器；硬布线逻辑控制为主；适合采用流水线 | 优化编译，有效支持高级语言 |

3．指令的流水线处理

（1）流水线原理。将指令分成不同的段，每段由不同的部分去处理，因此可以产生叠加的效果，所有的部件去处理指令的不同段，如图 1-2 所示。

图 1-2　未使用流水线和使用流水线执行指令情况对比

（2）RISC 中的流水线技术。

1）超流水线（Super Pipe Line）技术。它通过细化流水、增加级数和提高主频，使得在每个机器周期内能完成一个甚至两个浮点操作。其实质是以时间换取空间。

2）超标量（Super Scalar）技术。它通过内装多条流水线来同时执行多个处理，其时钟频率虽然与一般流水接近，却有更小的时钟周期数（Clock Cycle Per Instruction，CPI）。其实质是以空间换取时间。

3）超长指令字（Very Long Instruction Word，VLIW）技术。VLIW 和超标量都是 20 世纪 80 年代出现的概念，其共同点是要同时执行多条指令，其不同在于超标量依靠硬件来实现并行处理的调度，VLIW 则充分发挥软件的作用，而使硬件简化，性能提高。

（3）流水线时间计算。

1）流水线周期：指令分成不同执行段，其中执行时间最长的段为流水线周期。

2）流水线执行时间：1 条指令总执行时间+(总指令条数-1)×流水线周期。

3）流水线吞吐率计算：吞吐率即单位时间内执行的指令条数。吞吐率=指令条数/流水线执行时间。

4）流水线的加速比计算：加速比即使用流水线后的效率提升度，即比不使用流水线快了多少倍，加速比越高表明流水线效率越高。加速比=不使用流水线执行时间/使用流水线执行时间。

（4）单缓冲区和双缓冲区：此类题型不给出具体流水线执行阶段，需要考生自己区分出流水线阶段，一般来说，能够同时执行的阶段就是流水线的独立执行阶段；只能独立执行的阶段应该合并为流水线中的一个独立执行阶段。

例如有三个阶段即读入缓冲区+送入用户区+数据处理，在单缓冲区中，缓冲区和用户区都只有一个，一个盘块必须执行完前两个阶段，下一个盘块才能开始，因此前两个阶段应该合并，整个流水线为送入用户区+数据处理；而在双缓冲区中，盘块可以交替读入缓冲区，但用户区只有一个，因为缓冲区阶段可以同时进行，流水线前两个阶段不能合并，就是读入缓冲区+送入用户区+数据处理三段。

划分出真正的流水线阶段后，套用流水线时间计算公式可以轻易得出答案。

## 1.2.6 存储系统

### 1. 计算机存储结构

计算机存储结构层次图如图 1-3 所示。

图 1-3 计算机存储结构层次图

计算机采用分级存储体系的主要目的是为了解决存储容量、成本和速度之间的矛盾问题。两级存储映像为：Cache-主存、主存-辅存（虚拟存储体系）。

存储器的分类如下：

（1）按存储器所处的位置分为：内存、外存。

（2）按存储器构成材料分为：磁存储器（磁带）、半导体存储器、光存储器（光盘）。

（3）按存储器的工作方式分为：可读可写存储器（RAM）、只读存储器（ROM 只能读，PROM 可写入一次，EPROM 和 EEPROM 既可以读也可以写，只是修改方式不同，闪存 Flash Memory）。

（4）按存储器访问方式分为：按地址访问、按内容访问（相联存储器）。

（5）按寻址方式分为：随机存储器（访问任意存储单元所用的时间相同）、顺序存储器（只能按顺序访问，如磁带）、直接存储器（二者结合，如磁盘，对于磁道的寻址是随机的，在一个磁道内则是顺序的）。

**2. 局部性原理**

总地来说，在 CPU 运行时，所访问的数据会趋向于一个较小的局部空间地址内（例如循环操作，循环体被反复执行）。

（1）时间局部性原理：如果一个数据项正在被访问，那么在近期它很可能会被再次访问，即在相邻的时间里会访问同一个数据项。

（2）空间局部性原理：在最近的将来会用到的数据的地址和现在正在访问的数据地址很可能是相近的，即相邻的空间地址会被连续访问。

**3. 高速缓存（Cache）**

高速缓存（Cache）用来存储当前最活跃的程序和数据，直接与 CPU 交互，位于 CPU 和主存之间，容量小，速度为内存的 5～10 倍，由半导体材料构成。其内容是主存内存的副本拷贝，对于程序员来说是透明的。

（1）Cache 的组成。Cache 由控制部分和存储器组成，存储器存储数据，控制部分判断 CPU 要访问的数据是否在 Cache 中，在则命中，不在则依据一定的算法从主存中替换，如图 1-4 所示。

图 1-4　Cache 存储结构

（2）地址映像方法。在 CPU 工作时，送出的是主存单元的地址，而应从 Cache 存储器中读/写信息。这就需要将主存地址转换为 Cache 存储器地址，这种地址的转换称为地址映像，由**硬件自动完成映像**，分为下列三种方法：

1）直接映像：将 Cache 存储器等分成块，主存也等分成块并编号。主存中的块与 Cache 中的块的对应关系是固定的，也即二者块号相同才能命中。地址变换简单但不灵活，容易造成资源浪费。

2）全相联映像：同样都等分成块并编号。主存中任意一块都与 Cache 中任意一块对应。因此可以随意调入 Cache 任意位置，但地址变换复杂，速度较慢。因为主存可以随意调入 Cache 任意块，只有当 Cache 满了才会发生块冲突，是最不容易发生块冲突的映像方式。

3）组组相联映像：前面两种方式的结合，将 Cache 存储器先分块再分组，主存也同样先分块再分组，组间采用直接映像，即主存中组号与 Cache 中组号相同的组才能命中，但是组内全相联映像，也即组号相同的两个组内的所有块可以任意调换。

（3）替换算法的目标就是使 Cache 获得尽可能高的命中率。常用算法有如下几种。

1）随机替换算法：用随机数发生器产生一个要替换的块号，将该块替换出去。

2）先进先出算法：将最先进入 Cache 的信息块替换出去。

3）近期最少使用算法：将近期最少使用的 Cache 中的信息块替换出去。

4）优化替换算法：这种方法必须先执行一次程序，统计 Cache 的替换情况。有了这样的先验信息，在第二次执行该程序时便可以用最有效的方式来替换。

（4）命中率及平均时间。Cache 存储器的大小一般用单位 KB 或者 MB 表示，很小，但是最快，仅次于 CPU 中的寄存器，而寄存器一般不算作存储器，CPU 与内存之间的数据交互，内存会先将数据拷贝到 Cache 里，根据局部性原理，若 Cache 中的数据被循环执行，则不用每次都去内存中读取数据，从而加快 CPU 的工作效率。

因此，Cache 有一个命中率的概念，即当 CPU 所访问的数据在 Cache 中时，命中，直接从 Cache 中读取数据，设读取一次 Cache 的时间为 1ns，若 CPU 访问的数据不在 Cache 中，则需要从内存中读取，设读取一次内存的时间为 1000ns，若在 CPU 多次读取数据过程中，有 90% 命中 Cache，则 CPU 读取一次的平均时间为 $(90\% \times 1 + 10\% \times 1000)$ns。

Cache 命中率和容量之间并不是线性关系，而是如图 1-5 所示的曲线增长关系。

图 1-5　Cache 命中率和容量之间的关系

### 4. 虚拟存储器

虚拟存储器技术是将很大的数据分成许多较小的块，全部存储在外存中。运行时，将用到的数据调入主存中，马上要用到的数据置于缓存中，这样一边运行一边进行所需数据块的调入/调出。对于应用程序员来说，就好像有一个比实际主存空间大得多的虚拟主存空间，基本层级为：主存—缓存—外存，与 CPU—高速缓存 Cache—主存的原理类似，但虚拟存储器中程序员无需考虑地址映像关系，由系统自动完成，因此对于程序来说是透明的。

其管理方式分为页式、段式、段页式，详细介绍见 3.2 节。

### 5. 磁盘

（1）磁盘的结构和参数。磁盘有正反两个盘面，每个盘面有多个同心圆，每个同心圆是一个磁道，每个同心圆又被划分为多个扇区，数据就被存放在一个个扇区中。

磁头首先要寻找到对应的磁道，然后等待磁盘进行周期旋转，旋转到指定的扇区，才能读取到对应的数据，因此，会产生寻道时间和等待时间。公式为：

$$存取时间=寻道时间+等待时间（平均定位时间+转动延迟）$$

**注意**：寻道时间是指磁头移动到磁道所需的时间；等待时间为等待读写的扇区转到磁头下方所用的时间。

（2）磁盘调度算法。如前述，磁盘数据的读取时间分为寻道时间+旋转时间，也即先找到对应的磁道，再旋转到对应的扇区读取数据，其中寻道时间耗时最长，需要重点调度，有如下调度算法：

1）先来先服务（First come First Served，FCFS）：根据进程请求访问磁盘的先后顺序进行调度。

2）最短寻道时间优先（Shortest Seek Time First，SSTF）：请求访问的磁道与当前磁道最近的进程优先调度，使得每次的寻道时间最短。会产生"饥饿"现象，即远处进程可能永远无法访问。

3）扫描算法（SCAN）：又称"电梯算法"，磁头在磁盘上双向移动，其会选择离磁头当前所在磁道最近的请求访问的磁道，并且与磁头移动方向一致，磁头永远都是从里向外或者从外向里一直移动完才掉头，与电梯类似。

4）单向扫描调度算法（CSCAN）：与 SCAN 不同的是，其只做单向移动，即只能从里向外或者从外向里。

（3）磁盘冗余阵列技术。

RAID 即磁盘冗余阵列技术，RAID0 没有提供冗余和错误修复技术。

RAID1 在成对的独立磁盘上产生互为备份的数据，可提高读取性能。

RAID2 将数据条块化分布于不同的硬盘上，并使用海明码校验。

RAID3 使用奇偶校验，并用单块磁盘存储奇偶校验信息。

RAID5 在所有磁盘上交叉存储数据及奇偶校验信息（所有校验信息存储总量为一个磁盘容量），读/写指针可同时操作。

RAID0+1（是两个 RAID0，若一个磁盘损坏，则当前 RAID0 无法工作，即有一半的磁盘无法工作）、RAID1+0（是两个 RAID1，不允许同一组中的两个磁盘同时损坏）与 RAID1 原理类似，磁盘利用率都只有 50%。

### 1.2.7 输入/输出技术

**1. 内存和接口编址**

计算机系统中存在多种内存与接口地址的编址方法,常见的为内存与接口地址独立编址和内存与接口地址统一编址。

(1)内存与接口地址独立编址。在此方法下,内存地址和接口地址是完全独立且相互隔离的两个地址空间,访问数据时所使用的指令也完全不同,用于接口的指令只用于接口的读/写,其余的指令全都是用于内存的。因此,在编写程序或读程序时很易使用和辨认。这种编址方法的缺点是用于接口的指令太少、功能太弱。

(2)内存与接口地址统一编址。在这种方法中,内存地址和接口地址统一在一个公共的地址空间里,即内存单元和接口共用地址空间。在这些地址空间里划分出一部分地址分配给接口使用,其余地址归内存单元使用。这种编址方法的优点是原则上用于内存的指令全都可以用于接口,这就大大地增强了对接口的操作功能,而且在指令上也不再区分内存或接口,缺点是整个地址空间被分成两部分,其中一部分分配给接口使用,剩余的为内存所用,这经常会导致内存地址不连续。

**2. I/O 设备与主机交换信息的方式**

(1)程序控制(查询)方式:CPU 主动查询外设是否完成数据传输,效率极低。

(2)程序中断方式:外设完成数据传输后,向 CPU 发送中断,等待 CPU 处理数据,效率相对较高。中断响应时间指的是从发出中断请求到开始进入中断处理程序;中断处理时间指的是从中断处理开始到中断处理结束。中断向量提供中断服务程序的入口地址。多级中断嵌套,使用堆栈来保护断点和现场。

中断:指 CPU 在正常运行程序时,由于程序的预先安排或内外部事件,引起 CPU 中断正在运行的程序,转到发生中断事件程序中。

中断源:引起程序中断的事件称为中断源。

中断向量:中断源的识别标志,中断服务程序的入口地址。

中断向量表:按照中断类型号从小到大的顺序存储对应的中断向量,总共存储 256 个中断向量。

中断流程图如图 1-6 所示。

中断响应:CPU 在执行当前指令的最后一个时钟周期去查询有无中断请求信号,有则响应。

关中断:在保护现场和恢复现场过程中都要先关闭中断,避免堆栈错误。

保护断点:保存程序当前执行的位置。

保护现场:保存程序当前断点执行所需的寄存器及相关数据。

中断服务程序:识别中断源,获取到中断向量,就能进入中断服务程序,开始处理中断。

中断返回:返回中断前的断点,继续执行原来的程序。

(3)直接主存存取方式(DMA):CPU 只需完成必要的初始化等操作,数据传输的整个过程都由 DMA 控制器来完成,在主存和外设之间建立直接的数据通路,效率很高。在一个总线周期结束后,CPU 会响应 DMA 请求开始读取数据;CPU 响应程序中断方式请求是在一条指令执行结束时，区分指令执行结束和总线周期结束。

图 1-6　中断流程图

（4）通道：也是一种处理机，内部具有独立的处理系统，使数据的传输独立于 CPU。分为字节多路通道的传送方式（每一次传送一个通道的一个字节，多路通道循环）和选择通道的传送方式（选择一个通道，先传送完这个通道的所有字节，再开始下一个通道传送）。

### 1.2.8　总线结构

总线（Bus）是指计算机设备和设备之间传输信息的公共数据通道。总线是连接计算机硬件系统内多种设备的通信线路，它的一个重要特征是由总线上的所有设备共享，因此可以将计算机系统内的多种设备连接到总线上。

从广义上讲，任何连接两个以上电子元器件的导线都可以称为总线，通常分为以下 3 类：

（1）内部总线。内部总线是内部芯片级别的总线，芯片与处理器之间通信的总线。

（2）系统总线。系统总线是板级总线，用于计算机内各部分之间的连接，具体分为数据总线（并行数据传输位数）、地址总线（系统可管理的内存空间的大小）、控制总线（传送控制命令）。代表有 ISA 总线、EISA 总线、PCI 总线。

（3）外部总线。外部总线是设备一级的总线，微机和外部设备的总线。代表有 RS232（串行总线）、SCSI（并行总线）、USB（通用串行总线，即插即用，支持热插拔）。

并行总线适合近距离高速数据传输，串行总线适合长距离数据传输，专用总线在设计上可以与连接设备实现最佳匹配。

总线计算：总线的时钟周期=时钟频率的倒数；总线的宽度（传输速率）=单位时间内传输的

数据总量/单位时间大小。

### 1.2.9　系统可靠性分析

1．可靠性指标

平均无故障时间（Mean Time To Failure，MTTF）=1/失效率。

平均故障修复时间（Mean Time To Repair，MTTR）=1/修复率。

平均故障间隔时间（Mean Time Between Failure，MTBF）=MTTF+MTTR。

系统可用性=MTTF/(MTTF+MTTR) ×100%。

2．串/并联系统可靠性

无论什么系统都是由多个协同工作的设备组成，而这多个设备的组合方式可以是串联、并联，也可以是混合模式，假设每个设备的可靠性为 $R_1,R_2,\cdots,R_n$，则不同的系统的可靠性公式如下：

（1）串联系统。一个设备不可靠，整个系统崩溃，整个系统的可靠性 $R=R_1\times R_2\times\cdots\times R_n$，原理如图 1-7 所示。

图 1-7　串联系统可靠性原理

（2）并联系统。所有设备都不可靠，整个系统才崩溃，整个系统可靠性 $R=1-(1-R_1)\times(1-R_2)\times\cdots\times(1-R_n)$，原理如图 1-8 所示。

（3）N 模冗余系统：N 模冗余系统由 $N$ 个（$N=2n+1$）相同的子系统和一个表决器组成，表决器把 $N$ 个子系统中占多数相同结果的输出作为输出系统的输出，如图 1-9 所示。在 $N$ 个子系统中，只要有 $n+1$ 个或 $n+1$ 个以上子系统能正常工作，系统就能正常工作，输出正确的结果。

图 1-8　并联系统可靠性原理

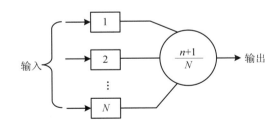

图 1-9　表决器可靠性

## 1.3　课后演练（精选真题）

在近三年的系统架构设计师考试中未考到本章节内容，但是基于教材大纲未变的前提，建议熟练掌握。

- 在磁盘调度管理中，应先进行移臂调度，再进行旋转调度。假设磁盘移动臂位于 21 号柱面上，进程的请求序列如下表所示。如果采用最短移臂调度算法，那么系统的响应序列应为 ___(1)___ 。**（2018 年 11 月第 1 题）**

| 请求序列 | 柱面号 | 磁头号 | 扇区号 |
|---|---|---|---|
| ① | 17 | 8 | 9 |
| ② | 23 | 6 | 3 |
| ③ | 23 | 9 | 6 |
| ④ | 32 | 10 | 5 |
| ⑤ | 17 | 8 | 4 |
| ⑥ | 32 | 3 | 10 |
| ⑦ | 17 | 7 | 9 |
| ⑧ | 23 | 10 | 4 |
| ⑨ | 38 | 10 | 8 |

（1）A. ②⑧③④⑤①⑦⑥⑨  B. ②③⑧④⑥⑨①⑤⑦

 C. ①②③④⑤⑥⑦⑧⑨  D. ②⑧③⑤⑦①④⑥⑨

- 以下关于串行总线的说法中，正确的是 ___(2)___ 。**（2018 年 11 月第 10 题）**

（2）A. 串行总线一般都是全双工总线，适宜于长距离传输数据

 B. 串行总线传输的波特率是总线初始化时预先定义好的，使用中不可改变

 C. 串行总线是按位（bit）传输数据的，其数据的正确性依赖于校验码纠正

 D. 串行总线的数据发送和接收是以软件查询方式工作

- 若信息码字为 111000110，生成多项式 $G(x)=x^5+x^3+x+1$，则计算出的 CRC 校验码为 ___(3)___ 。**（2018 年 11 月第 13 题）**

（3）A. 01101  B. 11001  C. 001101  D. 011001

- 某计算机系统采用 5 级流水线结构执行指令，设每条指令的执行由取指令（$2\Delta t$）、分析指令（$1\Delta t$）、取操作数（$3\Delta t$）、运算（$1\Delta t$）和写回结果（$2\Delta t$）组成，并分别用 5 个子部件完成，该流水线的最大吞吐率为 ___(4)___ ；若连续向流水线输入 10 条指令，则该流水线的加速比为 ___(5)___ 。**（2017 年 11 月第 1~2 题）**

（4）A. $\dfrac{1}{9\Delta t}$  B. $\dfrac{1}{3\Delta t}$  C. $\dfrac{1}{2\Delta t}$  D. $\dfrac{1}{1\Delta t}$

（5）A. 1:10  B. 2:1  C. 5:2  D. 3:1

- RISC（精简指令系统计算机）的特点不包括 ___(6)___ 。**（2017 年 11 月第 4 题）**

（6）A. 指令长度固定，指令种类尽量少

 B. 寻址方式尽量丰富，指令功能尽可能强

 C. 增加寄存器数目，以减少访存次数

 D. 用硬布线电路实现指令解码，以尽快完成指令译码

● 在磁盘上存储数据的排列方式会影响 I/O 服务的总时间。假设每磁道划分成 10 个物理块，每块存放 1 个逻辑记录。逻辑记录 R1，R2，…，R10 存放在同一个磁道上，记录的安排顺序如下表所示；

| 物理块 | 1 | 2 | 3 | 4 | 5 | 6 | 7 | 8 | 9 | 10 |
|---|---|---|---|---|---|---|---|---|---|---|
| 逻辑记录 | R1 | R2 | R3 | R4 | R5 | R6 | R7 | R8 | R9 | R10 |

假定磁盘的旋转速度为 30ms/周，磁头当前处在 R1 的开始处。若系统顺序处理这些记录，使用单缓冲区，每个记录处理时间为 6ms，则处理这 10 个记录的最长时间为 __(7)__；若对信息存储进行优化分布后，处理 10 个记录的最少时间为 __(8)__。（**2017 年 11 月第 7～8 题**）

　　（7）A．189ms　　　　　B．208ms　　　　　C．289ms　　　　　D．306ms

　　（8）A．60ms　　　　　B．90ms　　　　　C．109ms　　　　　D．180ms

● 在嵌入式系统的存储部件中，存取速度最快的是 __(9)__。（**2016 年 11 月第 1 题**）

　　（9）A．内存　　　　　B．寄存器组　　　　C．Flash　　　　　D．Cache

● 某计算机系统输入/输出采用双缓冲工作方式，其工作过程如下图所示，假设磁盘块与缓冲区大小相同，每个盘块读入缓冲区的时间 T 为 10μs，缓冲区送用户区的时间 M 为 6μs，系统对每个磁盘块数据的处理时间 C 为 2μs。若用户需要将大小为 10 个磁盘块的 Doc1 文件逐块从磁盘读入缓冲区，并送用户区进行处理，那么采用双缓冲需要花费的时间为 __(10)__ μs，比使用单缓冲节约了 __(11)__ μs。（**2016 年 11 月第 5～6 题**）

　　（10）A．100　　　　　B．108　　　　　C．162　　　　　D．180

　　（11）A．0　　　　　　B．8　　　　　　C．54　　　　　　D．62

# 1.4　课后演练答案解析

（1）**参考答案：D**

✎**解析**　最短移臂调度是指每次找距离当前磁头所在柱面最近的柱面。

1）初始位置是 21 柱面，所以请求序列中最近的柱面是 23，对应请求号 2、3、8（排除选项 C）。

2）当前柱面是 23，请求序列中最近的柱面是 17，对应请求号是 1、5、7（排除选项 A 和选项 B）。

3）当前柱面号是 17，请求序列中最近的柱面是 32，对应请求号是 4、6（排除选项 A、B、C）。

4）当前柱面号是 32，请求序列中最近的柱面是 38，对应请求号是 9（排除选项 B）。

（2）**参考答案**：C

**解析** 关于串行总线的特点，总结如下：

1）串行总线适宜长距离传输数据。但串行总线有半双工、全双工之分，全双工是一条线发一条线收，所以 A 选项错误。

2）串行总线传输的波特率在使用中可以改变，所以 B 选项错误。

3）串行总线的数据发送和接收可以使用多种方式，程序查询方式和中断方式都可以，所以 D 选项错误。

（3）**参考答案**：B

**解析** 模 2 运算如下：

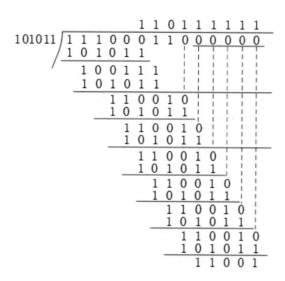

（4）（5）**参考答案**：B C

**解析** 本题考查流水线计算。流水线周期为：$3\Delta t$。

流水线的吞吐率为：指令条数/流水线执行时间。即：$n/(2\Delta t+1\Delta t+3\Delta t+1\Delta t+2\Delta t+(n-1)\times 3t)=n/(6\Delta t+3n\Delta t)$，流水线的最大吞吐率就是上面的式子中，$n$ 趋向于无穷大的结果。当 $n$ 趋向于无穷大时，上式的结果为：$1/3\Delta t$。所以应该选 B。

流水线加速比=不用流水线的执行时间/使用流水线的执行时间。10 条指令不用流水线的执行时间$=(2t+1t+3t+1t+2t)\times 10=90t$。10 条指令使用流水线的执行时间$=(2t+1t+3t+1t+2t)+(10-1)\times 3t=36t$。所以加速比为：$90t/36t=5:2$。

（6）**参考答案**：B

**解析** RISC 与 CISC 的对比如下表所示：

| 指令系统类型 | 指令 | 寻址方式 | 实现方式 | 其他 |
|---|---|---|---|---|
| CISC（复杂） | 数量多，使用频率差别大，可变长格式 | 支持多种方式 | 微程序控制技术（微码） | 研制周期长 |
| RISC（精简） | 数量少，使用频率接近，定长格式，大部分为单周期指令，操作寄存器，只有 LOAD/Store 操作内存 | 支持方式少 | 增加了通用寄存器；硬布线逻辑控制为主；适合采用流水线 | 优化编译，有将支持高级语言 |

寻址方式尽量丰富不是 RISC 的特点，而是 CISC 的特点。

（7）（8）**参考答案**：D　B

**解析**　本题是一个较为复杂的磁盘原理问题，可以通过模拟磁盘的运行来进行分析求解。运作过程为：

1）读取 R1：耗时 3ms。读取完，磁头位于 R2 的开始位置。

2）处理 R1：耗时 6ms。处理完，磁头位于 R4 的开始位置。

3）旋转定位到 R2 开始位置：耗时 24ms。

4）读取 R2：耗时 3ms。读取完，磁头位于 R3 的开始位置。

5）处理 R2：耗时 6ms。处理完，磁头位于 R5 的开始位置。

6）旋转定位到 R3 开始位置：耗时 24ms。

……

从以上分析可以得知，读取并处理 R1 一共需要 9ms。而从 R2 开始，多了一个旋转定位时间，R2 旋转定位到读取并处理一共需要 33ms，后面的 R3 至 R10 与 R2 的情况一致。所以一共耗时：9+33×9=306ms。本题后面一问要求计算处理 10 个记录的最少时间。其实只要把记录间隔存放，就能达到这个目标。在物理块 1 中存放 R1，在物理块 4 中存放 R2，在物理块 7 中存放 R3，以此类推，可以做到每条记录的读取与处理时间之和均为 9ms，所以处理 10 条记录一共为 90ms。

（9）**参考答案**：B

**解析**　在嵌入式系统的存储部件中，存取速度从快到慢的是寄存器、Cache、主存和外存。

（10）（11）**参考答案**：B　C

🔑**解析**　单缓冲区和双缓冲区使用的都是流水线技术，所以用流水线计算公式算就可以。计算流水线执行时间的理论公式是：第一条指令顺序执行时间+（指令条数-1）+周期，而周期是取各节点的最大处理时长。在本题中，单缓冲区的传送数据和输入数据是绑定在一起的，所以需要把它们结合起来视为流水线周期，构造成流水线后，整个过程划分为 2 个阶段，分别是 16μs、2μs，根据流水线执行公式，流水线执行时间为：16μs+2μs+（10-1）×16μs=162μs。而对于双缓冲区来说，它们有多余的缓冲区可以进行单独的传送和输入数据。读入缓冲区和由缓冲区送至用户区可以并行处理，对于这里构造成流水线后，整个过程划分为 3 个阶段：①从磁盘读入到缓冲区（10μs）；②从缓冲区读入到（内存）用户区（6μs）；③处理（内存）用户区数据（2μs）。根据流水线执行公式，流水线执行时间为：10μs+6μs+2μs+（10-1）×10μs=108μs。

# 第2章
# 系统配置和性能评价

## 2.1 备考指南

系统配置和性能评价主要考查的是计算机、路由器、交换机等性能指标和性能评价方法及阿姆达尔定律等相关知识，同时也是重点考点，一般会考选择题，约占 2 分。

## 2.2 考点梳理及精讲

### 2.2.1 性能指标

性能指标是软、硬件的性能指标的集成。硬件包括计算机、各种通信交换设备、各类网络设备等；软件包括操作系统、协议以及应用程序等。

1. 计算机

评价计算机的主要性能指标有：时钟频率（主频）、运算速度、运算精度、内存的存储容量、存储器的存取周期、数据处理速率（Processing Data Rate，PDR）、吞吐率、各种响应时间、各种利用率、RASIS 特性（即可靠性、可用性、可维护性、完整性和安全性）、平均故障响应时间、兼容性、可扩充性、性能价格比。

2. 路由器

评价路由器的主要性能指标有：设备吞吐量、端口吞吐量、全双工线速转发能力、背靠背帧数、路由表能力、背板能力、丢包率、时延、时延抖动、VPN 支持能力、内部时钟精度、队列管理机制、端口硬件队列数、分类业务带宽保证、RSVP、IP Diff Serv、CAR 支持、冗余、热插拔组件、路由器冗余协议、网管、基于 Web 的管理、网管类型、带外网管支持、网管粒度、计费能力/协议、分组语音支持方式、协议支持、语音压缩能力、端口密度、信令支持。

### 3. 交换机

评价交换机的主要性能指标有：交换机类型、配置、支持的网络类型、最大 ATM 端口数、最大 SONET 端口数、最大 FDDI 端口数、背板吞吐量、缓冲区大小、最大 MAC 地址表大小、最大电源数、支持协议和标准、路由信息协议（RIP）、RIP2（开放式最短路径优先算法第 2 版）、边界网关协议（BGP）、无类域间路由（CIDR）、互联网成组管理协议（IGMP）、距离矢量多播路由协议（DVMRP）、开放式最短路径优先多播路由协议（MOSPF）、协议无关的多播协议（PIM）、资源预留协议（RSVP）、802.1p 优先级标记、多队列、路由、支持第 3 层交换、支持多层（4 到 7 层）交换、支持多协议路由、支持路由缓存、可支持最大路由表数、VLAN、最大 VLAN 数量、网管、支持网管类型、支持端口镜像、QoS、支持基于策略的第 2 层交换、每端口最大优先级队列数、支持基于策略的第 3 层交换、支持基于策略的应用级 QoS、支持最小/最大带宽分配、冗余、热交换组件（管理卡，交换结构，接口模块，电源，冷却系统）、支持端口链路聚集协议、负载均衡。

### 4. 网络

评价网络的性能指标有：设备级性能指标、网络级性能指标、应用级性能指标、用户级性能指标、吞吐量。

### 5. 操作系统

评价操作系统的性能指标有：可靠性、吞吐率（量）、响应时间、资源利用率、可移植性。

### 6. 数据库管理系统

衡量数据库管理系统的主要性能指标包括数据库本身和管理系统两部分。具体有：数据库的大小、数据库中表的数量、单个表的大小、表中允许的记录（行）数量、单个记录（行）的大小、表上所允许的索引数量、数据库所允许的索引数量、最大并发事务处理能力、负载均衡能力、最大连接数等。

### 7. Web 服务器

评价 Web 服务器的主要性能指标有：最大并发连接数、响应延迟、吞吐量。

## 2.2.2 性能评价方法

### 1. 性能评价的常用方法

（1）时钟频率法。一般来讲，主频越高，速度越快。

（2）指令执行速度法。计量单位 KIPS、MIPS。

（3）等效指令速度法。统计各类指令在程序中所占的比例，并进行折算，是一种固定比例法。

（4）数据处理速率法。采用计算 PDR 值的方法来衡量机器性能，PDR 值越大，机器性能越好。PDR 与每条指令和每个操作数的平均位数以及每条指令的平均运算速度有关。

### 2. 基准程序法（Benchmark）

把应用程序中用得最多、最频繁的那部分核心程序作为评价计算机性能的标准程序，称为基准测试程序。基准程序法是目前被用户一致承认的测试性能的较好方法，基准程序多种多样，包括：

（1）整数测试程序。同一厂家的机器，采用相同的体系结构，用相同的基准程序测试，得到的 MIPS 值越大，一般说明机器速度越快。

（2）浮点测试程序。指标 MFLOPS（Million Floating-point Operations Per Second）（理论峰值浮点速度）。

（3）SPEC 基准程序（SPEC Benchmark）。重点面向处理器性能的基准程序集，将被测计算机的执行时间标准化，即将被测计算机的执行时间除以一个参考处理器的执行时间。

（4）TPC 基准程序。用于评测计算机在事务处理、数据库处理、企业管理与决策支持系统等方面的性能。其中，TPC-C 是在线事务处理（On-line Transaction Processing，OLTP）的基准程序，TPC-D 是决策支持的基准程序。TPC-E 是为大型企业信息服务的基准程序。

大多数情况下，为测试新系统的性能，用户必须依靠评价程序来评价机器的性能。以下 4 种评价程序：真实的程序、核心程序、小型基准程序、合成基准程序，评测的准确程度依次递减。

### 2.2.3　阿姆达尔定律

阿姆达尔（Amdahl）定律主要用于系统性能改进的计算中。阿姆达尔定律是指计算机系统中对某一部件采用某种更快的执行方式所获得的系统性能改变程度，取决于这种方式被使用的频率，或所占总执行时间的比例。

阿姆达尔定律定义了采用特定部件所取得的加速比。假定我们使用某种增强部件，计算机的性能就会得到提高，那么加速比就是下式所定义的比率：

$$加速比 = \frac{不使用增强部件时完成整个任务的时间}{使用增强部件时完成整个任务的时间}$$

$$总加速比 = \frac{原来的执行时间}{新的执行时间} = \frac{1}{\left[(1-增强比例)+\dfrac{增强比例}{增强加速比}\right]}$$

## 2.3　课后演练（精选真题）

● 通常用户采用评价程序来评价系统的性能，评测准确度最高的评价程序是 __(1)__ 。在计算机性能评估中，通常将评价程序中用得最多、最频繁的 __(2)__ 作为评价计算机性能的标准程序，称其为基准测试程序。（**2019 年 11 月第 16～17 题**）

（1）A．真实程序　　　B．核心程序　　　C．小型基准程序　D．核心基准程序
（2）A．真实程序　　　B．核心程序　　　C．小型基准程序　D．核心基准程序

● 为了优化系统的性能，有时需要对系统进行调整。对于不同的系统，其调整参数也不尽相同。例如，对于数据库系统，主要包括 CPU/内存使用状况、 __(3)__ 、进程/线程使用状态、日志文件大小等。对于应用系统，主要包括应用系统的可用性、响应时间、 __(4)__ 、特定应用资源占用等。（**2018 年 11 月第 16～17 题**）

（3）A．数据丢包率 　　 B．端口吞吐量 　　 C．数据处理速率 　 D．查询语句性能

（4）A．并发用户数 　　 B．支持协议和标准 　 C．最大连接数 　　 D．时延抖动

# 2.4 课后演练答案解析

（1）（2）**参考答案**：A　B

**解析** 本题考查基准测试程序方面的基础知识。

计算机性能评估的常用方法有时钟频率法、指令执行速度法、等效指令速度法、数据处理速率法、综合理论性能法等，这些方法未考虑诸如 I/O 结构、操作系统、编译程序效率等对系统性能的影响，因此难以准确评估计算机系统的实际性能。

通常用户采用评价程序来评价系统的性能。评价程序一般有专门的测量程序、仿真程序等，而评测准确度最高的评价程序是真实程序。在计算机性能评估中，通常将评价程序中用得最多、最频繁的核心程序作为评价计算机性能的标准程序，称其为基准测试程序。

（3）（4）**参考答案**：D　A

**解析** 为了优化系统性能，有时需要对系统进行调整。对于数据库系统，性能调整主要包括 CPU/内存使用状况、优化数据库设计、优化数据库管理以及进程/线程状态、硬盘剩余空间、日志文件大小、查询语句性能等；对于应用系统，性能调整主要包括应用系统的可用性、响应时间、并发用户数以及特定应用的系统资源占用等。

# 第**3**章
## 操作系统知识

## 3.1 备考指南

操作系统知识主要考查的是操作系统概述、进程管理、存储管理、设备管理和文件管理等相关知识，同时也是重点考点，在系统架构设计师的考试中只会在选择题里考查，占6～8分。

## 3.2 考点梳理及精讲

### 3.2.1 操作系统概述

**1. 操作系统定义**

操作系统能有效地组织和管理系统中的各种软/硬件资源，合理地组织计算机系统工作流程，控制程序的执行，并且向用户提供一个良好的工作环境和友好的接口。

操作系统有两个重要的作用：第一，通过资源管理提高计算机系统的效率；第二，改善人机界面向用户提供友好的工作环境。

操作系统的4个特征是并发性、共享性、虚拟性和不确定性。

**2. 操作系统的功能**

（1）进程管理。实质上是对处理机的执行"时间"进行管理，采用多道程序等技术将CPU的时间合理地分配给每个任务，主要包括进程控制、进程同步、进程通信和进程调度。

（2）文件管理。文件管理主要包括文件存储空间管理、目录管理、文件的读/写管理和存取控制。

（3）存储管理。存储管理是对主存储器"空间"进行管理，主要包括存储分配与回收、存储保护、地址映像（变换）和主存扩充。

（4）设备管理。设备管理实质是对硬件设备的管理，包括对输入/输出设备的分配、启动、完成和回收。

（5）作业管理。作业管理包括任务、界面管理、人机交互、图形界面、语音控制和虚拟现实等。

### 3. 操作系统的分类

（1）批处理操作系统：单道批处理和多道批处理（主机与外设可并行）。

（2）分时操作系统：一个计算机系统与多个终端设备连接。分时操作系统是将 CPU 的工作时间划分为许多很短的时间片，轮流为各个终端的用户服务。

（3）实时操作系统：实时是指计算机对于外来信息能够以足够快的速度进行处理，并在被控对象允许的时间范围内作出快速反应。实时系统对交互能力要求不高，但要求可靠性有保障。为了提高系统的响应时间，对随机发生的外部事件应及时作出响应并对其进行处理。

（4）网络操作系统：使联网计算机能方便而有效地共享网络资源，为网络用户提供各种服务的软件和有关协议的集合。功能主要包括高效、可靠的网络通信；对网络中共享资源的有效管理；提供电子邮件、文件传输、共享硬盘和打印机等服务；网络安全管理；提供互操作能力。三种模式为集中模式、客户端/服务器模式、对等模式。

（5）分布式操作系统：由多个分散的计算机连接而成的计算机系统，系统中的计算机无主次之分，任意两台计算机可以通过通信交换信息。通常，为分布式计算机系统配置的操作系统称为分布式操作系统，是网络操作系统的更高级形式。

（6）微型计算机操作系统：简称微机操作系统，常用的有 Windows、Mac OS、Linux。

（7）嵌入式操作系统：运行在嵌入式智能芯片环境中，对整个智能芯片以及它所操作、控制的各种部件装置等资源进行统一协调、处理、指挥和控制。其主要特点如下：

1）微型化。从性能和成本角度考虑，希望占用的资源和系统代码量少，如内存少、字长短、运行速度有限、能源少（用微小型电池）。

2）可定制。从减少成本和缩短研发周期考虑，要求嵌入式操作系统能运行在不同的微处理器平台上，能针对硬件变化进行结构与功能上的配置，以满足不同的应用需要。

3）实时性。嵌入式操作系统主要应用于过程控制、数据采集、传输通信、多媒体信息及关键要害领域需要迅速响应的场合，所以对实时性要求较高。

4）可靠性。系统构件、模块和体系结构必须达到应有的可靠性，对关键要害应用还要提供容错和防故障措施。

5）易移植性。为了提高系统的易移植性，通常采用硬件抽象层（Hardware Abstraction Level，HAL）和板级支撑包（Board Support Package，BSP）的底层设计技术。

嵌入式系统**初始化过程**按照自底向上、从硬件到软件的次序依次为：芯片级初始化→板卡级初始化→系统级初始化。芯片级是微处理器的初始化，板卡级是其他硬件设备初始化，系统级就是软件及操作系统初始化。

（8）微内核操作系统：微内核，顾名思义，就是尽可能地将内核做得很小，只将最为核心必要的东西放入内核中，其他能独立的东西都放入用户进程中，这样，系统就被分为了用户态和内核态，如图 3-1 所示。单体内核和微内核的对比见表 3-1。

图 3-1    用户态和内核态

表 3-1    单体内核和微内核的对比

|  | 实质 | 优点 | 缺点 |
|---|---|---|---|
| 单体内核 | 将图形、设备驱动及文件系统等功能全部在内核中实现，运行在内核状态和同一地址空间 | 减少进程间通信和状态切换的系统开销，获得较高的运行效率 | 内核庞大，占用资源较多且不易剪裁。<br>系统的稳定性和安全性不好 |
| 微内核 | 只实现基本功能，将图形系统、文件系统、设备驱动及通信功能放在内核之外 | 内核精练，便于剪裁和移植。<br>系统服务程序运行在用户地址空间，系统的可靠性、稳定性和安全性较高。可用于分布式系统 | 用户状态和内核状态需要频繁切换，从而导致系统效率不如单体内核 |

### 3.2.2  进程管理

**1. 进程的组成和状态**

进程由进程控制块（Procedure Control Block，PCB）（唯一标志）、程序（描述进程要做什么）、数据（存放进程执行时所需数据）组成。

进程状态转换图（三态图）如图 3-2 所示。需要熟练掌握图 3-2 中进程的三个状态之间的转换。

图 3-2    进程状态转换图

**2. 前趋图和进程资源图**

前趋图：用来表示哪些任务可以并行执行，哪些任务之间有顺序关系，具体如图 3-3 所示。

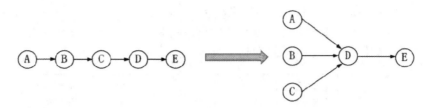

图 3-3　前趋图

由图 3-3 可知，A、B、C 可以并行执行，但是必须 A、B、C 都执行完后，才能执行 D，这就确定了两点：任务间的并行、任务间的先后顺序。

进程资源图：用来表示进程和资源之间的分配和请求关系，如图 3-4 所示。

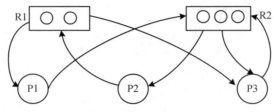

图 3-4　进程资源图

P 代表进程，R 代表资源，R 方框中有几个圆球就表示有几个这种资源，在图 3-4 中，R1 指向 P1，表示 R1 有一个资源已经分配给了 P1，P1 指向 R2，表示 P1 还需要请求一个 R2 资源才能执行。

阻塞节点：某进程所请求的资源已经全部分配完毕，无法获取所需资源，该进程被阻塞了无法继续。如图 3-4 中的 P2。

非阻塞节点：某进程所请求的资源还有剩余，可以分配给该进程继续运行。如图 3-4 中的 P1、P3。

当一个进程资源图中的所有进程都是阻塞节点时，即陷入死锁状态。

进程资源图的化简方法：先看系统还剩下多少资源没分配，再看有哪些进程是不阻塞的，接着把不阻塞的进程的所有边都去掉，形成一个孤立的点，再把系统分配给这个进程的资源回收回来，这样，系统剩余的空闲资源便多了起来，接着再看剩下的进程有哪些是不阻塞的，然后又把它们逐个变成孤立的点。最后，所有的资源和进程都变成孤立的点。

3．进程间的同步与互斥

互斥和同步并非反义词。互斥表示一个资源在同一时间内只能由一个任务单独使用，需要加锁，使用完后解锁才能被其他任务使用；同步表示两个任务可以同时执行，只不过有速度上的差异，需要速度上匹配，不存在资源是否单独或共享的问题。

4．信号量操作

（1）基本概念。

1）临界资源：各个进程间需要互斥方式对其进行共享的资源，即在某一时刻只能被一个进程使用，该进程释放后又可以被其他进程使用。

2）临界区：每个进程中访问临界资源的那段代码。

3）信号量：是一种特殊的变量，有以下两种。

互斥信号量：对临界资源采用互斥访问，使用互斥信号量后其他进程无法访问，初值为 1。

同步信号量：对共享资源的访问控制，初值是共享资料的个数。

（2）P 操作和 V 操作。

P 操作和 V 操作都是原子操作，用来解释进程间的同步和互斥原理，PV 操作原理如图 3-5 所示。

图 3-5　PV 操作原理

例如，在**生产者和消费者的问题**中，生产者生产一个商品 S，而后要申请互斥地使用该仓库，即首先需要执行互斥信号量 P(S0)，申请到仓库独立使用权后，再判断仓库是否有空闲（信号量 S1），执行 P(S1)，若结果大于等于 0，表示仓库有空闲，再将 S 放入仓库中，此时仓库商品数量（信号量 S2）增加 1，即执行 V(S2) 操作，使用完毕后，释放互斥信号量 V(S0)。

对于消费者，首先也需要执行互斥信号量 P(S0)，申请到仓库独立使用权后，再判断仓库中是否有商品，执行 P(S2)，若结果大于等于 0，表示有商品，可以取出，此时造成了一个结果，即仓库空闲了一个，执行 V(S1) 操作，使用完毕后，释放互斥信号量 V(S0)。

因此，执行 P 操作是**主动的带有判断性质**的-1，执行 V 操作是**被动的因为某操作产生的**+1。

5. 进程调度

进程调度指当有更高优先级的进程到来时如何分配 CPU，分为可剥夺和不可剥夺两种：可剥夺指当有更高优先级进程到来时，强行将正在运行进程的 CPU 分配给高优先级进程；不可剥夺是指高优先级进程必须等待当前进程自动释放 CPU。

在某些操作系统中，一个作业从提交到完成需要经历高、中、低三级调度。

（1）高级调度。高级调度又称"长调度""作业调度"或"接纳调度"，它决定处于输入池中的哪个后备作业可以调入主系统做好运行的准备，成为一个或一组就绪进程。在系统中一个作业只需经过一次高级调度。

（2）中级调度。中级调度又称"中程调度"或"对换调度"，它决定处于交换区中的哪个就绪进程可以调入内存，以便直接参与对 CPU 的竞争。

（3）低级调度。低级调度又称"短程调度"或"进程调度"，它决定处于内存中的哪个就绪进程可以占用 CPU。低级调度是操作系统中最活跃、最重要的调度程序，对系统的影响很大。

调度算法有如下几种。

（1）先来先服务 FCFS：先到达的进程优先分配 CPU，用于宏观调度。

（2）时间片轮转：分配给每个进程 CPU 时间片，轮流使用 CPU，每个进程时间片大小相同，很公平，用于微观调度。

（3）优先级调度：每个进程都拥有一个优先级，优先级大的先分配 CPU。

（4）多级反馈调度：时间片轮转和优先级调度结合而成，设置多个就绪队列 1,2,3,…,n，每个队列分别赋予不同的优先级，分配不同的时间片长度；新进程先进入队列 1 的末尾，按 FCFS 原则，执行队列 1 的时间片；若未能执行完进程，则转入队列 2 的末尾，如此重复，如图 3-6 所示。

图 3-6　多级反馈调度

### 6. 死锁问题

当一个进程在等待永远不可能发生的事件时，就会产生死锁，若系统中有多个进程处于死锁状态，就会造成系统死锁。

死锁产生的 4 个必要条件：资源互斥、每个进程占有资源并等待其他资源、系统不能剥夺进程资源、进程资源图是一个环路。

死锁产生后，解决措施是打破 4 个必要条件，有下列方法：

（1）死锁预防：采用某种策略限制并发进程对于资源的请求，破坏死锁产生的 4 个条件之一，使系统任何时刻都不满足死锁的条件。

（2）死锁避免：一般采用银行家算法来避免，银行家算法就是提前计算出一条不会死锁的资源分配方法才分配资源，否则不分配资源，相当于借贷，考虑对方还得起才借钱，提前考虑好以后，就可以避免死锁。

（3）死锁检测：允许死锁产生，但系统定时运行一个检测死锁的程序，若检测到系统中发生死锁，则设法加以解除。

（4）死锁解除：即死锁发生后的解除方法，如强制剥夺资源，撤销进程等。

死锁资源计算：系统内有 $n$ 个进程，每个进程都需要 $R$ 个资源，那么其发生死锁的最大资源数为 $n\times(R-1)$。其不发生死锁的最小资源数为 $n\times(R-1)+1$。

**7. 线程**

传统的进程有两个属性：可拥有资源的独立单位；可独立调度和分配的基本单位。

引入线程的原因是进程在创建、撤销和切换中，系统必须为之付出较大的时空开销，故在系统中设置的进程数目不宜过多，进程切换的频率不宜太高，这就限制了并发程度的提高。引入线程后，将传统进程的两个基本属性分开，线程作为调度和分配的基本单位，进程作为独立分配资源的单位。用户可以通过创建线程来完成任务，以减少程序并发执行时付出的时空开销。

线程是进程中的一个实体，是被系统独立分配和调度的基本单位。线程基本上不拥有资源，只拥有一点运行中必不可少的资源（如程序计数器、一组寄存器和栈），它可与同属一个进程的其他线程共享进程所拥有的全部资源，例如进程的公共数据、全局变量、代码、文件等资源，但不能共享线程独有的资源，如线程的栈指针等标识数据。

### 3.2.3　存储管理

**1. 分区存储管理**

所谓分区存储组织，就是整存，将某进程运行所需的内存整体一起分配给它，然后再执行。有 3 种分区方式：

（1）固定分区：静态分区方法，将主存分为若干个固定的分区，将要运行的作业装配进去，由于分区固定，大小和作业需要的大小不同，会产生内部碎片。

（2）可变分区：动态分区方法，主存空间的分区是在作业转入时划分，正好划分为作业需要的大小，这样就不存在内部碎片，但容易将整片主存空间切割成许多块，会产生外部碎片。系统分配内存的算法有很多，根据分配前的内存情况，还需要分配 9K 空间，对不同算法的原理描述如图 3-7 所示。

1）首次适应法：按内存地址顺序从头查找，找到第一个 ≥9K 空间的空闲块，即切割 9K 空间分配给进程。

2）最佳适应法：将内存中所有空闲内存块按从小到大排序，找到第一个 ≥9K 空间的空闲块，切割分配，这个将会找到与 9K 空间大小最相近的空闲块。

3）最差适应法：和最佳适应法相反，将内存中空闲块空间最大的，切割 9K 空间分配给进程，这是为了预防系统中产生过多的细小空闲块。

4）循环首次适应法：按内存地址顺序查找，找到第一个 ≥9K 空间的空闲块，而后若还需分配，则找下一个，不用每次都从头查找，这是与首次适应法不同的地方。

（3）可重定位分区：可以解决碎片问题，移动所有已经分配好的区域，使其成为一个连续的区域，这样其他外部细小的分区碎片可以合并为大的分区，满足作业要求。只在外部作业请求空间得不到满足时进行。

图 3-7 可变分区各算法实例图

## 2. 分页存储管理

如果采用分区存储，都是整存，会出现一个问题，即当进程运行所需的内存大于系统内存时，就无法将整个进程一起调入内存，因此无法运行，若要解决此问题，就要采用段页式存储组织，页式存储是基于可变分区而提出的。

如图 3-8 所示，逻辑页分为页号和页内地址，页内地址就是物理偏移地址，而页号与物理块号并非按序对应的，需要查询页表，才能得知页号对应的物理块号，再用物理块号加上偏移地址才得出真正运行时的物理地址，转换原理如图 3-9 所示。

图 3-8 逻辑页地址组成

图 3-9 逻辑地址转换为物理地址原理

优点：利用率高，碎片小，分配及管理简单。

缺点：增加了系统开销，可能产生抖动现象。

3．地址表示和转换

地址组成：页地址+页内偏移地址（页地址在高位，页内偏移地址在低位）。

物理地址：物理块号+页内偏移地址。

逻辑地址：页号+页内偏移地址。

物理地址和逻辑地址的页内偏移地址是一样的，只需要求出页号和物理块号之间的对应关系，首先需要求出页号的位数，得出页号，再去页表里查询其对应的物理块号，使用此物理块号和页内偏移地址组合，就能得到物理地址。

4．页面置换算法

有时候，进程空间分为 100 个页面，而系统内存只有 10 个物理块，无法全部满足分配，就需要将马上要执行的页面先分配进去，而后根据算法进行淘汰，使 100 个页面能够按执行顺序调入物理块中执行完。

缺页表示需要执行的页不在内存物理块中，需要从外部调入内存，会增加执行时间，因此，缺页数越多，系统效率越低。页面置换算法如下：

最优算法（Coptimal Replacement Algorithm，OPT）理论上的算法，无法实现，是在进程执行完后进行的最佳效率计算，用来让其他算法比较差距。原理是选择未来最长时间内不被访问的页面置换，这样可以保证未来执行的都是马上要访问的。

先进先出算法（First In First Out，FIFO）先调入内存的页先被置换淘汰，会产生抖动现象，即分配的页数越多，缺页率可能越多（即效率越低）。

最近最少使用（Least Recently Used，LRU）在最近的过去，进程执行过程中，过去最少使用的页面被置换淘汰，根据局部性原理，这种方式效率高，且不会产生抖动现象，使用大量计数器，但是没有 LFU 多。

淘汰原则：优先淘汰最近未访问的，而后淘汰最近未被修改的页面。

5．快表

快表是一块小容量的相联存储器，由快速存储器组成，按内容访问，速度快，并且可以从硬件上保证按内容并行查找，一般用来存放当前访问最频繁的少数活动页面的页号。

快表是将页表存于 Cache 中；慢表是将页表存于内存上。慢表需要访问两次内存才能取出页，而快表是访问一次 Cache 和一次内存，因此更快。

6．段式存储管理

将进程空间分为一个个段，每段也有段号和段内地址，如图 3-10 所示。与页式存储不同的是，每段物理大小不同，分段是根据逻辑整体分段的，因此，段表也与页表的内容不同，页表中直接是逻辑页号对应物理块号，而下图所示，段表有段长和基址两个属性，才能确定一个逻辑段在物理段中的位置。转换原理见图 3-11 所示。

图 3-10 逻辑段地址组成

图 3-11 逻辑段地址转换为物理段地址原理

优点：多道程序共享内存，各段程序修改互不影响。

缺点：内存利用率低，内存碎片浪费大。

综上所述，分页是根据物理空间划分，每页大小相同；分段是根据逻辑空间划分，每段是一个完整的功能，便于共享，但是大小不同。

7. 地址表示

（段号，段内偏移）：其中段内偏移不能超过该段号对应的段长，否则越界错误，而此地址对应的真正内存地址应该是段号对应的基地址+段内偏移。

8. 段页式存储管理

对进程空间先分段，后分页，具体原理如图 3-12 和图 3-13 所示。

图 3-12 段页式存储地址

优点：空间浪费小、存储共享容易、存储保护容易、能动态链接。

缺点：由于管理软件的增加，复杂性和开销也随之增加，需要的硬件以及占用的内容也有所增加，使得执行速度大大下降。

图 3-13　段页式逻辑地址转换为物理地址

### 3.2.4　设备管理

1. 概述

设备是计算机系统与外界交互的工具，具体负责计算机与外部的输入/输出工作，所以常称为外部设备（简称外设）。在计算机系统中，将负责管理设备和输入/输出的机构称为 I/O 系统。因此，I/O 系统由设备、控制器、通道（具有通道的计算机系统）、总线和 I/O 软件组成。

设备的分类如下。

（1）按数据组织分类：块设备、字符设备。

（2）按设备功能分类：输入设备、输出设备、存储设备、网络联网设备、供电设备等。

（3）按资源分配角度分类：独占设备、共享设备和虚拟设备。

（4）按数据传输速率分类：低速设备、中速设备、高速设备。

设备管理的任务是保证在多道程序环境下，当多个进程竞争使用设备时，按一定的策略分配和管理各种设备，控制设备的各种操作，完成 I/O 设备与主存之间的数据交换。

设备管理的主要功能是动态地掌握并记录设备的状态、设备分配和释放、缓冲区管理、实现物理 I/O 设备的操作、提供设备使用的用户接口及设备的访问和控制。

2. I/O 软件

I/O 设备管理软件的所有层次及每一层的功能如图 3-14 所示。

当用户程序试图读一个硬盘文件时，需要通过操作系统实现这一操作。与设备无关软件检查高速缓存中有无要读的数据块，若没有，则调用设备驱动程序，向 I/O 硬件发出一个请求。然后，用户进程阻塞并等待磁盘操作的完成。当磁盘操作完成时，硬件产生一个中断，转入中断处理程序。中断处理程序检查中断的原因，认识到这时磁盘读取操作已经完成，于是唤醒用户进程取回从磁盘读取的信息，从而结束此次 I/O 请求。用户进程在得到了所需的硬盘文件内容之后继续运行。

图 3-14　I/O 请求原理

### 3. 虚设备和 SPOOLING 技术

一台实际的物理设备，例如打印机，在同一时间只能由一个进程使用，其他进程只能等待，且不知道什么时候打印机空闲，此时，极大地浪费了外设的工作效率。

引入 SPOOLING（外围设备联机操作）技术，就是在外设上建立两个数据缓冲区，分别称为输入井和输出井。这样，无论多少个进程，都可以共用这一台打印机，只需要将打印命令发出，数据就会排队存储在缓冲区中，打印机会自动按顺序打印，实现了物理外设的共享，使得每个进程都感觉在使用一个打印机，这就是物理设备的虚拟化，如图 3-15 所示。

图 3-15　SPOOLING 技术原理图

### 3.2.5　文件管理

#### 1. 概述

文件（File）是具有符号名的、在逻辑上具有完整意义的一组相关信息项的集合。

信息项是构成文件内容的基本单位，可以是一个字符，也可以是一个记录，记录可以等长，也可以不等长。一个文件包括文件体和文件说明，文件体是文件真实的内容，文件说明是操作系统为了管理文件所用到的信息，包括文件名、文件内部标识、文件的类型、文件存储地址、文件的长度、访问权限、建立时间和访问时间等。

文件管理系统，就是操作系统中实现文件统一管理的一组软件和相关数据的集合，专门负责管理和存取文件信息的软件机构，简称文件系统。文件系统的功能包括按名存取；统一的用户接口；并发访问和控制；安全性控制；优化性能；差错恢复。

文件的类型如下：

（1）按文件性质和用途可将文件分为系统文件、库文件和用户文件。

（2）按信息保存期限分类可将文件分为临时文件、档案文件和永久文件。

（3）按文件的保护方式分类可将文件分为只读文件、读/写文件、可执行文件和不保护文件。

（4）UNIX 系统将文件分为普通文件、目录文件和设备文件（特殊文件）。

文件的逻辑结构可分为两大类：一是有结构的记录式文件，它是由一个以上的记录构成的文件，故又称为记录式文件；二是无结构的流式文件，它是由一串顺序字符流构成的文件。

文件的物理结构是指文件的内部组织形式，即文件在物理存储设备上的存放方法，包括：

（1）连续结构。连续结构也称顺序结构，它将逻辑上连续的文件信息（如记录）依次存放在连续编号的物理块上。只要知道文件的起始物理块号和文件的长度，就可以很方便地进行文件的存取。

（2）链接结构。链接结构也称串联结构，它是将逻辑上连续的文件信息（如记录）存放在不连续的物理块上，每个物理块设有一个指针指向下一个物理块。因此，只要知道文件的第一个物理块号，就可以按链指针查找整个文件。

（3）索引结构。在采用索引结构时，将逻辑上连续的文件信息（如记录）存放在不连续的物理块中，系统为每个文件建立一张索引表。索引表记录了文件信息所在的逻辑块号对应的物理块号，并将索引表的起始地址放在与文件对应的文件目录项中。

（4）多个物理块的索引表。索引表是在文件创建时由系统自动建立的，并与文件一起存放在同一文件卷上。根据一个文件大小的不同，其索引表占用物理块的个数不等，一般占一个或几个物理块。

2．索引文件结构

如图 3-16 所示，系统中有 13 个索引节点，0～9 为直接索引，即每个索引节点存放的是内容，假设每个物理盘大小为 4KB，共可存 4KB×10=40KB 数据。

10 号索引节点为一级间接索引节点，大小为 4KB，存放的并非直接数据，而是链接到直接物理盘块的地址，假设每个地址占 4KB，则共有 1024 个地址，对应 1024 个物理盘，可存 1024×4KB=4096KB 数据。

二级索引节点类似，直接盘存放一级地址，一级地址再存放物理盘块地址，而后链接到存放数据的物理盘块，容量又扩大了一个数量级，为 1024×1024×4KB 数据。

3．文件目录

文件控制块中包含以下 3 类信息：基本信息类、存取控制信息类和使用信息类。

（1）基本信息类。例如文件名、文件的物理地址、文件长度和文件块数等。

图 3-16　索引文件结构

（2）存取控制信息类。文件的存取权限，像 UNIX 用户分成文件组、同组用户和一般用户 3 类，这 3 类用户的读/写执行 RWX 权限。

（3）使用信息类。文件建立日期、最后一次修改日期、最后一次访问的日期、当前使用的信息（如打开文件的进程数、在文件上的等待队列）等。

文件控制块的有序集合称为文件目录。文件目录有如下几种结构：

（1）相对路径：从当前路径开始的路径。

（2）绝对路径：从根目录开始的路径。

（3）全文件名=绝对路径+文件名。要注意，绝对路径和相对路径是不加最后的文件名的，只是单纯的路径序列。

（4）树型结构主要是区分相对路径和绝对路径，如图 3-17 所示。

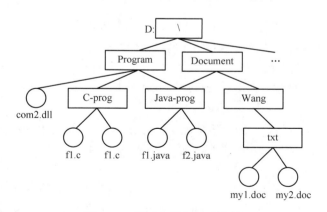

图 3-17　绝对路径和相对路径

4. 文件存储空间管理

文件的存取方法是指读/写文件存储器上的一个物理块的方法。通常有顺序存取和随机存取两种方法。顺序存取是指对文件中的信息按顺序依次进行读/写；随机存取是指对文件中的信息可以按任意的次序随机地读/写。

文件存储空间的管理包括如下几种结构表：

（1）空闲区表。将外存空间上的一个连续的未分配区域称为"空闲区"。操作系统为磁盘外存上的所有空闲区建立一张空闲表，每个表项对应一个空闲区，适用于连续文件结构，见表 3-2。

表 3-2　空闲区表实例

| 序号 | 第一个空闲块号 | 空闲块数 | 状态 |
|---|---|---|---|
| 1 | 18 | 5 | 可用 |
| 2 | 29 | 8 | 可用 |
| 3 | 105 | 19 | 可用 |
| 4 | — | — | 未用 |

注："—"表示不在。

（2）位示图。这种方法是在外存上建立一张位示图（Bitmap），记录文件存储器的使用情况。每一位对应文件存储器上的一个物理块，取值 0 和 1 分别表示空闲和占用，如图 3-18 所示。

| 第 0 字节 | 1 | 0 | 1 | 0 | 0 | 1 | ··· | 0 | 1 |
|---|---|---|---|---|---|---|---|---|---|
| 第 1 字节 | 0 | 1 | 1 | 1 | 0 | 0 | ··· | 1 | 1 |
| 第 2 字节 | 0 | 1 | 1 | 1 | 1 | 0 | ··· | 1 | 0 |
| 第 3 字节 | 1 | 1 | 1 | 1 | 0 | 0 | ··· | 0 | 1 |
| ··· | ··· | ··· | ··· | ··· | ··· | ··· | ··· | ··· | ··· |
| 第 $n$-1 字节 | 0 | 1 | 0 | 1 | 0 | 1 | ··· | 1 | 1 |

图 3-18　位示图实例

（3）空闲块链。每个空闲物理块中有指向下一个空闲物理块的指针，所有空闲物理块构成一个链表，链表的头指针放在文件存储器的特定位置上（如管理块中），不需要磁盘分配表，节省空间。每次申请空闲物理块只需根据链表的头指针取出第一个空闲物理块，根据第一个空闲物理块的指针可找到第二个空闲物理块，以此类推。

（4）成组链接法。例如，在实现时系统将空闲块分成若干组，每 100 个空闲块为一组，每组的第一个空闲块登记了下一组空闲块的物理盘块号和空闲块总数。假如某个组的第一个空闲块号等于 0，意味着该组是最后一组，无下一组空闲块。

## 3.3 课后演练（精选真题）

● 某计算机系统页面大小为 4KB，进程 P1 的页面变换表如下所示，P1 要访问数据的逻辑地址为十六进制 1B1AH，那么该逻辑地址经过变换后，其对应的物理地址应为十六进制 __(1)__ 。**（2021 年 11 月第 2 题）**

| 页号 | 物理块号 |
|------|----------|
| 0 | 1 |
| 1 | 6 |
| 2 | 3 |
| 3 | 8 |

（1）A．1B1AH      B．3B1AH      C．6B1AH      D．8B1AH

● 某文件系统文件存储采用文件索引节点法。假设文件索引节点中有 8 个地址项 iaddr[0]～iaddr[7]，每个地址项大小为 4 字节，其中地址项 iaddr[0]～iaddr[4] 为直接地址索引，iaddr[5]、iaddr[6] 是一级间接地址索引，iaddr[7] 是二级间接地址索引，磁盘索引块和磁盘数据块大小均为 1KB，若要访问 iclsClient.dll 文件的逻辑块号分别为 1、518，则系统应分别采用 __(2)__ 。**（2021 年 11 月第 3 题）**

（2）A．直接地址索引、直接地址索引      B．直接地址索引、一级间接地址索引

     C．直接地址索引、二级间接地址索引      D．一级间接地址索引、二级间接地址索引

● 假设系统中互斥资源 R 的可用数为 25。T0 时刻进程 P1、P2、P3、P4 对资源 R 的最大需求数、已分配资源数和尚需资源数的情况如表 A 所示，若 P1 和 P3 分别申请资源 R 数为 1 和 2，则系统 __(3)__ 。**（2021 年 11 月第 4 题）**

表 A    T0 时刻进程对资源的需求情况

| 进程 | 最大需求数 | 已分配资源数 | 尚需资源数 |
|------|------------|--------------|------------|
| P1 | 10 | 6 | 4 |
| P2 | 11 | 4 | 7 |
| P3 | 9 | 7 | 2 |
| P4 | 12 | 6 | 6 |

（3）A．只能先给 P1 进行分配，因为分配后系统状态是安全的

     B．只能先给 P3 进行分配，因为分配后系统状态是安全的

     C．可以先给 P1、P3 进行分配，因为分配后系统状态是安全的

     D．不能给 P3 进行分配，因为分配后系统状态是不安全的

● 假设某计算机字长 32 位，该计算机文件管理系统磁盘空间管理里采用位示图记录磁盘的使用情况，若磁盘的容量为 300GB，物理块的大小为 4MB，那么位示图的大小为　(4)　字。（**2020 年 11 月第 2 题**）

（4）A．2400　　　　　　B．3200　　　　　　C．6400　　　　　　D．9600

● 实时操作系统中，外部事件必须　(5)　。（**2020 年 11 月第 3 题**）

（5）A．一个时间片内处理　　　　　　B．一个周期时间内处理

　　　C．一个机器周期内处理　　　　　D．被控对象允许的时间内

● 关于微内核的描述，不正确的是　(6)　。（**2020 年 11 月第 5 题**）

（6）A．微内核系统结构清晰，利于协作开发

　　　B．微内核代码量少，有良好的移植性

　　　C．微内核有良好的伸缩、拓展性

　　　D．微内核功能代码可以相互调用，性能高

● 前趋图（Precedence Graph）是一个有向无环图，记为：→＝{(Pi,Pj)Pi must complete before Pj may start}。假设系统中进程 P={P1，P2，P3，P4，P5，P6，P7，P8}，且进程的前趋图如下：

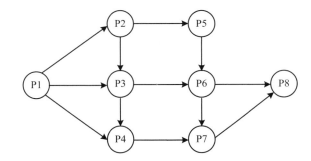

那么，该前趋图可记为　(7)　。（**2019 年 11 月第 1 题**）

（7）A．→＝{(P1，P2)，(P1，P3)，(P1，P4)，(P2，P5)，(P3，P5)，(P4，P7)，(P5，P6)，(P6，P7)，(P6，P8)，(P7，P8)}

　　　B．→＝{(P1，P2)，(P3，P1)，(P4，P1)，(P5，P2)，(P5，P3)，(P6，P4)，(P7，P5)，(P7，P6)，(P6，P8)，(P8，P7)}

　　　C．→＝{(P1，P2)，(P1，P3)，(P1，P4)，(P2，P5)，(P3，P6)，(P4，P7)，(P5，P6)，(P6，P7)，(P6，P8)，(P7，P8)}

　　　D．→＝{(P1，P2)，(P1，P3)，(P2，P3)，(P2，P5)，(P3，P6)，(P3，P4)，(P4，P7)，(P5，P6)，(P6，P7)，(P6，P8)，(P7，P8) }

● 某计算机系统中的进程管理采用三态模型，那么下图所示的 PCB（进程控制块）的组织方式采用　(8)　，图中　(9)　。（**2018 年 11 月第 2～3 题**）

（8）A．顺序方式　　　　B．链接方式　　　　C．索引方式　　　　D．Hash

（9）A．有 1 个运行进程，2 个就绪进程，4 个阻塞进程

B．有 2 个运行进程，3 个就绪进程，3 个阻塞进程

C．有 2 个运行进程，3 个就绪进程，4 个阻塞进程

D．有 3 个运行进程，2 个就绪进程，4 个阻塞进程

# 3.4 课后演练答案解析

（1）**参考答案**：C

**解析**　4K=$2^{12}$，也即低 12 位表示页内地址，高 4 位表示页号，十六进制正好 1 位等于 4 位二进制，因此 B1A 是页内偏移，1 是页号，对应物理块号是 6，物理地址就是 6B1AH。

（2）**参考答案**：C

**解析**　此题为经典题型。注意从 0 开始编号，0～4 直接地址索引表示逻辑块号 0～4，一个一级间接地址索引可表示 1KB/4B=256 个直接盘块，因此 5、6 两个一级索引表示逻辑块号 5、516，因此 518 处于二级间接地址范围。

（3）**参考答案**：B

**解析**　此题为考查银行家算法。T0 时刻系统可用资源数为 25、(6+4+7+6)=2，此时只能满足 P3，因此必须第一个分配给 P3。

（4）**参考答案**：A

**解析**　此题为经典计算题，300×1024/4/32=2400。

（5）**参考答案**：D

**解析**　实时是在规定的时间内做出正确的回应。

（6）**参考答案**：D

**解析**　微内核，顾名思义，就是尽可能地将内核做得很小，只将最为核心必要的东西放入内核中，其他能独立的东西都放入用户进程中，这样，系统就被分为了用户态和内核态。

也因为分成了用户态和内核态，微内核功能代码不能直接调用，需要切换状态。

（7）**参考答案**：D

**解析**　前趋图是一个有向无循环图，记为 DAG（Directed Acyclic Graph），用于描述进程之间执行的前后关系。图中的每个节点可用于描述一个程序段或进程，乃至一条语句；节点间的有向边则用于表示两个节点之间存在的偏序（Partial Order，亦称偏序关系）或前趋关系（Precedence Relation）"→"。

对于题中所示的前趋图，存在前趋关系：P1→P2，P1→P3，P2→P3，P2→P5，P3→P4，P3→P6，P4→P7，P5→P6，P6→P7，P6→P8，P7→P8

可记为：P={P1，P2，P3，P4，P5，P6，P7，P8}

→={(P1，P2)，(P1，P3)，(P2，P3)，(P2，P5)，(P3，P6)，(P3，P4)，(P4，P7)，(P5，P6)，(P6，P7)，(P6，P8)，(P7，P8)}

在前趋图中，没有前趋的节点称为初始节点（Initial Node），把没有后继的节点称为终止节点（Final Node）。

（8）（9）**参考答案**：C　C

**解析**　从图中给出的索引表可以得出这是索引方式，其运行进程索引表有两个指针，对应 2 个运行进程，就绪进程索引表有 3 个进程，阻塞进程索引表有 4 个进程。

# 第4章
# 数据库技术基础

## 4.1 备考指南

数据库技术基础主要考查的是数据库的三级模式两级映像、数据库设计、关系运算、规范化和反规范化、事务处理、分布式数据库等相关知识，同时也是重点考点，在上午试题和案例分析与论文中都可能出现。上午试题会占 5～9 分。

## 4.2 考点梳理及精讲

### 4.2.1 基本概念

**数据库系统（DBS）的组成**：数据库、硬件、软件、人员。

**数据库管理系统（DBMS）的功能**：数据定义、数据库操作、数据库运行管理、数据的存储管理、数据库的建立和维护等。

**DBMS 的分类**：关系数据库系统（RDBS）、面向对象的数据库系统（OODBS）、对象关系数据库系统（ORDBS）。

**数据库系统的体系结构**：集中式数据库系统（所有东西集中在 DBMS 电脑上）、客户端/服务器体系结构（客户端负责请求和数据表示，服务器负责数据库服务）、并行数据库系统（多个物理上在一起的 CPU）、分布式数据库系统（物理上分布在不同地方的计算机）。

### 4.2.2 三级模式两级映像

**内模式**：管理如何存储物理的**数据**，对数据的存储方式、优化、存放等。

**模式**：又称为概念模式，就是通常使用的**表**这个级别，根据应用、需求将物理数据划分成一张张表。

**外模式**：对应数据库中的**视图**这个级别，将表进行一定的处理后再提供给用户使用，例如，将用户表中的用户名和密码组成视图提供给登录模块使用，而用户表中的其他列则不对该模块开放，增加了安全性。

**外模式——模式映像**：是表和视图之间的映像，存在于概念级和外部级之间，若表中数据发生了修改，只需要修改此映像，而无需修改应用程序。

**模式——内模式映像**：是表和数据的物理存储之间的映像，存在于概念级和内部级之间，若修改了数据存储方式，只需要修改此映像，而不需要去修改应用程序。

以上的数据库系统实际上是一个分层次的设计，从底至上称为物理级数据库（实际为一个数据库文件）、概念级数据库、用户级数据库，各层情况如图 4-1 所示。

图 4-1　数据库分层结构设计

### 4.2.3　数据库的设计

**1. 数据库设计的阶段**

数据库设计阶段分为以下几种。

需求分析：即分析数据存储的要求，产出物有数据流图、数据字典、需求说明书。

概念结构设计：就是设计 E-R 图，也即实体-联系图，与物理实现无关，就是说明有哪些实体，实体有哪些属性。

逻辑结构设计：将 E-R 图转换成关系模式，也即转换成实际的表和表中的列属性，这里要考虑很多规范化的东西。

物理设计：根据生成的表等概念，生成物理数据库。

2. 具体各个设计阶段的产出物、要求

具体各个设计阶段的产出物、要求等如图 4-2 所示。

图 4-2　数据库设计阶段

### 4.2.4　E-R 模型

**数据模型的三要素**：数据结构、数据操作、数据的约束条件。

**在 E-R（Entity-Relationnships）模型中**，使用椭圆表示属性（一般没有）、长方形表示实体、菱形表示联系，联系的两端要填写联系类型，示例如图 4-3 所示。

图 4-3　E-R 模图示例

**联系类型**：一对一（1:1）、一对多（1:N）、多对多（M:N）。

**属性分类**：简单属性和复合属性（属性是否可以分割）、单值属性和多值属性（属性有多个取值）、NULL 属性（无意义）、派生属性（可由其他属性生成）。

**E-R 模型转换为关系模型**，实际就是转换为多少张表。

（1）每个实体都对应一个关系模式。

（2）三种联系类型：1:1 联系中，联系可以放到任意的两端实体中，作为一个属性（要保证1:1的两端关联）；1:N 联系中，联系可以单独作为一个关系模式，也可以在 N 端中加入 1 端实体的主键；M:N 的联系中，联系必须作为一个单独的关系模式，其主键是 M 和 N 端的联合主键。

以上，明确了有多少关系模式，就知道有多少张表，同时，表中的属性也确定了，注意联系是作为表还是属性，若是属性又是哪张表的属性即可。

## 4.2.5 关系代数运算

### 1. 关系运算

关系运算有如下几种。

（1）**并**：结果是两张表中所有记录数合并，相同记录只显示一次。

（2）**交**：结果是两张表中相同的记录。

（3）**差**：S1-S2，结果是 S1 表中有而 S2 表中没有的那些记录。

设有 S1 和 S2，其关系及并、交、差结果如图 4-4 所示。

| 关系 S1 | | |
| --- | --- | --- |
| Sno | Sname | Sdept |
| No0001 | Mary | IS |
| No0003 | Candy | IS |
| No0004 | Jam | IS |

| 关系 S2 | | |
| --- | --- | --- |
| Sno | Sname | Sdept |
| No0001 | Mary | IS |
| No0008 | Katter | IS |
| No0021 | Tom | IS |

| S1∩S2（交） | | |
| --- | --- | --- |
| Sno | Sname | Sdept |
| No0001 | Mary | IS |

| S1∪S2（并） | | |
| --- | --- | --- |
| Sno | Sname | Sdept |
| No0001 | Mary | IS |
| No0003 | Candy | IS |
| No0004 | Jam | IS |
| No0008 | Katter | IS |
| No0021 | Tom | IS |

| S1-S2（差） | | |
| --- | --- | --- |
| Sno | Sname | Sdept |
| No0003 | Candy | IS |
| No0004 | Jam | IS |

图 4-4　简单关系代数运算实例

（4）**笛卡儿积**：S1×S2，产生的结果包括 S1 和 S2 的所有属性列，并且 S1 中每条记录依次和 S2 中所有记录组合成一条记录，最终属性列为 S1+S2 属性列，记录数为 S1×S2 记录数。

（5）**投影**：实际是按条件选择某关系模式中的某列，列也可以用数字表示。

（6）**选择**：实际是按条件选择某关系模式中的某条记录。

设有 S1 和 S2 关系，其笛卡儿积、投影、选择结果如图 4-5 所示。

| 关系 S1 | | |
|---|---|---|
| Sno | Sname | Sdept |
| No0001 | Mary | IS |
| No0003 | Candy | IS |
| No0004 | Jam | IS |

| 关系 S2 | | |
|---|---|---|
| Sno | Sname | Sdept |
| No0001 | Mary | IS |
| No0008 | Katter | IS |
| No0021 | Tom | IS |

| S1×S2（笛卡儿积） | | | | | |
|---|---|---|---|---|---|
| Sno | Sname | Sdept | Sno | Sname | Sdept |
| No0001 | Mary | IS | No0001 | Mary | IS |
| No0001 | Mary | IS | No0008 | Katter | IS |
| No0001 | Mary | IS | No0021 | Tom | IS |
| No0003 | Candy | IS | No0001 | Mary | IS |
| No0003 | Candy | IS | No0008 | Katter | IS |
| No0003 | Candy | IS | No0021 | Tom | IS |
| No0004 | Jam | IS | No0001 | Mary | IS |
| No0004 | Jam | IS | No0008 | Katter | IS |
| No0004 | Jam | IS | No0021 | Tom | IS |

| （投影） | |
|---|---|
| Sno | Sname |
| No0001 | Mary |
| No0003 | Candy |
| No0004 | Jam |

| （选择） | | |
|---|---|---|
| Sno | Sname | Sdept |
| No0003 | Candy | IS |

图 4-5　笛卡儿积、投影、选择示例

（7）**自然连接**：结果显示全部的属性列，但是相同属性列只显示一次，显示两个关系模式中属性相同且值相同的记录。自然连接结果如图 4-6 所示。

| 关系 S1 | | |
|---|---|---|
| Sno | Sname | Sdept |
| No0001 | Mary | IS |
| No0003 | Candy | IS |
| No0004 | Jam | IS |

| 关系 S2 | |
|---|---|
| Sno | Age |
| No0001 | 23 |
| No0008 | 21 |
| No0021 | 22 |

| S1 ⋈ S2 | | | |
|---|---|---|---|
| Sno | Sname | Sdept | Age |
| No0001 | Mary | IS | 23 |

图 4-6　自然连接示例

## 2．效率问题

关系代数运算的效率，归根结底是看参与运算的两张表格的属性列数和记录数，属性列数和记录数越少，参与运算的次数自然越少，效率就越高。因此，效率高的运算一般都是在两张表格参与运算之前就将条件判断完。如：

π1,2,3,8 (σ2='大数据' ∧1=5 ∧3=6 ∧8='开发平台'(R×S))和

π1,2,3,8 (σ1=5 ∧ 3=6(σ2='大数据'(R)×σ4='开发平台'(S)))。

后者效率比前者效率高很多。

### 4.2.6　关系数据库的规范化

#### 1．函数依赖

给定一个 X，能唯一确定一个 Y，就称 X 确定 Y，或者说 Y 依赖于 X，例如 Y=X×X 函数。函数依赖又可扩展如图 4-7 所示的两种规则。

 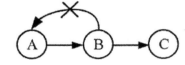

（a）部分函数依赖　　　　　（b）传递函数依赖

图 4-7　部分函数依赖和传递函数依赖

（1）部分函数依赖：A 可确定 C，(A,B)也可确定 C，(A,B)中的一部分（即 A）可以确定 C，称为部分函数依赖。

（2）传递函数依赖：当 A 和 B 不等价时，A 可确定 B，B 可确定 C，则 A 可确定 C，是传递函数依赖；若 A 和 B 等价，则不存在传递，直接就可确定 C。

#### 2．Armstrong 公理系统

设 U 是关系模式 R 的属性集，F 是 R 上成立的只涉及 U 中属性的函数依赖集。函数依赖的推理规则有：

（1）自反律：若属性集 Y 包含于属性集 X，属性集 X 包含于 U，则 X→Y 在 R 上成立（此处 X→Y 是平凡函数依赖）。

（2）增广律：若 X→Y 在 R 上成立，且属性集 Z 包含于属性集 U，则 XZ→YZ 在 R 上成立。

（3）传递律：若 X→Y 和 Y→Z 在 R 上成立，则 X→Z 在 R 上成立。

（4）合并规则：若 X→Y，X→Z 同时在 R 上成立，则 X→YZ 在 R 上也成立。

（5）分解规则：若 X→W 在 R 上成立，且属性集 Z 包含于 W，则 X→Z 在 R 上也成立。

（6）伪传递规则：若 X→Y 在 R 上成立，且 WY→Z，则 XW→Z。

#### 3．键和约束

（1）超键：能唯一标识此表的属性的组合。

（2）候选键：超键中去掉冗余的属性，剩余的属性就是候选键。

（3）主键：任选一个候选键，即可作为主键。

（4）外键：其他表中的主键。

（5）候选键的求法：根据依赖集画出有向图，从入度为 0 的节点开始，找出图中一个节点或者一个节点组合，能够遍历完整个图，就是候选键。

（6）主属性：候选键内的属性为主属性，其他属性为非主属性。

（7）实体完整性约束：即主键约束，主键值不能为空，也不能重复。

（8）参照完整性约束：即外键约束，外键必须是其他表中已经存在的主键的值，或者为空。

（9）用户自定义完整性约束：自定义表达式约束，如设定年龄属性的值必须在 0～150 之间。

（10）触发器：通过写脚本来规定复杂的约束。本质属于用户自定义完整性约束。

4. 范式

数据库中的范式总体结构如图 4-8 所示。

图 4-8　数据库中的范式总体结构

**（1）第一范式（1NF）。**关系中的每一个分量必须是一个不可分的数据项。通俗地说，第一范式就是表中不允许有小表的存在。比如表 4-1，就不属于第一范式。

表 4-1　员工表

| 员工编号 | 员工姓名 | 出生日期 | 薪资/月 | | 所属部门 |
| --- | --- | --- | --- | --- | --- |
| | | | 基本工资/月 | 补贴/月 | |
| 1 | 王红 | 19900908 | 9000 | 1000 | 101 |
| … | … | … | … | … | |

表 4-1 中，出现了属性薪资，又被分为基本工资和补贴两个子属性，就好像表中又分割了一个

小表，这就不属于第一范式。如果将基本工资和补贴合并，那么该表符合 1NF。

**1NF 可能存在的问题**：1NF 是最低一级的范式，范式程度不高，存在很多的问题。比如用一个单一的关系模式学生来描述学校的教务系统：学生（学号,学生姓名,所在系,系主任姓名,课程号,成绩），见表 4-2。

表 4-2　某学校的教务系统

| 学号 | 学生姓名 | 所在系 | 系主任姓名 | 课程号 | 成绩 |
|---|---|---|---|---|---|
| 201102 | 张明 | 计算机系 | 章三 | 04 | 70 |
| 201103 | 王红 | 计算机系 | 章三 | 05 | 60 |
| 201103 | 王红 | 计算机系 | 章三 | 04 | 80 |
| 201103 | 王红 | 计算机系 | 章三 | 06 | 87 |
| 201104 | 李青 | 机械系 | 王五 | 09 | 79 |
| … | … | … | … | … | … |

这个表满足第一范式，但是存在如下问题：

数据冗余：一个系有很多的学生，同一个系的学生的系主任是相同的，所以系主任名会重复出现。

更新复杂：当一个系换了一个系主任后，对应的这个表必须修改与该系学生有关的每个元组。

插入异常：如果一个系刚成立，没有任何学生，那么无法把这个系的信息插入表中。

删除异常：如果一个系的学生都毕业了，那么在删除该系学生信息时，这个系的信息也丢了。

**（2）第二范式（2NF）。** 如果关系 R 属于 1NF，且每一个非主属性完全函数依赖于任何一个候选码，则 R 属于 2NF。通俗地说，2NF 就是在 1NF 的基础上，表中的每一个非主属性不会依赖复合主键中的某一个列。

按照定义，上面的学生表就不满足 2NF，因为学号不能完全确定课程号和成绩（每个学生可以选多门课）。将学生表分解为：

学生（学号,学生姓名,系编号,系名,系主任）

选课（学号,课程号,成绩）

每张表均属于 2NF。

**（3）第三范式（3NF）。**

在满足 1NF 的基础上，表中不存在非主属性对码的传递依赖。

继续上面的实例，学生关系模式就不属于 3NF，因为学生无法直接决定系主任和系名，是由学号→系编号，再由系编号→系主任，系编号→系名，因此存在非主属性对主属性的传递依赖，将学生表进一步分解为：

学生（学号，学生姓名，系编号）

系（系编号，系名，系主任）

选课（学号,课程号,成绩）

每张表都属于 3NF。

**（4）BC 范式（BCNF）。**

所谓 BCNF，是指在第三范式的基础上进一步消除主属性对于码的部分函数依赖和传递依赖。

通俗地说，就是在每一种情况下，依赖集里的每一个依赖的左边决定因素都必然包含候选键之一，如图 4-9 所示。

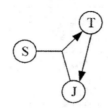

图 4-9　BCNF 实例

图 4-9 中，候选键有两种情况：组合键(S,T)或者(S,J)，依赖集为{SJ—T，T—J}，可知，S、T、J 三个属性都是主属性，因此其达到了 3NF（无非主属性），然而，第二种情况，即(S,J)为候选键的时候，对于依赖 T→J，T 在这种情况不是候选键，即 T-J 的决定因素不包含任意候选码，因此图 4-9 不是 BCNF。

要使图 4-9 关系模式转换为 BCNF 也很简单，只需要将依赖 T→J 变为 TS→J 即可，这样其左边决定因素就包含了候选键之一 S。

5. 模式分解

范式之间的转换一般都是通过拆分属性，即模式分解，将具有部分函数依赖和传递依赖的属性分离出来，达到一步步优化，一般分为以下两种：

**（1）保持函数依赖分解。**

对于关系模式 R，有依赖集 F，若对 R 进行分解，分解出来的多个关系模式，保持原来的依赖集不变，则为保持函数依赖的分解。另外，注意要消除掉冗余依赖（如传递依赖）。

实例：设原关系模式 R(A,B,C)，依赖集 F(A→B，B→C，A→C)，将其分解为两个关系模式 R1(A,B) 和 R2(B,C)，此时 R1 中保持依赖 A→B，R2 保持依赖 B→C，说明分解后的 R1 和 R2 是保持函数依赖的分解，因为 A→C 这个函数依赖实际是一个冗余依赖，可以由前两个依赖传递得到，因此不需要管。

**保持函数依赖的判断（补充，第 2 点不强求）。**

1）如果 F 上的每一个函数依赖都在其分解后的某一个关系上成立，则这个分解是保持依赖的（这是一个充分条件）。即看函数每个依赖的左右两边属性是否都在同一个分解的模式中。

2）如果上述判断失败，并不能断言分解不是保持依赖的，还要使用下面的通用方法来做进一步判断。该方法的表述如下：

对 F 上的每一个 α→β 使用下面的过程：

result:= α;

```
while(result 发生变化)do
  for each 分解后的 Ri
    t=(result∩Ri)+ ∩Ri
    result=result∪t
```

以下面的例题作为讲解：正确答案是无损分解，不保持函数依赖。

假设关系模式 R(U,F)，属性集 U={A,B,C}，函数依赖集 F={A→B,B→C}。若将其分解为 p={R1(U1,F1)，R2(U2,F2)}，其中 U1={A,B}，U2={A,C}。那么，分解 P（　）。

A．有损连接但保持函数依赖　　　　　　B．既无损连接又保持函数依赖

C．有损连接且不保持函数依赖　　　　　D．无损连接但不保持函数依赖

答案：D

🔖解析　首先，该分解，U1 保持了依赖 A→B，然而 B→C 没有保持，因此针对 B→C 需要用上页补充的第 2 点算法来判断：

result=B，result∩U1=B，B+ =BC，BC∩U1=B，result=B∪B=B，result 没变，然后，result 再和 U2 交是空，结束了，不保持函数依赖。

注意，B+中+的意思是由 B 能够推导出的其他所有属性的集合，这里，B→C，因此 B+ =BC。

（2）无损分解。分解后的关系模式能够还原出原关系模式，就是无损分解，不能还原就是有损分解。

当分解为两个关系模式，可以通过以下定理判断是否为无损分解。

定理：如果 R 的分解为 p={R1,R2}，F 为 R 所满足的函数依赖集合，分解 p 具有无损连接性的充分必要条件是 R1∩R2→(R1-R2)或者 R1∩R2→(R2-R1)。

当分解为多个关系模式时，通过表格法求解。

思考题：

有关系模式：成绩(学号，姓名，课程号，课程名，分数)

函数依赖：学号→姓名，课程号→课程名，(学号，课程名)→分数

若将其分解为：

成绩(学号，课程号，分数)

学生(学号，姓名)

课程(课程号，课程名)

请思考该分解是否为无损分解。

由于有学号→姓名，所以：

成绩(学号，课程号，分数，姓名)

由于有课程号→课程名，所以：

成绩(学号，课程号，分数，姓名，课程名)

由思考题可知，无损分解，要注意将候选键和其能决定的属性放在一个关系模式中，这样才能还原。也可以用表格法求解如下（需要依赖左右边的属性同时在一个关系模式中，才能补充）：

根据上述描述,构造初始表,将学号、姓名、课程号、课程名、分数等属性放在列上,将成绩、学生、课程属性放在行上。

| | 学号 | 姓名 | 课程号 | 课程名 | 分数 |
|---|---|---|---|---|---|
| 成绩 | √ | × | √ | × | √ |
| 学生 | √ | √ | × | × | × |
| 课程 | × | × | √ | √ | × |

根据学号→姓名,对上表进行处理,将×改成符号√;然后考虑课程号→课程名,将×改为√,得下表:

| | 学号 | 姓名 | 课程号 | 课程名 | 分数 |
|---|---|---|---|---|---|
| 成绩 | √ | √ | √ | √ | √ |
| 学生 | √ | √ | × | × | × |
| 课程 | × | × | √ | √ | × |

从以上内容可以看出,第 1 行已全部为 √,因此本次 R 分解是无损连接分解。

**注意:** 拆分成单属性集必然是有损分解,因为单属性不可能包含依赖左右两边属性,这个单属性已经无法再恢复。

6. 并发控制基本概念

并发控制总体结构如图 4-10 所示。

图 4-10 并发控制总体结构

(1)事务管理。事务提交 commit,事务回滚 rollback。

事务由一系列操作组成,这些操作,要么全做,要么全不做,拥有四种特性,详解如下:

（操作）**原子性**：要么全做，要么全不做。

（数据）**一致性**：事务发生后数据是一致的，例如银行转账，不会存在 A 账户转出，但是 B 账户没收到的情况。

（执行）**隔离性**：任一事务的更新操作直到其成功提交的整个过程对其他事务都是不可见的，不同事务之间是隔离的，互不干涉。

（改变）**持续性**：事务操作的结果是持续性的。

事务是并发控制的前提条件，并发控制就是控制不同的事务并发执行，提高系统效率，但是并发控制中存在如图 4-11 所示的三个问题。

1）丢失更新：事务 1 对数据 A 进行了修改并写回，事务 2 也对 A 进行了修改并写回，此时事务 2 写回的数据会覆盖事务 1 写回的数据，就丢失了事务 1 对 A 的更新。即对数据 A 的更新会被覆盖。

2）不可重复读：事务 2 读 A，而后事务 1 对数据 A 进行了修改并写回，此时若事务 2 再读 A，发现数据不对。即一个事务重复读 A 两次，会发现数据 A 有误。

3）读脏数据：事务 1 对数据 A 进行了修改后，事务 2 读数据 A，而后事务 1 回滚，数据 A 恢复了原来的值，那么事务 2 对数据 A 做的事是无效的，读到了脏数据。

| ◆丢失更新 | |
|---|---|
| T1 | T2 |
| ①读 A=10 | |
| ② | 读 A=10 |
| ③A=A-5 写回 | A=A-8 写回 |
| ④ | |

| ◆不可重复读 | |
|---|---|
| T1 | T2 |
| ①读 A=10<br>读 B=30<br>求和=50 | |
| ② | 读 A=10<br>A←A+50<br>写 A=70 |
| ③读 A=70<br>读 B=30<br>求和=100<br>（验算不对） | |

| ◆读脏数据 | |
|---|---|
| T1 | T2 |
| ①读 A=20<br>A←A+50<br>写回 70 | |
| ② | 读 A=70 |
| ③rollback<br>A 恢复为 20 | |

图 4-11　事务并发存在的三个问题

**（2）封锁协议。**

1）X 锁是排他锁（写锁）。若事务 T 对数据对象 A 加上 X 锁，则只允许 T 读取和修改 A，其他事务都不能再对 A 加任何类型的锁，直到 T 释放 A 上的锁。

2）S 锁是共享锁（读锁）。若事务 T 对数据对象 A 加上 S 锁，则只允许 T 读取 A，但不能修改 A，其他事务只能再对 A 加 S 锁（也即能读不能修改），直到 T 释放 A 上的 S 锁。

封锁协议共分为三级，定义如下：

一级封锁协议：事务在修改数据 R 之前必须先对其加 X 锁，直到事务结束才释放。可解决丢失更新问题。

二级封锁协议：在一级封锁协议的基础上加上事务 T 在读数据 R 之前必须先对其加 S 锁，读完后即可释放 S 锁。可解决丢失更新、读脏数据问题。

三级封锁协议：一级封锁协议加上事务 T 在读取数据 R 之前先对其加 S 锁，直到事务结束才释放。可解决丢失更新、读脏数据、数据重复读问题。

（3）**封锁协议的应用。**

1）丢失更新加锁（一级封锁协议），如图 4-12 所示。

| T1 | T2 |
|---|---|
| ①对 A 加写锁 | |
| ② | 对 A 加写锁 |
| ③读 A=10 | 等待 |
| ④A=A-5 写回 | 等待 |
| ⑤释放对 A 的写锁 | 等待 |
| ⑥ | 读 A=10 |
| ⑦ | A=A-8 写回 |
| ⑧ | 释放对 A 的写锁 |

图 4-12　一级封锁协议

2）读脏数据加锁（二级封锁协议），如图 4-13 所示。

| T1 | T2 |
|---|---|
| ①对 A 加写锁 | |
| ②读 A=20 | |
| ③A←A+50 | |
| ④写回 70 | 对 A 加写锁 |
| ⑤ | 等待 |
| ⑥rollback | 等待 |
| ⑦A 恢复为 20 | 读 A=20 |
| ⑧ | 释放对 A 的写锁 |

图 4-13　二级封锁协议

3）不可重复读加锁（三级封锁协议），如图 4-14 所示。

| T1 | T2 |
|---|---|
| ①对 A 与 B 加 S 锁（读锁）<br>　读 A=20<br>　读 B=30<br>　求和=50 | |
| ② | 对 A 加 X 锁（写锁）<br>等待 |
| ③读 A=20<br>　读 B=30<br>　求和=50<br>释放对 A 和 B 的读锁 | 等待<br>等待<br>读 A=20<br>　A←A+50<br>写 A=70<br>释放对 A 的写锁 |

图 4-14　三级封锁协议

（4）**两段锁协议**。每个事务的执行可以分为两个阶段：生长阶段（加锁阶段）和衰退阶段（解锁阶段）。

加锁阶段：在该阶段可以进行加锁操作。在对任何数据进行读操作之前要申请并获得 S 锁，在进行写操作之前要申请并获得 X 锁。加锁不成功，则事务进入等待状态，直到加锁成功才继续执行。

解锁阶段：当事务释放了一个封锁以后，事务进入解锁阶段，在该阶段只能进行解锁操作不能再进行加锁操作。

两段封锁法可以这样来实现：事务开始后就处于加锁阶段，一直到执行 rollback 和 commit 之前都是加锁阶段。rollback 和 commit 使事务进入解锁阶段，即在 rollback 和 commit 模块中 DBMS 释放所有封锁。

## 4.2.7 数据故障与备份

### 1. 安全措施
常见的数据库安全措施见表 4-3。

表 4-3　数据库安全措施

| 措施 | 说明 |
|---|---|
| 用户标识和鉴定 | 最外层的安全保护措施，可以使用用户账户、口令及随机数检验等方式 |
| 存取控制 | 对用户进行授权，包括操作类型（如查找、插入、删除、修改等动作）和数据对象（主要是数据范围）的权限 |
| 密码存储和传输 | 对远程终端信息用密码传输 |
| 视图的保护 | 对视图进行授权 |
| 审计 | 使用一个专用文件或数据库，自动将用户对数据库的所有操作记录下来 |

### 2. 数据故障
数据故障的分类见表 4-4。

表 4-4　数据故障分类

| 故障关系 | 故障原因 | 解决方法 |
|---|---|---|
| 事务本身的可预期故障 | 本身逻辑 | 在程序中预先设置 rollback 语句 |
| 事务本身的不可预期故障 | 算术溢出、违反存储保护 | 由 DBMS 的恢复子系统通过日志，撤销事务对数据库的修改，回退到事务初始状态 |
| 系统故障 | 系统停止运转 | 通常使用检查点法 |
| 介质故障 | 外存被破坏 | 一般使用日志重做业务 |

### 3. 数据备份

（1）静态转储：即冷备份，指在转储期间不允许对数据库进行任何存取、修改操作；优点是非常快速的备份方法、容易归档（直接物理复制操作）；缺点是只能提供到某一时间点上的恢复，不能做其他工作，不能按表或按用户恢复。

（2）动态转储：即热备份，在转储期间允许对数据库进行存取、修改操作，因此，转储和用户事务可并发执行；优点是可在表空间或数据库文件级备份，数据库仍可使用，可达到秒级恢复；缺点是不能出错，否则后果严重，若热备份不成功，所得结果几乎全部无效。

（3）完全备份：备份所有数据。

（4）差量备份：仅备份上一次完全备份之后变化的数据。

（5）增量备份：备份上一次备份之后变化的数据。

（6）日志文件：在事务处理过程中，DBMS 把事务开始、事务结束以及对数据库的插入、删除和修改的每一次操作写入日志文件。一旦发生故障，DBMS 的恢复子系统利用日志文件撤销事务对数据库的改变，回退到事务的初始状态。

备份毕竟是有时间节点的，不是实时的，例如：上一次备份到这次备份之间数据库出现了故障，则这期间的数据无法恢复，因此，引入**日志文件**，可以实时记录针对数据库的任何操作，保证数据库可以实时恢复。

## 4.2.8 分布式数据库

### 1. 体系结构

局部数据库位于不同的物理位置，使用一个全局 DBMS 将所有局部数据库联网管理，这就是分布式数据库。其体系结构如图 4-15 所示。

图 4-15　分布式数据库体系结构

2．分片模式

水平分片：将表中水平的记录分别存放在不同的地方。

垂直分片：将表中的垂直的列值分别存放在不同的地方。

3．分布透明性

分片透明性：用户或应用程序不需要知道逻辑上访问的表具体是如何分块存储的。

位置透明性：应用程序不关心数据存储物理位置的改变。

逻辑透明性：用户或应用程序无需知道局部使用的是哪种数据模型。

复制透明性：用户或应用程序不关心复制的数据从何而来。

## 4.2.9　数据仓库

数据仓库是一种特殊的数据库，也是按数据库形式存储数据的，但是目的不同：数据库经过长时间的运行，里面的数据会保存得越来越多，就会影响系统运行效率，对于某些程序而言，很久之前的数据并非必要的，因此，可以删除掉以减少数据，增加效率，考虑到删除这些数据比较可惜，因此，一般都将这些数据从数据库中提取出来保存到另外一个数据库中，称为数据仓库。

1．数据仓库四大特点

（1）面向主题：是按照一定的主题域进行组织的。

（2）集成的：数据仓库中的数据是在对原有分散的数据库数据抽取、清理的基础上经过系统加工、汇总和整理得到的，必须消除源数据中的不一致性，以保证数据仓库内的信息是关于整个企业的一致的全局信息。

（3）相对稳定的：数据仓库的数据主要供企业决策分析之用，所涉及的数据操作主要是数据查询，一旦某个数据进入数据仓库以后，一般情况下将被长期保留，也就是数据仓库中一般有大量的查询操作，但修改和删除操作很少，通常只需要定期加载、刷新。

（4）反映历史变化：数据仓库中的数据通常包含历史信息，系统记录了企业从过去某一时点（如开始应用数据仓库的时点）到目前的各个阶段的信息，通过这些信息，可以对企业的发展历程和未来趋势做出定量分析和预测。

2．数据仓库的结构

数据仓库的结构通常包含四个层次，如图 4-16 所示。

（1）数据源：是数据仓库系统的基础，是整个系统的数据源泉。

（2）数据的存储与管理（数据仓库与数据集市）：是整个数据仓库系统的核心。

（3）OLAP（联机分析处理）服务器：对分析需要的数据进行有效集成，按多维模型组织，以便进行多角度、多层次的分析，并发现趋势。

（4）前端工具：主要包括各种报表工具、查询工具、数据分析工具、数据挖掘工具以及各种基于数据仓库或数据集市的应用开发工具。

图 4-16   数据仓库体系结构

3. 数据挖掘的分析方法

（1）关联分析：主要用于发现不同事件之间的关联性，即一个事件发生的同时，另一个事件也经常发生。

（2）序列分析：主要用于发现一定时间间隔内接连发生的事件，这些事件构成一个序列，发现的序列应该具有普遍意义。

（3）分类分析：通过分析具有类别的样本特点，得到决定样本属于各种类别的规则或方法。分类分析时首先为每个记录赋予一个标记（一组具有不同特征的类别），即按标记分类记录，然后检查这些标定的记录，描述出这些记录的特征。

（4）聚类分析：根据"物以类聚"的原理，将本身没有类别的样本聚集成不同的组，并且对每个这样的组进行描述。

4. 商业智能（BI）

商业智能（Business Intelligence，BI）系统主要包括数据预处理、建立数据仓库、数据分析和数据展现 4 个主要方面。

（1）数据预处理是整合企业原始数据的第一步，它包括数据的抽取（Extraction）、转换（Transformation）和加载（Load）3 个过程（ETL 过程）。

（2）建立数据仓库是处理海量数据的基础。

（3）数据分析是体现系统智能的关键，一般采用联机分析处理（OLAP）和数据挖掘两大技术。联机分析处理不仅进行数据汇总/聚集，同时还提供切片、切块、下钻、上卷和旋转等数据分析功能，用户可以方便地对海量数据进行**多维分析**。数据挖掘的目标则是**挖掘数据背后隐藏的知识**，通过关联分析、聚类和分类等方法建立分析模型，预测企业未来发展趋势和将要面临的问题。

（4）在海量数据和分析手段增多的情况下，数据展现则主要保障系统分析结果的可视化。

### 4.2.10   反规范化技术

由前面介绍可知，规范化操作可以防止插入异常、更新异常、删除异常和数据冗余，一般是通过模式分解、将表拆分来达到这个目的。

但是表拆分后，解决了上述异常，却不利于查询，每次查询时，可能都要关联很多表，严重降低了查询效率，因此，有时候需要使用反规范化技术来提高查询效率。

反规范化技术手段包括：增加派生性冗余列，增加冗余列，重新组表，分割表。主要就是增加冗余，提高查询效率，为规范化操作的逆操作。

## 4.2.11 大数据

大数据的特点：大量化、多样化、价值密度低、快速化。

大数据和传统数据的比较见表 4-5。

表 4-5 大数据和传统数据的比较

| 比较维度 | 传统数据 | 大数据 |
| --- | --- | --- |
| 数据量 | GB 或 TB 级 | PB 级或以上 |
| 数据分析需求 | 现有数据的分析与检测 | 深度分析（关联分析、回归分析） |
| 硬件平台 | 高端服务器 | 集群平台 |

要处理大数据，一般使用集成平台，称为大数据处理系统，其特征为高度可扩展性、高性能、高度容错、支持异构环境、较短的分析延迟、易用且开放的接口、较低成本、向下兼容性。

## 4.2.12 SQL 语言

### 1. 语法关键字

SQL 语言中的**语法关键字**如下（不区分大小写）：

（1）创建表 create table。

（2）指定主键 primary key()。

（3）指定外键 foreign key()。

（4）修改表 alter table。

（5）删除表 drop table。

（6）索引 index。

（7）视图 view。

（8）数据库查询 select…from…where。

（9）分组查询 group by，分组时要注意 select 后的列名要适应分组，having 为分组查询附加条件。

（10）更名运算 as。

（11）字符串匹配 like，%匹配多个字符串，_匹配任意一个字符串。

（12）数据库插入 insert into…values()。

（13）数据库删除 delete from…where。

（14）数据库修改 update…set…where。

（15）排序 order by，默认为升序，降序要加关键字 DESC。

（16）授权 grant…on…to，允许其将权限再赋给另一个用户 with grant option。

（17）收回权限 revoke…on…from。

（18）with check option 表示要检查 where 后的谓词条件。

（19）DISTINCT：过滤重复的选项，只保留一条记录。

（20）UNION：出现在两个 SQL 语句之间，将两个 SQL 语句的查询结果取或运算，即值存在于第一句或第二句都会被选出。

（21）INTERSECT：对两个 SQL 语句的查询结果做与运算，即值同时存在于两个语句才被选出。

2．SQL 语法原理

SELECT 之后的为要查询显示的属性列名；FROM 后面是要查询的表名；WHERE 后面是查询条件；涉及到平均数、最大值、求和等运算，必须要分组，group by 后面是分组的属性列名，分组的条件使用 having 关键字，后面跟条件。

在 SQL 语句中，条件判断时数字无需打引号，字符串要打单引号。

# 4.3　课后演练（精选真题）

● 某企业开发信息管理系统平台进行 E-R 图设计，人力部门定义的是员工实体具有属性：员工号、姓名、性别、出生日期、联系方式和部门，培训部门定义的培训师实体具有属性：培训师号，姓名和职称，其中职称={初级培训师，中级培训师，高级培训师}，这种情况属于 __(1)__，在合并 E-R 图时，解决这一冲突的方法是 __(2)__。（**2021 年 11 月第 5～6 题**）

（1）A．属性冲突　　　B．结构冲突　　　C．命名冲突　　　D．实体冲突

（2）A．员工实体和培训师实体均保持不变

　　　B．保留员工实体、删除培训师实体

　　　C．员工实体中加入职称属性，删除培训师实体

　　　D．将培训师实体所有属性并入员工实体，删除培训师实体

● __(3)__ 是指用户无需知道数据存放的物理位置。（**2020 年 11 月第 4 题**）

（3）A．名片透明　　　B．逻辑透明　　　C．位置透明　　　D．复制透明

● 数据库的安全机制中，通过提供 __(4)__ 供第三方开发人员调用进行数据更新，从而保证数据库的关系模式不被第三方所获取。（**2019 年 11 月第 5 题**）

（4）A．索引　　　　　B．视图　　　　　C．存储过程　　　D．触发器

● 给出关系 R(U,F)，U={A,B,C,D,E}，F={A→BC,B→D,D→E}。以下关于 F 的说法正确的是 __(5)__。若将关系 R 分解为 ρ={R1(U1,F1)，R2(U2,F2)}，其中：U1={A,B,C}、U2={B,D,E}，则分解 ρ __(6)__。（**2019 年 11 月第 6～7 题**）

(5) A．F 蕴含 A→B、A→C，但 F 不存在传递依赖

B．F 蕴含 E→A、A→C，故 F 存在传递依赖

C．F 蕴含 A→D、E→A、A→C，但 F 不存在传递依赖

D．F 蕴含 A→D、A→E、B→E，故 F 存在传递依赖

(6) A．无损连接并保持函数依赖　　　B．无损连接但不保持函数依赖

C．有损连接并保持函数依赖　　　D．有损连接但不保持函数依赖

● 分布式数据库系统除了包含集中式数据库系统的模式结构之外，还增加了几个模式级别，其中__(7)__定义分布式数据库中数据的整体逻辑结构，使得数据使用方便，如同没有分布一样。**(2019 年 11 月第 8 题)**

(7) A．分片模式　　　B．全局外模式　　　C．分布模式　　　D．全局概念模式

给定关系 R(A，B，C，D，E)与 S(A，B，C，F，G)，那么与表达式 π1,2,4,6,7(σ1<6(R ⋈ S))等价的 SQL 语句如下：

SELECT __(8)__ FROM R,S WHERE __(9)__；**(2018 年 11 月第 5～6 题)**

(8) A．R.A，R.B，R.E，S.C，G　　　　B．R.A，R.B，D，F，G

C．R.A，R.B，R.D，S.C，F　　　　D．R.A，R.B，R.D，S.C，G

(9) A．R.A=S.A OR R.B=S.B OR R.C=S.C OR R.A<S.F

B．R.A=S.A OR R.B=S.B OR R.C=S.C OR R.A<S.B

C．R.A=S.A AND R.B=S.B AND R.C=S.C AND R.A<S.F

D．R.A=S.A AND R.B=S.B AND R.C=S.C AND R.A<S.B

● 数据仓库中，数据__(10)__是指数据一旦进入数据仓库后，将被长期保留并定期加载和刷新，可以进行各种查询操作，但很少对数据进行修改和删除操作。**(2018 年 11 月第 8 题)**

(10) A．面向主题　　　B．集成性　　　C．相对稳定性　　　D．反映历史变化

● 给定关系模式 R(U，F)，其中：属性集 U={A1,A2,A3,A4,A5,A6}，函数依赖集 F={A1→A2，A1→A3，A3→A4，A1A5→A6}。关系模式 R 的候选码为__(11)__，由于 R 存在非主属性对码的部分函数依赖，所以 R 属于__(12)__。**(2017 年 11 月第 9～10 题)**

(11) A．A1A3　　　B．A1A4　　　C．A1 A5　　　D．A1A6

(12) A．1NF　　　B．2NF　　　C．3NF　　　D．BCNF

## 4.4 课后演练答案解析

(1)(2) **参考答案：** B　C

**解析** 结合第二问可知道，第二问 C 项的做法是最合适的，反推可知这个问题是结构冲突。

(3) **参考答案：** C

**解析** 物理位置，即位置透明性，要会联想记忆。

分片透明性：用户或应用程序不需要知道逻辑上访问的表具体是如何分块存储的。

位置透明性：应用程序不关心数据存储物理位置的改变。

逻辑透明性：用户或应用程序无需知道局部使用的是哪种数据模型。

复制透明性：用户或应用程序不关心复制的数据从何而来。

（4）**参考答案**：C

🔑**解析**　本题考查数据库安全性的基础知识。

存储过程是数据库所提供的一种数据库对象，通过存储过程定义一段代码，提供给应用程序调用来执行。从安全性的角度考虑，更新数据时，通过提供存储过程让第三方调用，将需要更新的数据传入存储过程，而在存储过程内部用代码分别对需要的多个表进行更新，从而避免了向第三方提供系统的表结构，保证了系统的数据安全。

（5）（6）**参考答案**：D　A

🔑**解析**　本题考查关系数据库理论方面的基础知识。

根据已知条件"F={A→BC,B→D,D→E}"和 Armstrong 公理系统的引理"X→A1A2,…,Ak 成立的充分必要条件是 X→Ai 成立(i=1,2,3,…,k)"，可以由"A→BC"得出"A→B，A→C"。又根据 Armstrong 公理系统的传递律规则"若 X→Y,Y→Z 为 F 所蕴含，则 X→Z 为 F 所蕴含"可知，函数依赖"A→D、A→E、B→E"为 F 所蕴含。

根据提干描述，原关系模式为：U={A,B,C,D,E}，F ={A→BC，B→D，D→E}；

将关系 R 分解为 ρ = {R1(U1,F1)，R2(U2,F2)}，其中：U1={A,B,C}、U2 = {B,D,E}。

首先根据 U1，保留函数依赖 A→BC，然后根据 U2，保留函数依赖 B→D，D→E。因此该分解保持函数依赖。

接下来可以利用公式法验证无损分解。

U1∩U2=B，U1-U2={A,C}，U2-U1={D,E}，而 R 中存在函数依赖 B→D，B→E，所以该分解是无损分解。

（7）**参考答案**：D

🔑**解析**　本题考查分布式数据库的基本概念。

分布式数据库在各节点上独立，在全局上统一。因此需要定义全局的逻辑结构，称之为全局概念模式，全局外模式是全局概念模式的子集，分片模式和分布模式分别描述数据在逻辑上的分片方式和在物理上各节点的分布形式。

（8）（9）**参考答案**：B　C

🔑**解析**　本题考查关系代数运算与 SQL 语言的对应关系。注意本题中 R 与 S 是做自然连接操作，操作时会将 R 与 S 中相同字段名做等值连接，并将结果集去重复。所以 R 与 S 自然连接后的结果包括以下属性：R.A，R.B，R.C，D，E，F，G。关系代数选择条件为"1<6"，即 R.A<F。

关系代数投影操作条件为"1,2,4,6,7"，对应的属性为：R.A，R.B，D，F，G。

（10）**参考答案**：C

🔑**解析**　数据仓库 4 大特点：面向主题（数据按主题组织）；集成的（消除了源数据中的不一致性，提供整个企业的一致性全局信息）；相对稳定的（非易失的）[主要进行查询操作，只有少量的修改和删除操作（或是不删除）]；反映历史变化（随着时间变化，记录了企业从过去某一时刻到当前各个阶段的信息，可对发展历程和未来趋势做定量分析和预测）。

（11）（12）**参考答案：** C    A

**解析**    要求关系模式的候选码，可以先将函数依赖画成图的形式：

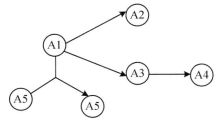

从图中可以很直观地看出，入度为零的节点是 A1 与 A5，从这两个节点的组合出发，能遍历全图，所以 A1A5 组合键为候选码。题目后一问是一个概念性问题，2NF 的规定是消除非主属性对码的部分函数依赖。本题已明确告知未消除该依赖，说明未达到 2NF，只能选 1NF。

# 第5章 计算机网络

## 5.1 备考指南

计算机网络知识主要考查的是网络体系结构、网络协议、IP 地址、网络规划设计等，同时也是重点考点，在系统架构设计师的考试中只会在选择题里考查，占 4~6 分。

## 5.2 考点梳理及精讲

### 5.2.1 网络拓扑结构

计算机网络按分布范围和拓扑结构划分，分别如表 5-1 和图 5-1 所示。

表 5-1 计算机网络按分布范围分类

| 网络分类 | 缩写 | 分布距离 | 计算机分布范围 | 传输速率范围 |
|---|---|---|---|---|
| 局域网 | LAN | 10m 左右 | 房间 | 4Mb/s~1Gb/s |
| | | 100m 左右 | 楼寓 | |
| | | 1000m 左右 | 校园 | |
| 城域网 | MAN | 10km | 城市 | 50kb/s~100Mb/s |
| 广域网 | WAN | 100km 以上 | 国家或全球 | 9.6kb/s~45Mb/s |

按拓扑结构划分，计算网络可分为总线型（利用率低、干扰大、价格低）、星型（交换机形成

的局域网、中央单元负荷大）、环型（流动方向固定、效率低扩充难）、树型（总线型的扩充、分级结构）、分布式（任意节点连接、管理难成本高）等几种。

（a）总线型　　　　　（b）星型　　　　　（c）环型

（d）树型　　　　　（e）分布式

图 5-1　计算机网络按拓扑结构分类

一般来说，办公室局域网是星型拓扑结构，中间节点就是交换机，一旦交换机损坏，整个网络都瘫痪了，这就是星型结构。同理，由路由器连接起来的小型网络也是星型结构。

### 5.2.2　传输介质

1. 双绞线

**双绞线**将多根铜线按规则缠绕在一起，能够减少干扰；分为无屏蔽双绞线（Unshielded Twisted Pair，UTP）和屏蔽双绞线（Shielded Twisted Pair，STP），都是由一对铜线簇组成。双绞线也即我们常说的网线，**传输距离在 100m** 以内。

（1）无屏蔽双绞线（UTP）：价格低，安装简单，但可靠性相对较低，分为 CAT3（3 类 UTP，速率为 10Mb/s）、CAT4（4 类 UTP，与 3 类差不多，无应用）、CAT5（5 类 UTP，速率为 100Mb/s，用于快速以太网）、CAT5E（超 5 类 UTP，速率为 1000Mb/s）、CAT6（6 类 UTP，用来替代 CAT5E，速率也是 1000Mb/s）。

（2）屏蔽双绞线（STP）：比 UTP 增加了一层屏蔽层，可以有效地提高可靠性，但对应的价格高，安装麻烦，一般用于对传输可靠性要求很高的场合。

2. 光纤

光纤由纤芯和包层组成，光信号在纤芯中传输，然而从 PC 端出来的信号都是电信号，若要经过光纤传输，就必须将电信号转换为光信号。

（1）多模光纤（MMF）：纤芯半径较大，因此可以同时传输多种不同的信号，光信号在光纤中以全反射的形式传输，采用发光二极管 LED 为光源，成本低，但是传输的效率和可靠性都较低，适合于短距离传输，其传输距离与传输速率相关，速率为 100Mb/s 时为 2km，速率为 1000Mb/s 时为 550m。

（2）单模光纤（SMF）：纤芯半径很小，一般只能传输一种信号，采用激光二极管 LD 作为光源，并且只支持激光信号的传播，同样是以全反射形式传播，只不过反射角很大，看起来像一条直线，成本高，但是传输距离远，可靠性高。传输距离可达 5km。

### 5.2.3  OSI/RM 七层模型

OSI/RM 七层模型功能及协议内容见表 5-2。

表 5-2  OSI/RM 七层模型功能及协议

| 层 | 功能 | 协议 | 设备 |
| --- | --- | --- | --- |
| 1.物理层 | 包括物理连网媒介，如电缆连线连接器。该层的协议产生并检测电压以便发送和接收携带数据的信号。单位：比特 | EIA/TIA RS-232、RS-449、V.35、RJ-45、FDDI | 中继器、集线器 |
| 2.数据链路层 | 控制网络层与物理层之间的通信。主要功能是将从网络层接收到的数据分割成特定的可被物理层传输的帧。作用：物理地址寻址、数据的成帧、流量控制、数据的检错、重发等。单位：帧 | SDLC（同步数据链路控制）、HDLC（高级数据链路控制）、PPP（点对点协议）、STP（生成树协议）、帧中继等、IEEE 802、ATM（异步传输） | 交换器、网桥 |
| 3.网络层 | 主要是将网络地址翻译成对应的物理地址并决定如何将数据从发送方路由到接收方；还可以实现拥塞控制、网际互联等功能。单位：分组 | IP（网络互连）、IPX（互联网数据包交换协议）、ICMP（网际控制报文协议）、IGMP（网络组管理协议）、ARP（地址转换协议）、RARP | 路由器 |
| 4.传输层 | 负责确保数据可靠、顺序、无错地从 A 点传输到 B 点。如提供简历、维护和拆除传送连接的功能；选择网络层提供最合适的服务；在系统之间提供可靠的透明的数据传送，提供端到端的错误恢复和流量控制 | TCP（传输控制协议）、UDP（用户数据报协议）、SPX（序列分组交换协议） | 网关 |
| 5.会话层 | 负责在网络中的两个节点之间建立和维持通信，以及提供交互会话的管理功能，如三种数据流方向的控制，即一路交互、两路交替和两路同时会话模式 | RPC（远程过程调用）、SQL（结构化查询语言）、NFS（网络文件系统） | 网关 |
| 6.表示层 | 如同应用程序和网络之间的翻译官，在表示层，数据将按照网络能理解的方案进行格式化。表示层管理数据的解密/加密、数据转换、格式化和文本压缩 | JPEG、ASCII、GIF、MPEG、DES | 网关 |
| 7.应用层 | 负责对软件提供接口以使程序能使用网络服务，如事务处理程序、文件传送协议和网络管理等 | Telnet、FTP、HTTP、SMTP、POP3、DNS、DHCP 等 | 网关 |

（1）以太网规范 IEEE 802.3 是重要的局域网协议，包括以下内容：

IEEE 802.3　　　标准以太网　　　10Mb/s　　　传输介质为细同轴电缆

IEEE 802.3u　　　快速以太网　　　100Mb/s　　　双绞线

IEEE 802.3z　　　千兆以太网　　　1000Mb/s　　　光纤或双绞线

IEEE 802.3ae　　　万兆以太网　　　10Gb/s　　　光纤

（2）无线局域网 WLAN 技术标准：IEEE 802.11。

（3）广域网协议包括：PPP（点对点协议）、ISDN（综合业务数字网）、xDSL（DSL 数字用户线路的统称，通常有 HDSL、SDSL、MVL、ADSL）、DDN 数字专线、X.25、FR 帧中继、ATM 异步传输模式。

## 5.2.4　TCP/IP 协议

网络协议三要素：语法、语义、时序。

1．网络层协议

IP：网络层最重要的核心协议，在源地址和目的地址之间传送数据报，无连接、不可靠。

ICMP：因特网控制报文协议，用于在 IP 主机、路由器之间传递控制消息。控制消息是指网络通不通、主机是否可达、路由是否可用等网络本身的消息。

ARP 和 RARP：地址解析协议，ARP 是将 IP 地址转换为物理地址，RARP 是将物理地址转换为 IP 地址。

IGMP：网络组管理协议，允许因特网中的计算机参加多播，是计算机用来向相邻多目路由器报告多目组成员的协议，支持组播。

2．传输层协议

TCP：整个 TCP/IP 协议族中最重要的协议之一，在 IP 协议提供的不可靠数据的基础上，采用了重发技术，为应用程序提供了一个可靠的、面向连接的、全双工的数据传输服务。一般用于传输数据量比较少，且对可靠性要求高的场合。

UDP：是一种不可靠、无连接的协议，有助于提高传输速率，一般用于传输数据量大，对可靠性要求不高，但要求速度快的场合。

3．应用层协议

基于 TCP 的 FTP、HTTP 等都是可靠传输。基于 UDP 的 DHCP、DNS 等都是不可靠传输。

FTP：可靠的文件传输协议，用于因特网上的控制文件的双向传输。

HTTP：超文本传输协议，用于从 WWW 服务器传输超文本到本地浏览器的传输协议。使用 SSL 加密后的安全网页协议为 HTTPS。

SMTP 和 POP3：简单邮件传输协议，是一组用于由源地址到目的地址传送邮件的规则，邮件报文采用 ASCII 格式表示。

Telnet：远程连接协议，是因特网远程登录服务的标准协议和主要方式。

TFTP：不可靠的、开销不大的小文件传输协议。

**SNMP**：简单网络管理协议，由一组网络管理的标准协议，包含一个应用层协议、数据库模型和一组资源对象。该协议能够支持网络管理系统，用于监测连接到网络上的设备是否有任何引起管理员关注的情况。

**DHCP**：动态主机配置协议，基于 UDP，基于 C/S 模型，为主机动态分配 IP 地址，有固定分配、动态分配、自动分配 3 种方式。

**DNS**：域名解析协议，通过域名解析出 IP 地址。

### 5.2.5　网络存储技术

（1）直接附加存储（DAS）：是指将存储设备通过 SCSI 接口直接连接到一台服务器上使用，其本身是硬件的堆叠，存储操作依赖于服务器，不带有任何存储操作系统。

存在的问题：在传递距离、连接数量、传输速率等方面都受到限制。容量难以扩展升级；数据处理和传输能力降低；服务器异常会波及存储器。

（2）网络附加存储（NAS）：通过网络接口与网络直接相连，由用户通过网络访问，有独立的存储系统。NAS 存储设备类似于一个专用的文件服务器，去掉了通用服务器大多数计算功能，而仅仅提供文件系统功能。以数据为中心，将存储设备与服务器分离，其存储设备在功能上完全独立于网络中的主服务器。客户机与存储设备之间的数据访问不再需要文件服务器的干预，同时它允许客户机与存储设备之间进行直接的数据访问，所以不仅响应速度快，而且数据传输速率也很高。

NAS 的性能特点是进行小文件级的共享存取；支持即插即用；可以很经济地解决存储容量不足的问题，但难以获得满意的性能。

（3）存储区域网（SAN）：SAN 是通过专用交换机将磁盘阵列与服务器连接起来的高速专用子网。它没有采用文件共享存取方式，而是采用块（block）级别存储。SAN 是通过专用高速网将一个或多个网络存储设备和服务器连接起来的专用存储系统，其最大的特点是将存储设备从传统的以太网中分离了出来，成为独立的存储区域网络 SAN 的系统结构。根据数据传输过程采用的协议，其技术划分为 FC SAN（光纤通道）、IP SAN（IP 网络）和 IB SAN（无线带宽）。

### 5.2.6　网络规划与设计

网络工程可分为网络规划、网络设计和网络实施 3 个阶段。

网络规划包括网络需求分析、可行性分析和对现有网络的分析与描述。

网络设计包括逻辑网络设计、物理网络设计和分层设计。在逻辑网络设计阶段，需要描述满足用户需求的网络行为及性能，详细说明数据是如何在网络上传输的，此阶段不涉及网络元素的具体物理位置，最后应该得到一份逻辑网络设计文档，输出的内容包括以下几点：

（1）逻辑网络设计图。

（2）IP 地址方案。

（3）安全方案。

（4）具体的软件、硬件、广域网连接设备和基本的服务。

（5）雇佣和培训新网络员工的具体说明。

（6）初步对软件、硬件、服务、网络雇佣员工和培训的费用估计。

物理网络设计是对逻辑网络设计的物理实现，通过对设备的具体物理分布、运行环境等的确定，确保网络的物理连接符合逻辑连接的要求。在这一阶段，网络设计者需要确定具体的软硬件、连接设备、布线和服务。如何购买和安装设备，由网络物理结构这一阶段的输出作指导，所以网络物理设计文档必须尽可能详细、清晰，输出的内容如下：

（1）物理网络图和布线方案。

（2）设备和部件的详细列表清单。

（3）软件、硬件和安装费用的估计。

（4）安装日程表，用以详细说明实际和服务中断的时间及期限。

（5）安装后的测试计划。

（6）用户培训计划。

三层设计模型如图 5-2 所示。其中：

（1）核心层提供不同区域之间的最佳路由和高速数据传送。

（2）汇聚层将网络业务连接到接入层，并且实施与安全、流量、负载和路由相关的策略。

（3）接入层为用户提供了在本地网段访问应用系统的能力，还要解决相邻用户之间的互访需要，接入层要负责一些用户信息（例如用户 IP 地址、MAC 地址和访问日志等）的收集工作和用户管理功能（包括认证和计费等）。

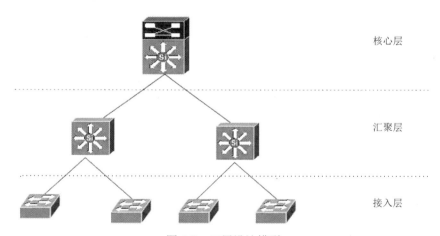

核心层

汇聚层

接入层

图 5-2　三层设计模型

建筑物综合布线系统（Premises Distribution System，PDS）有如下几种：

（1）工作区子系统：实现工作区终端设备到水平子系统的信息插座之间的互连。

（2）水平布线子系统：实现信息插座和管理子系统之间的连接。

（3）设备间子系统：实现中央主配线架与各种不同设备之间的连接。

（4）垂直干线子系统：实现各楼层设备间子系统之间的互联。

（5）管理子系统：为连接其他子系统提供连接手段。

（6）建筑群子系统：各个建筑物通信系统之间的互联。

网络设计工作包括以下几点：

（1）网络拓扑结构设计。

（2）主干网络（核心层）设计。

（3）汇聚层和接入层设计。

（4）广域网连接与远程访问设计。

（5）无线网络设计。

（6）网络安全设计。

（7）设备选型。

网络规划设计原则有以下几点：

（1）可靠性原则。网络的运行是稳固的。

（2）安全性原则。包括选用安全的操作系统、设置网络防火墙、网络防杀病毒、数据加密和信息工作制度的保密。

（3）高效性原则。性能指标高，软硬件性能充分发挥。

（4）可扩展性。能够在规模和性能两个方向上进行扩展。

### 5.2.7  移动通信技术

移动通信技术的技术标准包括以下几种。

2G 标准：欧洲电信的 GSM（全球移动通信），采用 TDMA 技术；美国高通的 CDMA（码分多址通信）。

3G 标准：W-CDMA、CDMA-2000、TD-SCDMA、WMAN。

4G 标准：UMB（超移动宽带）、LET Advanced（长期演进技术，中国）、WiMAX II（全球微波互连接入）。

4G 理论下载速率：100Mb/s。

5G 理论下载速率：1Gb/s。

### 5.2.8  无线网络技术

无线网络技术无物理传输介质，相比于有线局域网，其优点有：移动性、灵活性、成本低、容易扩充；其缺点有：速度和质量略低，安全性低。

WLAN 通过接入点 AP 接入，AP 是组建小型无线局域网时最常用的设备。AP 相当于一个连接有线网和无线网的桥梁，工作在数据链路层。其主要作用是将各个无线网络客户端连接到一起，然后将无线网络接入以太网。

三种 WLAN 通信技术有：红外线、扩展频谱、窄带微波。

WLAN 安全加密技术：安全级别从低到高分别为 WEP＜WPA＜WPA2，其中，WEP 使用 RC4 协议进行加密，并使用 CRC-32 校验保证数据的正确性。WPA 在此基础上增加了安全认证技术，增大了密钥和初始向量的长度。WPA2 采用了 AES 对称加密算法。

### 5.2.9 下一代互联网 IPv6

IPv6 是为了从根本上解决 IPv4 全局地址数不够用的情况而提出的设计方案，IPv6 具有以下特性：

（1）IPv6 地址长度为 128 位，相比于 IPv4，地址空间增大了 $2^{96}$ 倍。

（2）扩展的地址层次结构，使用十六进制表示 IPv6 地址。

（3）灵活的首部格式，使用一系列固定格式的扩展首部取代了 IPv4 中可变长度的选项字段。IPv6 中选项部分的出现方式也有所变化，使路由器可以简单路过选项而不做任何处理，加快了报文处理速度。

（4）提高安全性，身份认证和隐私权是 IPv6 的关键特性。

（5）支持即插即用，自动配置，支持更多的服务类型。

（6）允许协议继续演变，增加新的功能，使之适应未来技术的发展。

IPv4 和 IPv6 的过渡期间，主要采用以下 3 种基本技术。

（1）双协议栈：主机同时运行 IPv4 和 IPv6 两套协议栈，同时支持两套协议，一般来说 IPv4 和 IPv6 地址之间存在某种转换关系，如 IPv6 的低 32 位可以直接转换为 IPv4 地址，实现互相通信。

（2）隧道技术：这种机制用来在 IPv4 网络之上建立一条能够传输 IPv6 数据报的隧道，例如可以将 IPv6 数据报当作 IPv4 数据报的数据部分加以封装，只需要加一个 IPv4 的首部，就能在 IPv4 网络中传输 IPv6 报文。

（3）翻译技术：利用一台专门的翻译设备（如转换网关），在纯 IPv4 和纯 IPv6 网络之间转换 IP 报头的地址，同时根据协议不同对分组做相应的语义翻译，从而使纯 IPv4 和纯 IPv6 站点之间能够透明通信。

## 5.3 课后演练（精选真题）

● 以下关于以太网交换机转发表的叙述中，正确的是 （1） 。（2021 年 11 月第 13 题）

（1）A．交换机的初始 MAC 地址表为空

B．交换机接收到数据帧后，如果没有相应的表项，则不转发该帧

C．交换机通过读取输入帧中的目的地址添加相应的 MAC 地址表项

D．交换机的 MAC 地址表项是静态增长的，重启时地址表清空

● Internet 网络核心采取的交换方式为 （2） 。（2021 年 11 月第 14 题）

（2）A．分组交换　　B．电路交换　　C．虚电路交换　　D．消息交换

● TCP 端口号的作用是 （3） 。（2019 年 11 月第 13 题）

（3）A．流量控制　　B．ACL 过滤　　C．建立连接　　D．对应用层进程的寻址

- Web 页面访问过程中，在浏览器发出 HTTP 请求报文之前不可能执行的操作是 __(4)__ 。（**2019 年 11 月第 14 题**）

  （4）A. 查询本机 DNS 缓存，获取主机名对应的 IP 地址

  　　B. 发起 DNS 请求，获取主机名对应的 IP 地址

  　　C. 发送请求信息，获取将要访问的 Web 应用

  　　D. 发送 ARP 协议广播数据包，请求网关的 MAC 地址

- 以下关于 DHCP 服务的说法中，正确的是 __(5)__ 。（**2019 年 11 月第 15 题**）

  （5）A. 在一个园区网中可以存在多台 DHCP 服务器

  　　B. 默认情况下，客户端要使用 DHCP 服务需指定 DHCP 服务器地址

  　　C. 默认情况下，DHCP 客户端选择本网段内的 IP 地址作为本地地址

  　　D. 在 DHCP 服务器上，DHCP 服务功能默认开启

- 在客户机上运行 nslookup 查询某服务器名称时能解析出 IP 地址，查询 IP 地址时却不能解析出服务器名称，解决这一问题的方法是 __(6)__ 。（**2018 年 11 月第 14 题**）

  （6）A. 清除 DNS 缓存　　　　　　　　　B. 刷新 DNS 缓存

  　　C. 为该服务器创建 PTR 记录　　　　D. 重启 DNS 服务

- 如果发送给 DHCP 客户端的地址已经被其他 DHCP 客户端使用，客户端会向服务器发送 __(7)__ 信息包拒绝接受已经分配的地址信息。（**2018 年 11 月第 15 题**）

  （7）A. DhcpAck　　　B. DhcpOffer　　　C. DhcpDecline　　D. DhcpNack

- 网络逻辑结构设计的内容不包括 __(8)__ 。（**2017 年 11 月第 14 题**）

  （8）A. 逻辑网络设计图

  　　B. IP 地址方案

  　　C. 具体的软硬件、广域网连接和基本服务

  　　D. 用户培训计划

## 5.4　课后演练答案解析

（1）**参考答案**：A

**解析**　交换机的初始 MAC 地址表为空，是通过互相交换学习建立的。

（2）**参考答案**：A

**解析**　网络层核心是 IP 协议，其单位是分组，分组交换。

（3）**参考答案**：D

**解析**　本题考查 TCP 端口号的原理和意义。

TCP 端口号的作用是进程寻址依据，即依据端口号将报文交付给上层的某一进程。

（4）**参考答案**：C

**解析**　本题考查 Web 页面访问过程方面的基础知识。

用户打开浏览器输入目的地址,访问一个 Web 页面的过程如下:

1)浏览器首先会查询本机的系统,获取主机名对应的 IP 地址。

2)若本机查询不到相应的 IP 地址,则会发起 DNS 请求,获取主机名对应的 IP 地址。

3)使用查询到的 IP 地址向目标服务器发起 TCP 连接。

4)浏览器发送 HTTP 请求,HTTP 请求由 3 部分组成,分别是:请求行、消息报头、请求正文。

5)服务器从请求信息中获得客户机想要访问的主机名、Web 应用、Web 资源。

6)服务器用读取到的 Web 资源数据,创建并回送一个 HTTP 响应。

7)客户机浏览器解析回送的资源,并显示结果。

根据上述 Web 页面访问过程,在浏览器发出 HTTP 请求报文之前不可能获取将要访问的 Web 应用。

（5）**参考答案**：A

📌**解析** 本题考查 DHCP 协议相关的基础知识。

在一个园区网中可以存在多台 DHCP 服务器,客户机申请后每台服务器都会给予响应,客户机通常选择最先到达的报文提供的 IP 地址;对客户端而言,在申请时不知道 DHCP 服务器地址,因此无法指定;DHCP 服务器提供的地址不必和服务器在同一网段;地址池中可以有多块地址,它们分属不同网段。

（6）**参考答案**：C

📌**解析** PTR 记录是反向记录,通过 IP 查询域名。

（7）**参考答案**：C

📌**解析** DHCP Decline:DHCP 客户端收到 DHCP 服务器回应的 ACK 报文后,通过地址冲突检测发现服务器分配的地址冲突或者由于其他原因导致不能使用,则发送 Decline 报文,通知服务器所分配的 IP 地址不可用。

（8）**参考答案**：D

📌**解析** 利用需求分析和现有网络体系分析的结果来设计逻辑网络结构,最后得到一份逻辑网络设计文档,输出内容包括以下几点:①逻辑网络设计图;②IP 地址方案;③安全方案;④招聘和培训网络员工的具体说明;⑤对软硬件、服务、员工和培训的费用初步估计。物理网络设计是对逻辑网络设计的物理实现,通过对设备的具体物理分布、运行环境等确定,确保网络的物理连接符合逻辑连接的要求。输出如下内容:①网络物理结构图和布线方案;②设备和部件的详细列表清单;③软硬件和安装费用的估算;④安装日程表,详细说明服务的时间以及期限;⑤安装后的测试计划;⑥用户的培训计划。由此可以看出,D 选项的工作是物理网络设计阶段的任务。

# 第6章
# 信息安全和网络安全

## 6.1 备考指南

信息安全和网络安全主要考查的是信息安全属性、加密解密数字摘要、数字签名、PKI 体系等相关知识，同时也是重点考点，在系统架构设计师的考试中一般会考选择题，占 2~4 分，在案例分析和论文中有时也会考到，属于重点章节之一。

## 6.2 考点梳理及精讲

### 6.2.1 信息安全和信息系统安全

#### 1. 信息安全的含义及属性

信息的属性有保密性、完整性、可用性，另外也包括其他属性，如真实性、可核查性、不可抵赖性和可靠性。

保密性：信息不被泄露给未授权的个人、实体和过程或不被其使用的特性。包括：①最小授权原则；②防暴露；③信息加密；④物理保密。

完整性：信息未经授权不能改变的特性。影响完整性的主要因素有设备故障、误码、人为攻击和计算机病毒等。保证完整性的方法包括：

（1）协议：通过安全协议检测出被删除、失效、被修改的字段。

（2）纠错编码方法：利用校验码完成检错和纠错功能。

（3）密码校验和方法。

（4）数字签名：能识别出发送方来源。

（5）公证：请求系统管理或中介机构证明信息的真实性。

可用性：需要时，授权实体可以访问和使用的特性。一般用系统正常使用时间和整个工作时间之比来度量。

## 2．其他属性

真实性：指对信息的来源进行判断，能对伪造来源的信息予以鉴别。

可核查性：系统实体的行为可以被独一无二地追溯到该实体的特性，这个特性就是要求该实体对其行为负责，为探测和调查安全违规事件提供了可能性。

不可抵赖性：是指建立有效的责任机制，防止用户否认其行为，这一点在电子商务中极其重要的。

系统在规定的时间和给定的条件下，无故障地完成规定功能的概率。

## 3．安全需求

系统安全可划分为物理线路安全、网络安全、系统安全和应用安全。物理线路就是物理设备、物理环境；网络安全指网络上的攻击、入侵；系统安全指的是操作系统漏洞、补丁等；应用安全就是上层的应用软件，包括数据库软件。

### 6.2.2　信息安全技术

#### 1．加密技术

一个密码系统，通常简称为密码体制（Cryptosystem），由以下 5 部分组成：

（1）明文空间 M，它是全体明文的集合。

（2）密文空间 C，它是全体密文的集合。

（3）密钥空间 K，它是全体密钥的集合。其中每一个密钥 K 均由加密密钥 Ke 和解密密钥 Kd 组成，即 K=< Ke,Kd>。

（4）加密算法 E，它是一组由 M 至 C 的加密变换。

（5）解密算法 D，它是一组由 C 到 M 的解密变换。

对于每一个确定的密钥，加密算法将确定一个具体的加密变换，解密算法将确定一个具体的解密变换，而且解密变换就是加密变换的逆变换。对于明文空间 M 中的每一个明文 M，加密算法 E 在密钥 Ke 的控制下将明文 M 加密成密文 C：C=E (M, Ke)。

而解密算法 D 在密钥 Kd 的控制下将密文 C 解密出同一明文 M：M=D(C,Kd) =D(E(M,Ke),Kd)。

#### 2．对称加密技术

对称加密就是对数据的加密和解密的密钥（密码）是相同的，属于不公开密钥加密算法。其缺点是加密强度不高（因为只有一个密钥），且密钥分发困难（因为密钥还需要传输给接收方，也要考虑保密性等问题）。

常见的对称密钥加密算法如下：

（1）DES：替换+移位、56 位密钥、64 位数据块、速度快，密钥易产生。

（2）3DES：三重 DES，两个 56 位密钥 K1、K2，进行加密和解密，其过程如下。

加密：K1 加密→K2 解密→K1 加密。

解密：K1 解密→K2 加密→K1 解密。

（3）AES：是美国联邦政府采用的一种区块加密标准，这个标准用来替代原先的 DES。对其的要求是"至少像 3DES 一样安全"。

（4）RC-5：RSA 数据安全公司的很多产品都使用了 RC-5。

（5）IDEA：128 位密钥，64 位数据块，比 DES 的加密性好，对计算机功能要求相对低。

3．非对称加密技术

**非对称加密技术**就是对数据的加密和解密的密钥是不同的，是公开密钥加密算法。其缺点是加密速度慢。

非对称技术的原理是：发送者发送数据时，使用接收者的公钥作加密密钥，私钥作解密密钥，这样只有接收者才能解密密文得到明文。安全性更高，因为无需传输密钥。但无法保证完整性，如图 6-1 所示，图中 $PK_B$ 表示明文通过接收者的公钥进行加密，$SK_B$ 表示密文通过接收者的私钥进行解密。

图 6-1　非对称加密技术原理

常见的非对称加密算法如下：

（1）RSA：512 位（或 1024 位）密钥，计算量极大，难破解。

（2）Elgamal、ECC（椭圆曲线算法）、背包算法、Rabin、D-H 等。

相比较可知，对称加密算法密钥一般只有 56 位，因此加密过程简单，适合加密大数据，也因此加密强度不高；而非对称加密算法密钥有 1024 位，相应的解密计算量庞大，难以破解，却不适合加密大数据，一般用来加密对称算法的密钥，这样，就将两个技术组合使用了，这也是数字信封的原理。

4．数字信封原理

数字信封的正文称为信，信是对称密钥的钥匙，数字信封就是对此密钥进行非对称加密，具体过程：发送方将数据用对称密钥加密传输，而将对称密钥用接收方公钥加密发送给对方。接收方收到数字信封，用自己的私钥解密信封，取出对称密钥解密得到原文，即信的正文。

数字信封运用了对称加密技术和非对称加密技术，本质是使用对称密钥加密数据，非对称密钥加密对称密钥，解决了对称密钥的传输问题。

5．信息摘要

所谓信息摘要，就是一段数据的特征信息，当数据发生了改变，信息摘要也会发生改变，发送方会将数据和信息摘要一起传给接收方，接收方会根据接收到的数据重新生成一个信息摘要，若此摘要和接收到的摘要相同，则说明数据正确。**信息摘要是由哈希函数生成的。**

信息摘要的特点：不管数据多长，都会产生固定长度的信息摘要；任何不同的输入数据，都会产生不同的信息摘要；单向性，即只能由数据生成信息摘要，不能由信息摘要还原数据。

信息摘要算法：MD5（产生 128 位的输出）、SHA-1（安全散列算法，产生 160 位的输出，安全性更高）。

**6. 数字签名**

发送者发送数据时，使用发送者的私钥进行加密，接收者收到数据后，只能使用发送者的公钥进行解密，这样就能唯一确定发送方，这也是数字签名的过程。但无法保证机密性，如图 6-2 所示。

图 6-2　数字签名技术原理

**7. 公钥基础设施 PKI**

公钥基础设施是以不对称密钥加密技术为基础，以数据机密性、完整性、身份认证和行为不可抵赖性为安全目的，来实施和提供安全服务的具有普适性的安全基础设施。

（1）数字证书：一个数据结构，是一种由一个可信任的权威机构签署的信息集合。在不同的应用中有不同的证书。如 X.509 证书必须包含下列信息：①版本号；②序列号；③签名算法标识符；④认证机构；⑤有效期限；⑥主题信息；⑦认证机构的数字签名；⑧公钥信息。

公钥证书主要用于确保公钥及其与用户绑定关系的安全。这个公钥就是证书所标识的那个主体的合法的公钥。任何一个用户只要知道签证机构的公钥，就能检查对证书的签名的合法性。如果检查正确，那么用户就可以相信那个证书所携带的公钥是真实的，而且这个公钥就是证书所标识的那个主体的合法的公钥，例如驾照。

（2）签证机构（CA）：负责签发证书、管理和撤销证书。是所有注册用户所信赖的权威机构，CA 在给用户签发证书时要加上自己的数字签名，以保证证书信息的真实性。任何机构可以用 CA 的公钥来验证该证书的合法性。

### 6.2.3　网络安全技术

**1. 防火墙**

**防火墙**是在内部网络和外部因特网之间增加的一道安全防护措施，分为网络级防火墙和应用级防火墙。

**网络级防火墙**层次低，但是效率高，因为其使用包过滤和状态监测手段，一般只检验网络包外在（起始地址、状态）属性是否异常，若异常，则过滤掉，不与内网通信，因此对应用和用户是透明的。但是这样的问题是，如果遇到伪装的危险数据包就没办法过滤，此时，就要依靠**应用级防火墙**。应用级防火墙层次高，效率低，因为应用级防火墙会将网络包拆开，具体检查里面的数据是否有问题，会消耗大量时间，造成效率低下，但是安全强度高。

2. 入侵检测系统（IDS）

防火墙技术主要是分隔来自外网的威胁，却对来自内网的直接攻击无能为力，此时就要用到入侵检测技术，IDS 是位于防火墙之后的第二道屏障，作为防火墙技术的补充。

原理：监控当前系统/用户行为，使用入侵检测分析引擎进行分析，这里包含一个知识库系统，囊括了历史行为、特定行为模式等操作，将当前行为和知识库进行匹配，就能检测出当前行为是否是入侵行为，如果是入侵，则记录证据并上报给系统和防火墙，交由它们处理。

不同于防火墙，IDS 入侵检测系统是一个监听设备，没有跨接在任何链路上，无须网络流量流经它便可以工作。因此，对 IDS 的部署，唯一的要求是：IDS 应当挂接在所有所关注流量都必须流经的链路上。因此，IDS 在交换式网络中的位置：①尽可能靠近攻击源；②尽可能靠近受保护资源。

3. 入侵防御系统（IPS）

IDS 和防火墙技术都是在入侵行为已经发生后所做的检测和分析，而 IPS 是能够提前发现入侵行为，在其还没有进入安全网络之前就防御。串联接入网络，因此可以自动切换网络。

在安全网络之前的链路上挂载入侵防御系统（IPS），可以实时检测入侵行为，并直接进行阻断，这是与 IDS 的区别。

4. 杀毒软件

杀毒软件用于检测和解决计算机病毒，与防火墙和 IDS 要区分，计算机病毒要靠杀毒软件，防火墙是处理网络上的非法攻击。

5. 蜜罐系统

伪造一个蜜罐网络引诱黑客攻击，蜜罐网络被攻击不影响安全网络，并且可以借此了解黑客攻击的手段和原理，从而对安全系统进行升级和优化。

6. 网络攻击和威胁

网络攻击和威胁见表 6-1。

表 6-1　网络攻击和威胁

| 攻击类型 | 攻击名称 | 描述 |
|---|---|---|
| 被动攻击 | 窃听（网络监听） | 用各种可能的合法或非法的手段窃取系统中的信息资源和敏感信息 |
| | 业务流分析 | 通过对系统进行长期监听，利用统计分析方法对诸如通信频度、通信的信息流向、通信总量的变化等参数进行研究，从而发现有价值的信息和规律 |
| | 非法登录 | 有些资料将这种方式归为被动攻击方式 |

续表

| 攻击类型 | 攻击名称 | 描述 |
|---|---|---|
| 主动攻击 | 假冒身份 | 通过欺骗通信系统（或用户）达到非法用户冒充成为合法用户，或者特权小的用户冒充成为特权大的用户的目的。黑客大多是采用假冒进行攻击 |
| | 抵赖 | 这是一种来自用户的攻击，比如：否认自己曾经发布过的某条消息、伪造一份对方来信等 |
| | 旁路控制 | 攻击者利用系统的安全缺陷或安全性上的脆弱之处获得非授权的权利或特权 |
| | 重放攻击 | 所截获的某次合法的通信数据拷贝，出于非法的目的而被重新发送 |
| | 拒绝服务（DoS） | 通过向目标主机发送大量无效连接，导致对信息或其他资源的合法访问被无条件地阻止 |

#### 7．计算机病毒和木马

病毒：是编制或者在计算机程序中插入的破坏计算机功能或者破坏数据，影响计算机使用并且能够自我复制的一组计算机指令或者程序代码。

病毒具有：传染性、隐蔽性、潜伏性、破坏性、针对性、衍生性、寄生性、未知性。

木马：是一种后门程序，常被黑客用作控制远程计算机的工具，隐藏在被控制电脑上的一个小程序，监控电脑的一切操作并盗取信息。

以下为代表性病毒实例。

蠕虫病毒（感染 EXE 文件）：熊猫烧香，罗密欧与朱丽叶，恶鹰，尼姆达，冲击波，欢乐时光。

木马：QQ 消息尾巴木马，特洛伊木马，X 卧底。

宏病毒（感染 Word、Excel 等文件中的宏变量）：美丽沙。

CIH 病毒：史上唯一破坏硬件的病毒。

红色代码：蠕虫病毒+木马。

### 6.2.4　网络安全协议

物理层主要使用物理手段，隔离、屏蔽物理设备等，其他层都是靠协议来保证传输的安全。

SSL 协议：安全套接字协议，被设计为加强 Web 安全传输（HTTP/HTTPS/）的协议，安全性高，和 HTTP 结合之后，形成 HTTPS 安全协议，端口号为443。

SSH 协议：安全外壳协议，被设计为加强 Telnet/FTP 安全的传输协议。

SET 协议：安全电子交易协议主要应用于 B2C 模式（电子商务）中保障支付信息的安全性。SET 协议本身比较复杂，设计比较严格，安全性高，它能保证信息传输的机密性、真实性、完整性和不可否认性。SET 协议是 PKI 框架下的一个典型实现，同时也在不断升级和完善，如 SET 2.0 将支持借记卡电子交易。

Kerberos 协议：是一种网络身份认证协议，该协议的基础是基于信任第三方，它提供了在开放型网络中进行身份认证的方法，认证实体可以是用户也可以是用户服务。这种认证不依赖宿主机的操作系统或计算机的 IP 地址，不需要保证网络上所有计算机的物理安全性，并且假定数据包在传输中可被随机窃取和篡改。

PGP 协议（安全电子邮件协议）：使用 RSA 公钥证书进行身份认证，使用 IDEA（128 位密钥）进行数据加密，使用 MD5 进行数据完整性验证。

# 6.3 课后演练（精选真题）

- 信息系统面临多种类型的网络安全威胁。其中，信息泄露是指信息被泄露或透露给某个非授权的实体；__(1)__ 是指数据被非授权地进行增删、修改或破坏而受到损失；__(2)__ 是指对信息或其他资源的合法访问被无条件地阻止；__(3)__ 是指通过对系统进行长期监听，利用统计分析方法对诸如通信频度、通信的信息流向、通信总量的变化等参数进行研究，从而发现有价值的信息和规律。（**2021 年 11 月第 39～41 题**）

  （1）A．非法使用　　　　　　　　　　B．破坏信息的完整性
  　　　C．授权侵犯　　　　　　　　　　D．计算机病毒
  （2）A．拒绝服务　　B．陷阱门　　C．旁路控制　　D．业务欺骗
  （3）A．特洛伊木马　B．业务欺骗　C．物理侵入　　D．业务流分析

- 安全性是根据系统可能受到的安全威胁的类型来分类的。其中，__(4)__ 保证信息不泄露给未授权的用户、实体或过程；__(5)__ 保证信息的完整和准确，防止信息被篡改。（**2021 年 11 月第 56～57 题**）

  （4）A．可控性　　B．机密性　　C．安全审计　　D．健壮性
  （5）A．可控性　　B．完整性　　C．不可否认性　D．安全审计

- 某 Web 网站向 CA 申请了数字证书。用户登录过程中可通过验证 __(6)__ 确认该数字证书的有效性，以 __(7)__ 。（**2021 年 11 月第 67～68 题**）

  （6）A．CA 的签名　B．网站的签名　C．会话密钥　　D．DES 密码
  （7）A．向网站确认自己的身份　　　　B．获取访问网站的权限
  　　　C．和网站进行双向认证　　　　　D．验证该网站的真伪

- 下列协议中与电子邮箱安全无关的是 __(8)__ 。（**2019 年 11 月第 64 题**）
  （8）A．SSL　　　　B．HTTPS　　C．MIME　　D．PGP

- 数字签名首先需要生成消息摘要，然后发送方用自己的私钥对报文摘要进行加密，接收方用发送方的公钥验证真伪。生成消息摘要的目的是 __(9)__ ，对摘要进行加密的目的是 __(10)__ 。（**2018 年 11 月第 64～65 题**）

  （9）A．防止窃听　　B．防止抵赖　　C．防止篡改　　D．防止重放
  （10）A．防止窃听　B．防止抵赖　　C．防止篡改　　D．防止重放

## 6.4　课后演练答案解析

（1）（2）（3）**参考答案：B　A　D**

🔑**解析**　完整性是指数据被非授权地进行增删、修改或破坏而受到损失；拒绝服务是指对信息或其他资源的合法访问被无条件地阻止；业务流分析是指通过对系统进行长期监听，利用统计分析方法对诸如通信频度、通信的信息流向、通信总量的变化等参数进行研究，从而发现有价值的信息和规律。

（4）（5）**参考答案：B　B**

🔑**解析**　安全性是根据系统可能受到的安全威胁的类型来分类的。其中，机密性保证信息不泄露给未授权的用户、实体或过程；完整性是保证信息的完整和准确，防止信息被篡改。

（6）（7）**参考答案：A　D**

🔑**解析**　确认数字证书的有效性是需要向 CA 验证，确保是 CA 签发的；这是用来验证网站的身份的。

（8）**参考答案：C**

🔑**解析**　本题考查电子邮件安全方面的基础知识。

SSL（Secure Sockets Layer，安全套接层）及其继任者 TLS（Transport Layer Security，传输层安全）是为网络通信提供安全及数据完整性的一种安全协议，在传输层对网络连接进行加密。在设置电子邮箱时使用 SSL 协议，会保障邮箱更安全。

HTTPS 协议是由 HTTP 加上 TLS/SSL 协议构建的可进行加密传输、身份认证的网络协议，主要通过数字证书、加密算法、非对称密钥等技术完成互联网数据传输加密，实现互联网传输安全保护。

MIME 是设定某种扩展名的文件用一种应用程序来打开的方式类型，当该扩展名文件被访问的时候，浏览器会自动使用指定应用程序来打开。它是一个互联网标准，扩展了电子邮件标准，使其能够支持：非 ASCII 字符文本；非文本格式附件（二进制、声音、图像等）；由多部分（Multiple Parts）组成的消息体；包含非 ASCII 字符的头信息（Header Information）。

PGP 是一套用于消息加密、验证的应用程序，采用 IDEA 的散列算法作为加密与验证之用。PGP 加密由一系列散列、数据压缩、对称密钥加密，以及公钥加密的算法组合而成。每个公钥均绑定唯一的用户名和/或者 E-mail 地址。

因此，上述选项中 MIME 是扩展了电子邮件标准，不能用于保障电子邮件安全。

（9）（10）**参考答案：C　B**

🔑**解析**　消息摘要是对原文信息提取特征值，做这个操作，能让原始信息被篡改时，我们能及时感知到，所以能防篡改。

而对消息摘要"加密"，虽然做的是加密操作，但并无加密的作用。因为私钥加密时，公钥解密。公钥谁都能获取到，所以谁都能解，故无法防止窃听，但可以防止抵赖。

# 第7章
# 系统开发基础知识

## 7.1　备考指南

　　系统开发基础知识主要考查的是软件工程基础、软件开发方法、系统分析、设计、测试及运行和维护等相关知识，同时也是重点考点，在系统架构设计师的考试中选择题占 12～18 分，案例分析和论文中也会考到相关内容，属于重点章节之一。

## 7.2　考点梳理及精讲

### 7.2.1　软件工程基础

　　1. 软件工程基本原理

　　**软件工程基本原理**：通过划分生命周期阶段的方式严格管理、坚持进行阶段评审、实现严格的产品控制、采用现代程序设计技术、结果应能清楚地审查、开发小组的人员应少而精、承认不断改进软件工程实践的必要性。

　　2. 软件工程基本要素

　　**软件工程的基本要素**有方法、工具和过程。

　　3. 信息系统五阶段生命周期

　　（1）系统规划阶段：任务是对组织的环境、目标及现行系统的状况进行初步调查，根据组织目标和发展战略确定信息系统的发展战略，对建设新系统的需求做出分析和预测，同时考虑建设新系统所受的各种约束，研究建设新系统的必要性和可能性。根据需要与可能，给出系统的备选方案。

　　输出：可行性研究报告、系统设计任务书。

　　（2）系统分析阶段：任务是根据系统设计任务书所确定的范围，对现行系统进行详细调查，描述现行系统的业务流程，指出现行系统的局限性和不足之处，确定新系统的基本目标和逻辑功能要求，即提出新系统的逻辑模型。系统分析阶段又称为逻辑设计阶段。这个阶段是整个系统建设的关键阶段，也是信息系统建设与一般工程项目的重要区别所在。

输出：系统说明书。

（3）系统设计阶段：系统分析阶段的任务是回答系统"做什么"，而系统设计阶段要回答的问题是"怎么做"。该阶段的任务是根据系统说明书中规定的功能要求，具体设计实现逻辑模型的技术方案，也就是设计新系统的物理模型。这个阶段又称为物理设计阶段，可分为总体设计（概要设计）和详细设计两个子阶段。

输出：系统设计说明书（概要设计、详细设计说明书）。

（4）系统实施阶段：是将设计的系统付诸实施的阶段。这一阶段的任务包括计算机等设备的购置、安装和调试、程序的编写和调试、人员培训、数据文件转换、系统调试与转换等。这个阶段的特点是几个互相联系、互相制约的任务同时展开，必须精心安排、合理组织。系统实施是按实施计划分阶段完成的，每个阶段应写出实施进展报告。系统测试之后写出系统测试分析报告。

输出：实施进展报告、系统测试分析报告。

（5）系统运行和维护阶段：系统投入运行后，需要经常进行维护和评价，记录系统运行的情况，根据一定的规则对系统进行必要的修改，评价系统的工作质量和经济效益。

4．软件生存周期

软件生存周期包括可行性分析与项目开发计划、需求分析、概要设计（选择系统解决方案，规划子系统）、详细设计（设计子系统内部具体实现）、编码、测试、维护。

5．能力成熟度模型

能力成熟度模型（Capability Maturity Model，CMM）对软件组织化阶段的描述，随着软件组织定义、实施、测量、控制和改进其软件过程，软件组织的能力经过这些阶段逐步提高，针对软件研制和测试阶段。CMM 分为五个级别，见表 7-1。

表 7-1    CMM 的级别

| 能力等级 | 特点 | 关键过程区域 |
| --- | --- | --- |
| 初始级（Initial） | 软件过程的特点是杂乱无章，有时甚至很混乱，几乎没有明确定义的步骤，项目的成功完全依赖个人的努力和英雄式核心人物的作用 | |
| 可重复级（Repeatable） | 建立了基本的项目管理过程和实践来跟踪项目费用、进度和功能特性，有必要的过程准则来重复以前在同类项目中的成功 | 软件配置管理、软件质量保证、软件子合同管理、软件项目跟踪与监督、软件项目策划、软件需求管理 |
| 已定义级（Defined） | 管理和工程两方面的软件过程已经文档化、标准化，并综合成整个软件开发组织的标准软件过程。所有项目都采用根据实际情况修改后得到的标准软件过程来开发和维护软件 | 同行评审、组间协调、软件产品工程、集成软件管理、培训大纲、组织过程定义、组织过程焦点 |

| 能力等级 | 特点 | 关键过程区域 |
|---|---|---|
| 已管理级（Managed） | 制订了软件过程和产品质量的详细度量标准。对软件过程和产品质量有定量的理解和控制 | 软件质量管理和定量过程管理 |
| 优化级（Optimized） | 加强了定量分析，通过来自过程质量反馈和来自新观念、新技术的反馈使过程能不断持续地改进 | 过程更改管理、技术改革管理和缺陷预防 |

### 6. 能力成熟度模型集成

能力成熟度模型集成（Capability Maturity Model Integration，CMMI）是若干过程模型的综合和改进，不仅仅支持软件，而且支持多个工程学科和领域的、系统的、一致的过程改进框架，能适应现代工程的特点和需要，能提高过程的质量和工作效率。

CMMI 有阶段式模型和连续式模型两种表示法。

（1）阶段式模型：类似于 CMM，它关注组织的成熟度，五个成熟度模型级别见表 7-2。

表 7-2　CMMI 阶段式模型成熟度级别

| 能力等级 | 特点 | 关键过程区域 |
|---|---|---|
| 初始级 | 过程不可预测且缺乏控制 | |
| 已管理级 | 过程为项目服务 | 需求管理、项目计划、配置管理、项目监督与控制、供应商合同管理、度量和分析、过程和产品质量保证 |
| 已定义级 | 过程为组织服务 | 需求开发、技术解决方案、产品集成、验证、确认组织级过程焦点、组织级过程定义、组织级培训、集成项目管理、风险管理、集成化的团队、决策分析和解决方案、组织级集成环境 |
| 定量管理 | 过程已度量和控制 | 组织过程性能、定量项目管理 |
| 优化级 | 集中于过程改进和优化 | 组织级改革与实施、因果分析和解决方案 |

（2）连续式模型：关注每个过程域的能力，一个组织对不同的过程域可以达到不同的过程域能力等级。

### 7. 软件过程模型

瀑布模型（SDLC）：结构化方法中的模型，是结构化的开发，开发流程如同瀑布一般，一步一步走下去，直到最后完成项目开发，只适用于需求明确或者二次开发（需求稳定），当需求不明确时，最终开发的项目会有错误，有很大的缺陷。

原型模型：与瀑布模型相反，原型针对的就是需求不明确的情况，首先快速构造一个功能模型，演示给用户看，并按用户要求及时修改，中间再通过不断地演示与用户沟通，最终设计出项目，就不会出现与用户要求不符合的情况，采用的是迭代的思想。不适合超大项目开发。

增量模型：首先开发核心模块功能，而后与用户确认，之后再开发次核心模块的功能，即每次开发一部分功能，并与用户需求确认，最终完成项目开发，优先级最高的服务最先交付，但由于并不是从系统整体角度规划各个模块，因此不利于模块划分。难点在于如何将客户需求划分为多个增量。与原型不同的是增量模型的每一次增量版本都可作为独立可操作的作品，而原型的构造一般是为了演示。

螺旋模型：是多种模型的混合，针对需求不明确的项目，与原型类似，但是增加了风险分析，这也是其最大的特点。适合大型项目开发。

V 模型：特点是增加了很多轮测试，并且这些测试贯穿于软件开发的各个阶段，不像其他模型都是软件开发完再测试，很大程度上保证了项目的准确性。V 模型的开发和测试级别对应如图 7-1 所示。

图 7-1　V 模型的开发和测试级别

喷泉模型：特点是面向对象的模型，而上述其他的模型都是结构化的模型，使用了迭代思想和无间隙开发。

基于构件的开发模型（CBSD）：特点是增强了可复用性，在系统开发过程中，会构建一个构件库，供其他系统复用，因此可以提高可靠性，节省时间和成本。

形式化方法模型：建立在严格的数学基础上的一种软件开发方法，主要活动是生成计算机软件形式化的数学规格说明。

8. 软件开发方法

上述的软件过程模型基本都可归属于下面的开发方法中。

（1）结构化方法。结构是指系统内各个组成要素之间的相互联系、相互作用的框架。结构化方法也称为生命周期法，是一种传统的信息系统开发方法，由结构化分析（Structured Analysis，SA）、结构化设计（Structured Design，SD）和结构化程序设计（Structured Programming，SP）三部分有机组合而成，其精髓是自顶向下、逐步求精和模块化设计。

结构化方法的主要特点如下：

1）开发目标清晰化。结构化方法的系统开发遵循"用户第一"的原则。

2）开发工作阶段化。每个阶段工作完成后，要根据阶段工作目标和要求进行审查，这使各阶段工作有条不紊地进行，便于项目管理与控制。

3）开发文档规范化。结构化方法每个阶段工作完成后，要按照要求完成相应的文档，以保证各个工作阶段的衔接与系统维护工作的遍历。

4）设计方法结构化。在系统分析与设计时，从整体和全局考虑，自顶向下地分解；在系统实现时，根据设计的要求，先编写各个具体的功能模块，然后自底向上逐步实现整个系统。

结构化方法的不足和局限：

1）开发周期长：按顺序经历各个阶段，直到实施阶段结束后，用户才能使用系统。

2）难以适应需求变化：不适用于需求不明确或经常变更的项目。

3）很少考虑数据结构：结构化方法是一种面向数据流的开发方法，很少考虑数据结构。

结构化方法一般利用图形表达用户需求，常用工具有数据流图、数据字典、结构化语言、判定表以及判定树等。

（2）面向对象方法。面向对象（Object-Oriented，OO）方法认为，客观世界是由各种对象组成的，任何事物都是对象，每一个对象都有自己的运动规律和内部状态，都属于某个对象类，是该对象类的一个元素。复杂的对象可由相对简单的各种对象以某种方式而构成，不同对象的组合及相互作用就构成了系统。

面向对象方法的特点：使用 OO 方法构造的系统具有更好的复用性，其关键在于建立一个全面、合理、统一的模型（用例模型和分析模型）。

OO 方法也划分阶段，但其中的系统分析、系统设计和系统实现三个阶段之间已经没有"缝隙"。也就是说，这三个阶段的界限变得不明确，某项工作既可以在前一个阶段完成，也可以在后一个阶段完成；前一个阶段工作做得不够细，在后一个阶段可以补充。

面向对象方法可以普遍适用于各类信息系统的开发。其不足之处是必须依靠一定的面向对象技术支持，在大型项目的开发上具有一定的局限性，不能涉足系统分析以前的开发环节。

当前，一些大型信息系统的开发，通常是将结构化方法和 OO 方法结合起来。首先，使用结构化方法进行自顶向下的整体划分；然后，自底向上地采用 OO 方法进行开发。因此，结构化方法和 OO 方法仍是两种在系统开发领域中相互依存的、不可替代的方法。

（3）原型化方法。原型化方法也称为快速原型法，或者简称为原型法。它是一种根据用户初步需求，利用系统开发工具，快速地建立一个系统模型展示给用户，在此基础上与用户交流，最终实现满足用户需求的信息系统快速开发的方法。

按是否实现功能分类：可分为水平原型（行为原型，功能的导航）、垂直原型（结构化原型，实现了部分功能）；按最终结果分类：可分为抛弃式原型、演化式原型。

原型法的特点：可以使系统开发的周期缩短、成本和风险降低、速度加快，获得较高的综合开发效益。

原型法是以用户为中心来开发系统的，用户参与的程度大大提高，开发的系统符合用户的需求，因而增加了用户的满意度，提高了系统开发的成功率。

由于用户参与了系统开发的全过程,对系统的功能和结构容易理解和接受,有利于系统的移交,有利于系统的运行与维护。

原型法的不足之处:对开发的环境要求高;对管理水平要求高。

由以上的分析可以看出,原型法的优点主要在于能更有效地确认用户需求。从直观上来看,原型法适用于那些需求不明确的系统开发。事实上,对于分析层面难度大、技术层面难度不大的系统,适合于原型法开发。

从严格意义上来说,目前的原型法不是一种独立的系统开发方法,而只是一种开发思想,它只支持在系统开发早期阶段快速生成系统的原型,没有规定在原型构建过程中必须使用哪种方法。因此,它不是完整意义上的方法论体系。这就注定了原型法必须与其他信息系统开发方法结合使用。

(4)面向服务的方法。进一步将接口的定义与实现进行解耦,则催生了服务和面向服务(Service-Oriented,SO)的开发方法。

从应用的角度来看,组织内部、组织之间各种应用系统的互相通信和互操作性直接影响着组织对信息的掌握程度和处理速度。如何使信息系统快速响应需求与环境变化,提高系统可复用性、信息资源共享和系统之间的互操作性,成为影响信息化建设效率的关键问题,而 SO 的思维方式恰好满足了这种需求。

(5)Jackson 方法。面向数据结构的开发方法,适合于小规模的项目。

(6)敏捷开发方法。针对中小型项目,主要是为了给程序员减负,去掉一些不必要的会议和文档。指代一组模型(极限编程、自适应开发、水晶方法⋯⋯),这些模型都具有相同的原则和价值观,具体如图 7-2 所示(要求熟悉此图,并掌握重要概念)。

图 7-2 敏捷开发总体结构

敏捷开发宣言:个体和交互胜过过程和工具、可以工作的软件胜过面面俱到的文档、客户合作胜过合同谈判、响应变化胜过遵循计划。

敏捷开发重要概念如下。

1）结对编程：一个程序员开发，另一个程序员在一旁观察、审查代码，能够有效地提高代码质量，在开发的同时对代码进行初步审查，共同对代码负责。

2）自适应开发：强调开发方法的适应性（Adaptive）。不像其他方法那样有很多具体的实践做法，它更侧重为软件的重要性提供最根本的基础，并从更高的组织和管理层次来阐述开发方法为什么要具备适应性。

3）水晶方法：每一个不同的项目都需要一套不同的策略、约定和方法论。

4）特性驱动开发：是一套针对中小型软件开发项目的开发模式，是一个模型驱动的快速迭代开发过程，它强调的是简化、实用、易于被开发团队接受，适用于需求经常变动的项目。

5）极限编程（XP）：核心是沟通、简明、反馈和勇气。因为知道计划永远赶不上变化，XP 无需开发人员在软件开始初期做出很多的文档。XP 提倡测试先行，为了将以后出现 bug 的概率降到最低。

6）并列争球法（SCRUM）：是一种迭代的增量化过程，把每段时间（30 天）一次的迭代称为一个"冲刺"，并按需求的优先级别来实现产品，多个自组织和自治的小组并行地递增实现产品。

（7）统一过程（RUP）。RUP 提供了在开发组织中分派任务和责任的纪律化方法。它的目标是在可预见的日程和预算前提下，确保满足最终用户需求的高质量产品。

1）3 个显著特点：用例驱动、以架构为中心、迭代和增量。

2）4 个流程：初始阶段、细化阶段、构建阶段和交付阶段。每个阶段结束时都要安排一次技术评审，以确定这个阶段的目标是否已经达到。

RUP 可以用于种类广泛的软件系统、不同的应用领域、不同的组织类型、不同性能水平和不同的项目规模。

9. 软件产品线

软件产品线是一个产品集合，这些产品共享一个公共的、可管理的特征集，这个特征集能满足特定领域的特定需求。软件产品线是一个十分适合专业的开发组织的软件开发方法，能有效地提高软件生产率和质量，缩短开发时间，降低总开发成本。软件产品线中两个重要的内容为：

核心资源：包括所有产品所共用的软件架构，通用的构件、文档等。

产品集合：产品线中的各种产品。

产品线的建立方式见表 7-3。

表 7-3　软件产品线建立方式的基本特征

| | 演化方式 | 革命方式 |
|---|---|---|
| 基于现有产品 | 基于现有产品架构设计产品线的架构，经演化现有构件，开发产品线构件 | 核心资源的开发基于现有产品集的需求和可预测的、将来需求的超集 |
| 全新产品线 | 产品线核心资源随产品新成员的需求而演化 | 开发满足所有预期产品线成员的需求的核心资源 |

10. 逆向工程

软件复用是将已有软件的各种有关知识用于建立新的软件，以缩减软件开发和维护的时间。软件复用是提高软件生产力和质量的一种重要技术。早期的软件复用主要是代码级复用，被复用的知识专指程序，后来扩大到包括领域知识、开发经验、设计决定、体系结构、需求、设计、代码和文档等一切有关方面。

软件的逆向工程是分析程序，力图在比源代码更高抽象层次上建立程序的表示过程，逆向工程是设计的恢复过程，其 4 个级别如下：

实现级：包括程序的抽象语法树、符号表、过程的设计表示。

结构级：包括反映程序分量之间相互依赖关系的信息，例如调用图、结构图、程序和数据结构。

功能级：包括反映程序段功能及程序段之间关系的信息，例如数据和控制流模型。

领域级：包括反映程序分量或程序诸实体与应用领域概念之间对应关系的信息，例如 E-R 模型。

其中，领域级抽象级别最高，完备性最低，实现级抽象级别最低，完备性最高。

**与逆向工程相关的概念有重构、设计恢复、再工程和正向工程。**

（1）重构是指在同一抽象级别上转换系统描述形式。

（2）设计恢复是指借助工具从已有程序中抽象出有关数据设计、总体结构设计和过程设计等方面的信息。

（3）再工程是指在逆向工程所获得信息的基础上，修改或重构已有的系统，产生系统的一个新版本。再工程是对现有系统的重新开发过程，包括逆向工程、新需求的考虑过程和正向工程 3 个步骤。它不仅能从已存在的程序中重新获得设计信息，而且还能使用这些信息来重构现有系统，以改进它的综合质量。在利用再工程重构现有系统的同时，一般会增加新的需求，包括增加新的功能和改善系统的性能。

（4）正向工程是指不仅从现有系统中恢复设计信息，而且使用该信息去改变或重构现有系统，以改善其整体质量。

11. 软件系统工具

通常可以按软件过程活动将软件工具分为软件开发工具、软件维护工具、软件管理和软件支持工具。软件开发工具包括需求分析工具、设计工具、编码与排错工具；软件维护工具包括版本控制工具、文档分析工具、开发信息库工具、逆向工程工具、再工程工具；软件管理和软件支持工具包括项目管理工具、配置管理工具、软件评价工具、软件开发工具的评价和选择。

## 7.2.2 需求工程

1. 软件需求

软件需求是指用户对系统在功能、行为、性能、设计约束等方面的期望，是指用户解决问题或达到目标所需的条件或能力，是系统或系统部件要满足合同、标准、规范或其他正式规定文档所需具有的条件或能力，以及反映这些条件或能力的文档说明。

软件需求分为需求开发和需求管理两大过程，其中，需求开发包括：需求获取、需求分析、需求定义、需求验证四个阶段。需求管理包括：变更控制、版本控制、需求跟踪、需求状态跟踪四个方面。

需求的层次如下所述：

（1）业务需求：反映企业或客户对系统高层次的目标要求，通常来自项目投资人、客户、市场营销部门或产品策划部门。通过业务需求可以确定项目视图和范围。

（2）用户需求：描述的是用户的具体目标，或用户要求系统必须能完成的任务，即描述了用户能使用系统来做什么。通常采取用户访谈和问卷调查等方式，对用户使用的场景进行整理，从而建立用户需求。

（3）系统需求：从系统的角度来说明软件的需求，包括功能需求、非功能需求和设计约束等。

1）功能需求：也称为行为需求，规定了开发人员必须在系统中实现的软件功能，用户利用这些功能来完成任务，满足业务需要。

2）非功能需求：指系统必须具备的属性或品质，又可以细分为软件质量属性（如可维护性、可靠性、效率等）和其他非功能需求。

3）设计约束：也称为限制条件或补充规约，通常是对系统的一些约束说明，例如必须采用国有自主知识产权的数据库系统，必须运行在 UNIX 操作系统之下等。

质量功能部署（Quality Function Deployment，QFD）是一种将用户要求转化成软件需求的技术，其目的是最大限度地提升软件工程过程中用户的满意度。为了达到这个目标，QFD 将软件需求分为三类，分别是常规需求、期望需求和意外需求。

（1）常规需求。用户认为系统应该做到的功能或性能，实现越多用户会越满意。

（2）期望需求。用户想当然地认为系统应具备的功能或性能，但并不能正确描述自己想要得到的这些功能或性能需求。如果期望需求没有得到实现，会让用户感到不满意。

（3）意外需求。意外需求也称为兴奋需求，是用户要求范围外的功能或性能（但通常是软件开发人员很乐意赋予系统的技术特性），实现这些需求用户会更高兴，但不实现也不影响其购买的决策。

2. 需求获取

需求获取是一个确定和理解不同的项目干系人的需求和约束的过程。

常见的需求获取法包括：

（1）用户访谈：1 对（1～3），有代表性的用户。其形式包括结构化和非结构化两种。

（2）问卷调查：用户多，无法一一访谈。

（3）采样：从种群中系统地选出有代表性的样本集的过程。样本数量=0.25×（可信度因子/错误率）$^2$。

（4）情节串联板：一系列图片，通过这些图片来讲故事。

（5）联合需求计划（JRP）：通过联合各个关键用户代表、系统分析师、开发团队代表一起，通过有组织的会议来讨论需求。

（6）需求记录技术：任务卡片、场景说明、用户故事、Volere 白卡。

3. 需求分析

一个好的需求应该具有无二义性、完整性、一致性、可测试性、确定性、可跟踪性、正确性、必要性等特性，因此，需要分析人员把杂乱无章的用户要求和期望转化为用户需求，这就是需求分析的工作。

（1）需求分析的任务。

1）绘制系统上下文范围关系图。

2）创建用户界面原型。

3）分析需求的可行性。

4）确定需求的优先级。

5）为需求建立模型。

6）创建数据字典。

7）使用 QFD（质量功能部署）。

（2）**结构化的需求分析。**

1）结构化特点：自顶向下，逐步分解，面向数据。

2）三大模型：功能模型（数据流图）、行为模型（状态转换图）、数据模型（E-R 图）以及数据字典，如图 7-3 所示。

图 7-3　结构化分析三大模型

4. 需求定义

需求定义阶段的产物为软件需求规格说明书（Software Requirements Specification，SRS）：是需求开发活动的产物，编制该文档的目的是使项目干系人与开发团队对系统的初始规定有一个共同的理解，使之成为整个开发工作的基础。SRS 是软件开发过程中最重要的文档之一，对于任何规模和性质的软件项目都不应该缺少。

需求定义的方法如下：

（1）严格定义也称为预先定义，需求的严格定义建立在以下的基本假设之上：所有需求都能够被预先定义。开发人员与用户之间能够准确而清晰地交流。采用图形（或文字）可以充分体现最终系统。

（2）原型方法，迭代的循环型开发方式，需要注意的问题：并非所有的需求都能在系统开发前被准确地说明。项目干系人之间通常都存在交流上的困难，原型提供了克该服困难的一个手段。特点：需要实际的、可供用户参与的系统模型。有合适的系统开发环境。反复是完全需要和值得提倡的，需求一旦确定，就应遵从严格的方法。

5. 需求验证

需求验证也称为需求确认，目的是与用户一起确认需求无误，对需求规格说明书（SAS）进行评审和测试，包括两个步骤：

（1）需求评审：正式评审和非正式评审。

（2）需求测试：设计概念测试用例。

需求验证通过后，要请用户签字确认，作为验收标准之一，此时，这个需求规格说明书就是需求基线，不可以再随意更新，如果需要更改必须走需求变更流程。

6. 需求管理

定义需求基线：通过了评审的需求说明书就是需求基线，下次如果需要变更需求，就需要按照流程来一步步进行。需求的流程及状态如图 7-4 所示。

图 7-4　需求状态的变化

7. 需求变更和风险

需求变更和风险主要关心需求变更过程中的需求风险管理，带有风险的做法有：无足够用户参与、忽略了用户分类、用户需求的不断增加、模棱两可的需求、不必要的特性、过于精简的 SRS、不准确的估算。

变更产生的原因：外部环境的变化、需求和设计做得不够完整、新技术的出现、公司机构重组造成业务流程的变化。

变更控制委员会（CCB）：也称为配置控制委员会，其任务是对建议的配置项变更做出评价、审批，以及监督已经批准变更的实施。

8．需求跟踪

需求跟踪有正向跟踪和反向跟踪两个层次，如图 7-5 所示。

图 7-5　需求跟踪

正向跟踪是用户原始需求到软件需求到下游工作产品的跟踪链，来表示用户的原始需求是否全部实现。反向跟踪是从下游工作产品到软件需求溯源到用户原始需求的跟踪链，表示软件的功能是否跟用户原始需求一致，不多不少，可以用原始需求和用例表格（需求跟踪矩阵）来表示：若原始需求和用例有对应，则在对应栏打对号，若某行没有对号，表明原始需求未实现，正向跟踪发现问题；若某列没有对号，表明有多余功能用例，软件实现了多余功能，反向跟踪发现问题。

## 7.2.3　系统设计

1．处理流程设计

（1）业务流程建模的工具有以下几种：

标杆瞄准：以行业领先的标杆企业为目标，结合本企业情况分析建模。

IDEF（一系列建模、分析和仿真方法的统称）。

DEMO（组织动态本质建模法）。

Petri 网。

业务流程建模语言：BPEL、BPML、BPMN、XPDL。

基于服务的 BPM：基于 Web 服务的思想对业务流程进行建模。

（2）流程表示工具。

1）程序流程图（Program Flow Diagram，PFD）用一些图框表示各种操作，它独立于任何一种程序设计语言，比较直观、清晰，易于学习掌握。任何复杂的程序流程图都应该由顺序、选择和循环结构组合或嵌套而成。

2）IPO 图也是流程描述工具，用来描述构成软件系统的每个模块的输入、输出和数据加工。

3）N-S 图容易表示嵌套和层次关系，并具有强烈的结构化特征。但是当问题很复杂时，N-S 图可能很大，因此不适合于复杂程序的设计。

4）问题分析图（PAD）是一种支持结构化程序设计的图形工具。PAD 具有清晰的逻辑结构、标准化的图形等优点，更重要的是它引导设计人员使用结构化程序设计方法，从而提高程序的质量。

（3）业务流程重组（BPR）。BPR 是对企业的业务流程进行根本性的再思考和彻底性的再设计，从而获得可以用诸如成本、质量、服务和速度等方面的业绩来衡量的显著性的成就。BPR 设计原则、系统规划和步骤如图 7-6 所示。

图 7-6　BPR 设计原则、系统规划和步骤

（4）业务流程管理 BPM。BPM 是一种以规范化的构造端到端的卓越业务流程为中心，以持续的提高组织业务绩效为目的的系统化方法。

BPM 与 BPR 管理思想最根本的不同就在于流程管理并不要求对所有的流程进行再造。构造卓越的业务流程并不是流程再造，而是根据现有流程的具体情况，对流程进行规范化的设计。

流程管理包含三个层面：规范流程、优化流程和再造流程。

2. 系统设计

系统设计的主要目的：为系统制订蓝图，在各种技术和实施方法中权衡利弊，精心设计，合理地使用各种资源，最终勾画出新系统的详细设计方法。

系统设计的方法：结构化设计方法，面向对象设计方法。

系统设计包括概要设计和详细设计。

概要设计的基本任务：又称为系统总体结构设计，是将系统的功能需求分配给软件模块，确定每个模块的功能和调用关系，形成软件的模块结构图，即系统结构图。

详细设计的基本任务：模块内详细算法设计、模块内数据结构设计、数据库的物理设计、其他设计（代码、输入/输出格式、用户界面）、编写详细设计说明书、评审。

系统设计的基本原理：

（1）抽象化。

（2）自顶而下，逐步求精。

（3）信息隐蔽。

（4）模块独立（高内聚，低耦合）。

（5）系统设计原则。

（6）保持模块的大小适中。

（7）尽可能减少调用的深度。

（8）多扇入，少扇出。

（9）单入口，单出口。

（10）模块的作用域应该在模块之内。

（11）功能应该是可预测的。

3．人机界面设计

人机界面设计的三大原则：置于用户的控制之下、减少用户的记忆负担、保持界面的一致性。

（1）置于用户的控制之下。

1）以不强迫用户进入不必要的或不希望的动作的方式来定义交互方式。

2）提供灵活的交互。

3）允许用户交互可以被中断和取消。

4）当技能级别增加时可以使交互流水化并允许定制交互。

5）使用户隔离内部技术细节。

6）设计应允许用户和出现在屏幕上的对象直接交互。

（2）减少用户的记忆负担。

1）减少对短期记忆的要求。

2）建立有意义的缺省。

3）定义直觉性的捷径。

4）界面的视觉布局应该基于真实世界的隐喻。

5）以不断进展的方式揭示信息。

（3）保持界面的一致性。

1）允许用户将当前任务放入有意义的语境。

2）在应用系列内保持一致性。

3）如过去的交互模型已建立起了用户期望，除非有迫不得已的理由，不要去改变它。

### 7.2.4　测试基础知识

1．测试原则

（1）应尽早并不断地进行测试。

（2）测试工作应该避免由原开发软件的人或小组承担。

（3）在设计测试方案时，不仅要确定输入数据，而且要根据系统功能确定预期的输出结果。

（4）既包含有效、合理的测试用例，也包含不合理、失效的用例。

（5）检验程序是否做了该做的事，且是否做了不该做的事。

（6）严格按照测试计划进行。

（7）妥善保存测试计划和测试用例。

（8）测试用例可以重复使用或追加测试。

2．测式类型

测试类型按照是否在计算机上运行程序，可以分为两大类：

（1）动态测试：程序运行时测试，分为以下 3 种方法。

黑盒测试法：功能性测试，不了解软件代码结构，根据功能设计用例，测试软件功能。

白盒测试法：结构性测试，明确代码流程，根据代码逻辑设计用例，进行用例覆盖。

灰盒测试法：即既有黑盒，也有白盒。

（2）静态测试：程序静止时即对代码进行人工审查，分为以下 3 种方法。

桌前检查：程序员检查自己编写的程序，在程序编译后，单元测试前。

代码审查：由若干个程序员和测试人员组成评审小组，通过召开程序评审会来进行审查。

代码走查：也是采用开会的形式来对代码进行审查，但并非简单的检查代码，而是由测试人员提供测试用例，让程序员扮演计算机的角色，手动运行测试用例，检查代码逻辑。

3．测试策略

（1）自底向上：从最底层模块开始测试，需要编写驱动程序，而后开始逐一合并模块，最终完成整个系统的测试。优点是较早地验证了底层模块。

（2）自顶向下：先测试整个系统，需要编写桩程序，而后逐步向下直至最后测试最底层模块。优点是较早地验证了系统的主要控制和判断点。

（3）三明治：既有自底向上也有自顶向下的测试方法。兼有二者的优点，缺点是测试工作量大。

4．测试阶段

（1）单元测试：也称为模块测试，测试的对象是可独立编译或汇编的程序模块、软件构件或 OO 软件中的类（统称为模块），测试依据是软件详细设计说明书。

（2）集成测试：目的是检查模块之间，以及模块和已集成的软件之间的接口关系，并验证已集成的软件是否符合设计要求。测试依据是软件概要设计文档。

（3）确认测试：主要用于验证软件的功能、性能和其他特性是否与用户需求一致。根据用户的参与程度，通常包括以下类型：

1）内部确认测试：主要由软件开发组织内部按照 SRS 进行测试。

2）Alpha 测试：用户在开发环境下进行测试。

3）Beta 测试：用户在实际使用环境下进行测试，通过该测试后，产品才能交付用户。

4）验收测试：针对 SRS，在交付前以用户为主进行的测试。其测试对象为完整的、集成的计算机系统。验收测试的目的是在真实的用户工作环境下，检验软件系统是否满足开发技术合同或 SRS。验收测试的结论是用户确定是否接收该软件的主要依据。除应满足一般测试的准入条件外，在进行验收测试之前，应确认被测软件系统已通过系统测试。

（4）系统测试：测试对象是完整的、集成的计算机系统；测试的目的是在真实系统工作环境下，验证完成的软件配置项能否和系统正确连接，并满足系统/子系统设计文档和软件开发合同规定的要求。测试依据是用户需求或开发合同。

主要内容包括功能测试、健壮性测试、性能测试、用户界面测试、安全性测试、安装与反安装测试等，其中，最重要的工作是进行功能测试与性能测试。功能测试主要采用黑盒测试方法；性能测试主要指标有响应时间、吞吐量、并发用户数和资源利用率等。

（5）配置项测试：测试对象是软件配置项，测试目的是检验软件配置项与 SRS 的一致性。测试的依据是 SRS。在此之前，应确认被测软件配置项已通过单元测试和集成测试。

（6）回归测试：测试目的是测试软件变更之后，变更部分的正确性和对变更需求的符合性，以及软件原有的、正确的功能、性能和其他规定的要求的不损害性。

5. 测试用例设计

黑盒测试用例：将程序看做一个黑盒子，只知道输入、输出，不知道内部代码，由此设计出测试用例，分为以下几类：

（1）等价类划分：把所有的数据按照某种特性进行归类，而后在每类的数据里选取一个即可。等价类测试用例的设计原则是设计一个新的测试用例，使其尽可能多地覆盖尚未被覆盖的有效等价类，重复这一步，直到所有的有效等价类都被覆盖为止；设计一个新的测试用例，使其仅覆盖一个尚未被覆盖的无效等价类，重复这一步，直到所有的无效等价类都被覆盖为止。

（2）边界值划分：将每类的边界值作为测试用例，边界值一般为范围的两端值以及在此范围之外的与此范围间隔最小的两个值，如年龄范围为 0～150，边界值为 0、150、-1、151。

（3）错误推测：没有固定的方法，凭经验而言，来推测有可能产生问题的地方，作为测试用例进行测试。

（4）因果图：由一个结果来反推原因的方法，具体结果具体分析，没有固定方法。

白盒测试用例：知道程序的代码逻辑，按照程序的代码语句来设计覆盖代码分支的测试用例，覆盖级别从低至高分为以下几种：

（1）语句覆盖（SC）：逻辑代码中的所有语句都要被执行一遍，覆盖层级最低，因为执行了所有的语句，不代表执行了所有的条件判断。

（2）判定覆盖（DC）：逻辑代码中的所有判断语句的条件的真假分支都要覆盖一次。

（3）条件判定覆盖（CC）：针对每一个判断条件内的每一个独立条件都要执行一遍真和假。

（4）条件判定组合覆盖（CDC）：同时满足判定覆盖和条件覆盖。

（5）路径覆盖：逻辑代码中的所有可行路径都覆盖了，覆盖层级最高。

白盒测试实例如图 7-7 所示。

白盒测试的测试用例举例如下。

语句覆盖：X=4，Y=2，Z=0sacbed

判定覆盖（分支覆盖）：

X=1，Y=3，Z=0　　sacbd

X=3，Y=2，Z=1　　sabed

条件覆盖：

X=1，Y=2，Z=0　　sacbed

X=2，Y=1，Z=1　　sabed

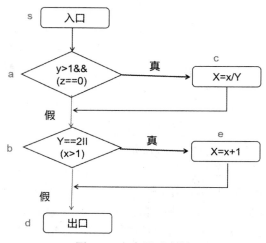

图 7-7　白盒测试实例

条件判定覆盖：

X=4，Y=2，Z=0　sacbed

X=1，Y=1，Z=1　sabd

条件判定组合覆盖：

两个条件，4 种组合，如下：

X=4，Y=2，Z=0　sacbed

X=1，Y=2，Z=1　sabed

X=2，Y=1，Z=0　sabed

X=1，Y=1，Z=1　sabd

路径覆盖：

X=1，Y=1，Z=1　sabd

X=3，Y=2，Z=0　sacbed

X=3，Y=3，Z=0　sacbd

X=1，Y=2，Z=1　sabed

6. 调试

（1）测试与调试的区别。

1）测试是发现错误，调试是找出错误的代码和原因。

2）调试需要确定错误的准确位置；确定问题的原因并设法改正；改正后要进行回归测试。

（2）调试的方法。

1）蛮力法：又称为穷举法或枚举法，穷举出所有可能的方法一一尝试。

2）回溯法：又称为试探法，按选优条件向前搜索，以达到目标，当发现原先选择并不优或达不到目标时，就退回一步重新选择。

3）演绎法：是由一般到特殊的推理方法，与"归纳法"相反，从一般性的前提出发，得出具体陈述或个别结论的过程。

4）归纳法：是由特殊到一般的推理方法，从测试所暴露的问题出发，收集所有正确或不正确的数据，分析它们之间的关系，提出假想的错误原因，用这些数据来证明或反驳，从而查出错误所在。

7．软件度量

（1）软件的两种属性。外部属性指面向管理者和用户的属性，可直接测量，一般为性能指标。内部属性指软件产品本身的属性，如可靠性等，只能间接测量。

（2）McCabe 度量法，又称环路复杂度。假设有向图中有向边数为 $m$，节点数为 $n$，则此有向图的环路复杂度为 $m\text{-}n\text{+}2$。

注意 $m$ 和 $n$ 代表的含义不能混淆，可以用一个最简单的环路来做特殊值记忆此公式，另外，针对一个程序流程图，每一个分支边（连线）就是一条有向边，每一条语句（语句框）就是一个顶点。

## 7.2.5　系统运行与维护

1．系统转换

（1）遗留系统是指任何基本上不能进行修改和演化以满足新的变化的业务需求的信息系统，它通常具有以下特点：

1）系统虽然完成企业中许多重要的业务管理工作，但仍然不能完全满足要求。一般实现业务处理电子化及部分企业管理功能，很少涉及经营决策。

2）系统在性能上已经落后，采用的技术已经过时。例如，多采用主机/终端形式或小型机系统，软件使用汇编语言或第三代程序设计语言的早期版本开发，使用文件系统而不是数据库。

3）通常是大型的软件系统，已经融入企业的业务运作和决策管理机制之中，维护工作十分困难。

4）没有使用现代信息系统建设方法进行管理和开发，现在基本上已经没有文档，很难理解。

针对遗留系统，有如图 7-8 所示的 4 种处理方法。

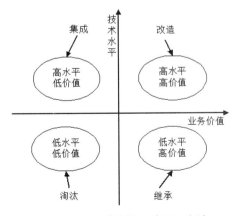

图 7-8　遗留系统的 4 种处理方法

（2）系统转换是指新系统开发完毕，投入运行，取代现有系统的过程，需要考虑多方面的问题，以实现与老系统的交接，有以下 3 种转换计划：

1）直接转换：现有系统被新系统直接取代了，风险很大，适用于新系统不复杂，或者现有系统已经不能使用的情况。优点是节省成本。

2）并行转换：新系统和老系统并行工作一段时间，新系统经过试运行后再取代，若新系统在试运行过程中有问题，也不影响现有系统的运行，风险极小，在试运行过程中还可以比较新老系统的性能，适用于大型系统。缺点是耗费人力和时间资源，难以控制两个系统间的数据转换。

3）分段转换：分期分批逐步转换，是直接和并行转换的集合，将大型系统分为多个子系统，依次试运行每个子系统，成熟一个子系统，就转换一个子系统。同样适用于大型项目，只是更耗时，而且现有系统和新系统间混合使用，需要协调好接口等问题。

（3）数据转换与迁移：将数据从旧数据库迁移到新数据库中。要在新系统中尽可能地保存旧系统中合理的数据结构，才能降低迁移的难度。也有系统切换前通过工具迁移、系统切换前采用手工录入、系统切换后通过新系统生成 3 种方法。

2．系统维护概述

系统的可维护性可以定义为维护人员理解、改正、改动和改进这个软件的难易程度，其评价指标如下：

（1）易分析性。软件产品诊断软件中的缺陷或失效原因或识别待修改部分的能力。

（2）易改变性。软件产品使指定的修改可以被实现的能力，实现包括编码、设计和文档的更改。

（3）稳定性。软件产品避免由于软件修改而造成意外结果的能力。

（4）易测试性。软件产品使已修改软件能被确认的能力。

（5）维护性的依从性。软件产品遵循与维护性相关的标准或约定的能力。

系统维护包括硬件维护、软件维护和数据维护，其中软件维护类型如下：

（1）正确性维护：发现了 bug 而进行的修改。

（2）适应性维护：由于外部环境发生了改变，被动进行的对软件的修改和升级。

（3）完善性维护：基于用户主动对软件提出更多的需求，修改软件，增加更多的功能，使其比之前的软件功能、性能更高，更加完善。

（4）预防性维护：对未来可能发生的 bug 进行预防性修改。

# 7.3  课后演练（精选真题）

● 某软件企业在项目开发过程中目标明确，实施过程遵守既定的计划与流程，资源准备充分，权责到人，对整个流程进行严格的监测、控制与审查，符合企业管理体系与流程制度。因此，该企业达到了 CMMI 评估的  (1)  。（**2021 年 11 月第 22 题**）

（1）A．可重复级        B．已定义级        C．量化级        D．优化级

● 产品配置是指一个产品在其生命周期各个阶段所产生的各种形式（机器可读或人工可读）和

各种版本的 __（2）__ 的集合。（**2021 年 11 月第 23 题**）

（2）A．需求规格说明、设计说明、测试报告

　　　B．需求规格说明、设计说明、计算机程序

　　　C．设计说明、用户手册、计算机程序

　　　D．文档、计算机程序、部件及数据

● 需求管理的主要活动包括 __（3）__ 。（**2021 年 11 月第 24 题**）

（3）A．变更控制、版本控制、需求跟踪、需求状态跟踪

　　　B．需求获取、变更控制、版本控制、需求跟踪

　　　C．需求获取、需求建模、变更控制、版本控制

　　　D．需求获取、需求建模、需求评审、需求跟踪

● __（4）__ 包括编制每个需求与系统元素之间的联系文档，这些元素包括其他需求、体系结构、设计部件、源代码模块、测试、帮助文件和文档等。（**2021 年 11 月第 25 题**）

（4）A．需求描述　　　B．需求分析　　　C．需求获取　　　D．需求跟踪

● 根据传统的软件生命周期方法学，可以把软件生命周期划分为 __（5）__ 。（**2021 年 11 月第 26 题**）

（5）A．软件定义、软件开发、软件测试、软件维护

　　　B．软件定义、软件开发、软件运行、软件维护

　　　C．软件分析、软件设计、软件开发、软件维护

　　　D．需求获取、软件设计、软件开发、软件测试

● 以下关于敏捷方法的描述中，不属于敏捷方法核心思想的是 __（6）__ 。（**2021 年 11 月第 27 题**）

（6）A．敏捷方法是适应型，而非可预测型

　　　B．敏捷方法以过程为本

　　　C．敏捷方法是以人为本，而非以过程为本

　　　D．敏捷方法是迭代增量式的开发过程

● RUP（Rational Unified Process）软件开发生命周期是一个二维的软件开发模型，其中，RUP 的 9 个核心工作流中不包括 __（7）__ 。（**2021 年 11 月第 28 题**）

（7）A．业务建模　　　B．配置与变更管理　　　C．成本　　　D．环境

● 在软件开发和维护过程中，一个软件会有多个版本，__（8）__ 工具用来存储、更新、恢复和管理一个软件的多个版本。（**2021 年 11 月第 29 题**）

（8）A．软件测试　　　B．版本控制　　　C．UML 建模　　　D．逆向工程

● 结构化设计是一种面向数据流的设计方法，以下不属于结构化设计工具的是 __（9）__ 。（**2021 年 11 月第 30 题**）

（9）A．盒图　　　B．HIPO 图　　　C．顺序图　　　D．程序流程图

● 软件设计过程中，可以用耦合和内聚两个定性标准来衡量模块的独立程度，耦合衡量不同模块彼此间互相依赖的紧密程度，应采用以下设计原则 __（10）__ ，内聚衡量一个模块内部各个元素彼此结合的紧密程度，以下属于高内聚的是 __（11）__ 。（**2021 年 11 月第 31～32 题**）

（10）A. 尽量使用内容耦合、少用控制耦合和特征耦合、限制公共环境耦合的范围、完全不用数据耦合

B. 尽量使用数据耦合、少用控制耦合和特征耦合、限制公共环境耦合的范围、完全不用内容耦合

C. 尽量使用控制耦合、少用数据耦合和特征耦合、限制公共环境耦合的范围、完全不用内容耦合

D. 尽量使用特征耦合、少用数据耦合和控制耦合、限制公共环境耦合的范围、完全不用内容耦合

（11）A. 偶然内聚　　　B. 时间内聚　　　C. 功能内聚　　　D. 逻辑内聚

● 使用 McCabe 方法可以计算程序流程图的环路复杂度，下图的环路复杂度为　（12）　。（**2021年 11 月第 34 题**）

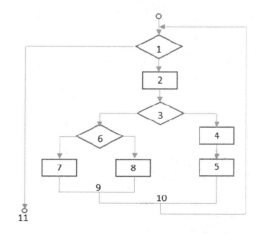

（12）A. 3　　　　　　B. 4　　　　　　C. 5　　　　　　D. 6

● 软件测试是保障软件质量的重要手段。　（13）　是指被测试程序不在机器上运行，而采用人工监测和计算机辅助分析的手段对程序进行监测。　（14）　也称为功能测试，不考虑程序的内部结构和处理算法，只检查软件功能是否能按照要求正常使用。（**2021 年 11 月第 42～43 题**）

（13）A. 静态测试　　　B. 动态测试　　　C. 黑盒测试　　　D. 白盒测试

（14）A. 系统测试　　　B. 集成测试　　　C. 黑盒测试　　　D. 白盒测试

● 软件文档可分为用户文档和　（15）　。其中用户文档主要描述　（16）　和使用方法。（**2020 年11 月第 15～16 题**）

（15）A. 操作系统文档　B. 需求文档　　　C. 标准文档　　　D. 实现文档

（16）A. 操作系统实现　B. 操作系统设计　C. 操作系统功能　D. 操作系统测试

● 软件需求开发的最终文档，通过评审后定义了开发工作的　（17）　，它在客户和开发者之间构筑了产品功能需求和非功能需求的一个　（18）　，是需求开发和需求管理之间的桥梁。（**2020年 11 月第 17～18 题**）

(17) A．需求基线　　　　B．需求标准　　　　C．需求用例　　　　D．需求分析

(18) A．需求用例　　　　B．需求管理标准　　C．需求约定　　　　D．需求变更

● 软件活动主要包括软件描述、__(19)__、软件有效性验证和__(20)__，__(21)__定义了软件功能及使用限制。（**2020 年 11 月第 19～21 题**）

(19) A．软件模型　　　　B．软件需求　　　　C．软件分析　　　　D．软件开发

(20) A．软件分析　　　　B．软件测试　　　　C．软件演义　　　　D．软件进化

(21) A．软件分析　　　　B．软件测试　　　　C．软件描述　　　　D．软件开发

## 7.4　课后演练答案解析

(1) **参考答案：B**

🔑**解析**　流程清晰职责分明，已经定义了标准规范制度，但是还没达到量化。

(2) **参考答案：D**

🔑**解析**　考点为配置项的定义，典型的配置项有软件生命周期文档、计算机程序、部件及数据等，D 项最全面。

(3) **参考答案：A**

🔑**解析**　注意题干问的是需求管理，不是需求开发。

(4) **参考答案：D**

🔑**解析**　需求和系统元素之间的联系，是需求跟踪。

(5) **参考答案：B**

🔑**解析**　本题考查软件生命周期的定义，记住即可。

(6) **参考答案：B**

🔑**解析**　敏捷开发强调以人为本。

(7) **参考答案：C**

🔑**解析**　9 个核心工作流分别是业务建模、需求、分析与设计、实现、测试、部署、配置与变更管理、项目管理、环境。可以按照生命周期开发阶段来理解并记住。

(8) **参考答案：B**

🔑**解析**　版本控制工具用来存储、更新、恢复和管理一个软件的多个版本。

(9) **参考答案：C**

🔑**解析**　顺序图是面向对象 UML 里的图。

(10)(11) **参考答案：B　C**

🔑**解析**　高内聚、低耦合原则，数据耦合程度仅高于非直接耦合，应该多用，其他的少用。功能内聚是程度最高的。

(12) **参考答案：B**

🔑**解析**　判定节点个数+1=3+1=4。求环路复杂度的算法，可以用求闭区间+1 的方式，封闭区

间有 3 个，然后 3+1=4，所以环路复杂度为 4。

（13）（14）**参考答案**：A　C

🔑**解析**　静态测试是指被测试程序不在机器上运行，而采用人工监测和计算机辅助分析的手段对程序进行监测。黑盒测试也称为功能测试，不考虑程序的内部结构和处理算法，只检查软件功能是否能按照要求正常使用。

（15）（16）**参考答案**：A　C

🔑**解析**　软件系统的文档可以分为用户文档和系统文档。用户文档包括功能描述。

（17）（18）**参考答案**：A　C

🔑**解析**　需求评审之后形成需求基线，是客户和开发者之间的约定。

（19）（20）（21）**参考答案**：D　D　C

🔑**解析**　软件活动主要包括软件描述、软件开发、软件有效性验证和软件进化，软件描述定义了软件功能及使用限制。

# 第**8**章
# 项目管理

## 8.1 备考指南

项目管理主要考查的是时间管理、范围管理、质量管理、软件配置管理等相关知识，同时也是重点考点，在系统架构设计师的考试中选择题占 2~4 分，案例分析中主要考查关键路径的技术问题，论文有时也会考到，属于重点章节之一。

## 8.2 考点梳理及精讲

### 8.2.1 范围管理

范围管理确定在项目内包括什么工作和不包括什么工作，由此界定的项目范围在项目的全生命周期内可能因种种原因而变化，项目范围管理也要管理项目范围的这种变化。项目范围的变化也叫变更。

对项目范围的管理，是通过 5 个管理过程来实现的：

（1）规划范围管理（编制范围管理计划）。对如何定义、确认和控制项目范围的过程进行描述。

（2）定义范围。详细描述产品范围和项目范围，编制项目范围说明书，作为以后项目决策的基础。其输入包括：项目章程、项目范围管理计划、组织过程资产、批准的变更申请。

（3）创建工作分解结构。把整个项目工作分解为较小的、易于管理的组成部分，形成一个自上而下的分解结构。

（4）确认范围。正式验收已完成的可交付成果。

（5）范围控制。监督项目和产品的范围状态、管理范围基准变更。

产品范围是指产品或者服务所应该包含的功能，产品范围是否完成，要根据产品是否满足了产品描述来判断。产品范围是项目范围的基础，产品范围的定义是产品要求的描述。

项目范围是指为了能够交付产品，项目所必须做的工作。项目范围的定义是产生项目管理计划的基础。判断项目范围是否完成，要以范围基准来衡量。项目的范围基准是经过批准的项目范围说明书、WBS 和 WBS 词典。

产品范围描述是项目范围说明书的重要组成部分，因此，产品范围变更后，首先受到影响的是项目的范围。

WBS 将项目整体或者主要的可交付成果分解成容易管理、方便控制的若干个子项目或者工作包，子项目需要继续分解为工作包，持续这个过程，直到整个项目部分解为可管理的工作包，这些工作包的总和是项目的所有工作范围。

### 8.2.2 进度管理

进度管理就是采用科学的方法，确定进度目标，编制进度计划和资源供应计划，进行进度控制，在与质量、成本目标协调的基础上，实现工期目标。

1. 进度管理过程

进度管理过程具体来说，包括以下过程：

（1）活动定义：确定完成项目各项可交付成果而需要开展的具体活动。

（2）活动排序：识别和记录各项活动之间的先后关系和逻辑关系。

（3）活动资源估算：估算完成各项活动所需要的资源类型和效益。

（4）活动历时估算：估算完成各项活动所需要的具体时间。

（5）进度计划编制：分析活动顺序、活动持续时间、资源要求和进度制约因素，制订项目进度计划。

（6）进度控制：根据进度计划开展项目活动，如果发现偏差，则分析原因或进行调整。

2. 活动资源估算的方法

进行活动资源估算的方法主要有专家判断法、替换方案的确定、公开的估算数据、估算软件和自下而上的估算。

（1）专家判断法。专家判断法通常是由项目管理专家根据以往类似项目的经验和对本项目的判断，经过周密思考，进行合理预测，从而估算出项目资源。

（2）替换方案的确定。资源估算是为了给项目预算明确空间，为早期的资源筹备提供数据，如果某项活动存在替代方案，或提供的资源有替代支持可能，则需要明确声明。

（3）公开的估算数据。有些公司会定期地公开一些生产率或人工费率数据，其中包括很多国家和地区的劳动力交易、材料和设备信息。

（4）估算软件。依靠软件的强大功能，可以定义资源可用性、费率，以及不同的资源日历。

（5）自下而上的估算。把复杂的活动分解为更小的工作，以便于资源估算。将每项工作所需要的资源估算出来，然后汇总即是整个活动所需要的资源数量。

3. COCOMO 模型

**COCOMO 模型**是常见的软件规模估算方法。常用的代码行分析方法作为其中一种度量估计单位，以代码行数估算出每个程序员工作量，累加得软件成本。

模型按其详细程度可以分为三级：

（1）基本 COCOMO 模型。是一个静态单变量模型，它用一个以已估算出来的原代码行数（LOC）为自变量的经验函数计算软件开发工作量。

（2）中间 COCOMO 模型。在基本 COCOMO 模型的基础上，再用涉及产品、硬件、人员、项目等方面的影响因素调整工作量的估算。

（3）详细 COCOMO 模型。包括中间 COCOMO 模型的所有特性，将软件系统模型分为系统、子系统和模块 3 个层次，更进一步考虑了软件工程中每一步骤（如分析、设计）的影响。

4. COCOMO Ⅱ 模型

**COCOMO Ⅱ 模型**是 COCOMO 的升级，也是以软件规模作为成本的主要因素，考虑多个成本驱动因子。该方法包括三个阶段性模型，即应用组装模型、早期设计阶段模型和体系结构阶段模型。包含对象点、功能点和代码行 3 种不同规模估算选择。

进度安排的常用图形描述方法有 Gantt 图（甘特图）和项目计划评审技术（Program Evaluation & Review Technique，PERT）图，分别如图 8-1 和图 8-2 所示。

图 8-1　甘特图

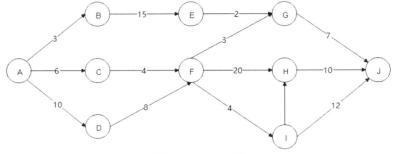

图 8-2　PERT 图

5. 关键路径法

关键路径是项目的最短工期，但却是从开始到结束时间最长的路径。进度网络图中可能有多条关键路径，因为活动会变化，因此关键路径也在不断变化中。

关键活动是关键路径上的活动，最早开始时间=最晚开始时间。

通常，每个节点的活动会有如下几个时间：

（1）最早开始时间（Earliset Start time，ES），某项活动能够开始的最早时间。

（2）最早结束时间（Earliest Finish time，EF），某项活动能够完成的最早时间。EF=ES+工期。

（3）最迟结束时间（Latest Finish time，LF）。为了使项目按时完成，某项活动必须完成的最迟时间。

（4）最迟开始时间（Latest Start time，LS）。为了使项目按时完成，某项活动必须开始的最迟时间。LS=LF-工期。这几个时间通常作为每个节点的组成部分。

（5）顺推：最早开始（ES）=所有前置活动最早完成（EF）的最大值；最早完成（EF）=最早开始（ES）+持续时间。

（6）逆推：最晚完成（LF）=所有后续活动最晚开始（LS）的最小值；最晚开始（LS）=最晚完成（LF）-持续时间。

关键路径推导实例如图 8-3 所示。

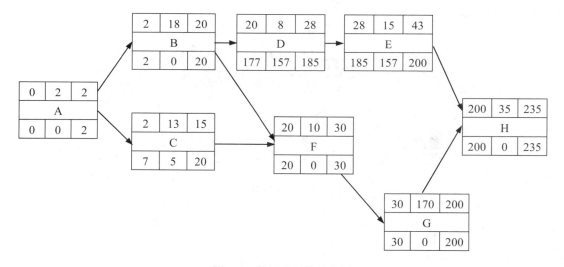

图 8-3　关键路径推导实例

（7）总浮动时间（松弛时间）：在不延误项目完工时间且不违反进度制约因素的前提下，活动可以从最早开始时间推迟或拖延的时间量，就是该活动的进度灵活性。正常情况下，关键活动的总浮动时间为零。

（8）总浮动时间=最迟开始（LS）-最早开始（ES）或最迟完成（LF）-最早完成（EF）或关键路径-非关键路径时长。

（9）自由浮动时间：是指在不延误任何紧后活动的最早开始时间且不违反进度制约因素的前提下，活动可以从最早开始时间推迟或拖延的时间量。

（10）自由浮动时间=紧后活动最早开始时间的最小值-本活动的最早完成时间。

## 8.2.3  成本管理

项目成本管理是在整个项目的实施过程中，为确保项目在批准的预算条件下尽可能保质按期完成，而对所需的各个过程进行管理与控制。

1.  成本管理过程

项目成本管理包括成本估算、成本预算和成本控制 3 个过程。

（1）成本估算是对完成项目所需成本的估计和计划，是项目计划中的一个重要的、关键的、敏感的部分；成本估算主要靠分解和类推的手段进行，基本估算方法有自顶向下的估算、自底向上的估算和差别估算法。

（2）成本预算是把估算的总成本分配到项目的各个工作包，建立成本基准计划以衡量项目绩效；应急储备和管理储备。

（3）成本控制保证各项工作在各自的预算范围内进行。

2.  成本的类型

成本的类型有如下几种：

（1）可变成本：随着生产量、工作量或时间而变的成本为可变成本。可变成本又称变动成本。

（2）固定成本：不随生产量、工作量或时间的变化而变化的非重复成本为固定成本。

（3）直接成本：直接可以归属于项目工作的成本为直接成本。如项目团队差旅费、工资、项目使用的物料及设备使用费等。

（4）间接成本：来自一般管理费用科目或几个项目共同担负的项目成本所分摊给本项目的费用，就形成了项目的间接成本，如税金、额外福利和保卫费用等。

（5）机会成本：是利用一定的时间或资源生产一种商品时，而失去的利用这些资源生产其他最佳替代品的机会，泛指一切在做出选择后其中一个最大的损失。

（6）沉没成本：是指由于过去的决策已经发生了的，而不能由现在或将来的任何决策改变的成本。沉没成本是一种历史成本，对现有决策而言是不可控成本，会很大程度上影响人们的行为方式与决策，在投资决策时应排除沉没成本的干扰。

3.  学习曲线

**学习曲线**：重复生成产品时，产品的单位成本会随着产量的扩大呈现规律性递减。估算成本时，也要考虑此因素。

## 8.2.4  软件配置管理

**配置管理**是为了系统地控制配置变更，在系统的整个生命周期中维持配置的完整性和可跟踪性，而标识系统在不同时间点上配置的学科。配置管理是应用技术的和管理的指导和监控方法以标识和说明配置项的功能和物理特征，控制这些特征的变更，记录和报告变更处理和实现状态并验证与规定的需求的遵循性。

1. 配置管理活动

配置管理包括 6 个主要活动：制订配置管理计划、配置标识、配置控制、配置状态报告、配置审计、发布管理和交付。

2. 配置项

配置项是为配置管理设计的硬件、软件或二者的集合，在配置管理过程中作为一个单个实体来对待。

以下内容都可以作为配置项进行管理：外部交付的软件产品和数据、指定的内部软件工作产品和数据、指定的用于创建或支持软件产品的支持工具、供方/供应商提供的软件和客户提供的设备/软件。典型配置项包括项目计划书、需求文档、设计文档、源代码、可执行代码、测试用例、运行软件所需的各种数据，它们经评审和检查通过后进入配置管理。

每个配置项的主要属性有：名称、标识符、文件状态、版本、作者、日期等。

配置项可以分为基线配置项和非基线配置项两类，例如，基线配置项可能包括所有的设计文档和源程序等；非基线配置项可能包括项目的各类计划和报告等。

所有配置项的操作权限应由 CMO（配置管理员）严格管理，基本原则是：基线配置项向开发人员开放读取的权限；非基线配置项向 PM、CCB 及相关人员开放。

3. 配置项的状态

**配置项的状态**可分为"草稿""正式"和"修改"3 种。配置项刚建立时，其状态为"草稿"。配置项通过评审后，其状态变为"正式"。此后若更改配置项，则其状态变为"修改"。当配置项修改完毕并重新通过评审时，其状态又变为"正式"，如图 8-4 所示。

图 8-4　配置项的状态

4. 配置项版本号

（1）处于"草稿"状态的配置项的版本号格式为 0.YZ，YZ 的数字范围为 01～99。随着草稿的修正，YZ 的取值应递增。YZ 的初值和增幅由用户自己把握。

（2）处于"正式"状态的配置项的版本号格式为 X.Y，X 为主版本号，取值范围为 1～9。Y 为次版本号，取值范围为 0～9。

配置项第一次成为"正式"文件时，版本号为1.0。

如果配置项升级幅度比较小，可以将变动部分制作成配置项的附件，附件版本依次为 1.0，1.1，…。当附件的变动积累到一定程度时，配置项的 Y 值可适量增加，Y 值增加一定程度时，X 值将适量增加。当配置项升级幅度比较大时，才允许直接增大 X 值。

（3）处于"修改"状态的配置项的版本号格式为 X.YZ。配置项正在修改时，一般只增大 Z 值，X.Y 值保持不变。当配置项修改完毕，状态成为"正式"时，将 Z 值设置为0，增加 X.Y 值。参见上页规则（2）。

5. 配置项版本管理

在项目开发过程中，绝大部分的配置项都要经过多次的修改才能最终确定下来。对配置项的任何修改都将产生新的版本。由于不能保证新版本一定比旧版本"好"，所以不能抛弃旧版本。版本管理的目的是按照一定的规则保存配置项的所有版本，避免发生版本丢失或混淆等现象，并且可以快速准确地查找到配置项的任何版本。

6. 配置基线

**配置基线（常简称为基线）**由一组配置项组成，这些配置项构成一个相对稳定的逻辑实体。基线中的配置项被"冻结"了，不能再被任何人随意修改。对基线的变更必须遵循正式的变更控制程序。

基线通常对应于开发过程中的里程碑，一个产品可以有多个基线，也可以只有一个基线。交付给外部顾客的基线一般称为发行基线（Release），内部开发使用的基线一般称为构造基线（Build）。

一组拥有唯一标识号的需求、设计、源代码文卷以及相应的可执行代码、构造文卷和用户文档构成一条基线。产品的一个测试版本（可能包括需求分析说明书、概要设计说明书、详细设计说明书、已编译的可执行代码、测试大纲、测试用例、使用手册等）是基线的一个例子。

对于每一个基线，要定义下列内容：建立基线的时间、受控的配置项、建立和变更基线的程序、批准变更基线所需的权限。在项目实施过程中，每个基线都要纳入配置控制，对这些基线的更新只能采用正式的变更控制程序。

建立基线还可以有如下好处：

（1）基线为开发工作提供了一个定点和快照。

（2）新项目可以在基线提供的定点上建立。新项目作为一个单独分支，将与随后对原始项目（在主要分支上）所进行的变更进行隔离。

（3）当认为更新不稳定或不可信时，基线为团队提供一种取消变更的方法。

（4）可以利用基线重新建立基于某个特定发布版本的配置，以重现已报告的错误。

7. 配置库

**配置库**存放配置项并记录与配置项相关的所有信息，是配置管理的有力工具。配置库的主要作用：

（1）记录与配置相关的所有信息，其中存放受控的软件配置项是很重要的内容。

（2）利用库中的信息可评价变更的后果，这对变更控制有着重要的意义。

（3）从库中可提取各种配置管理过程的管理信息。

使用配置库可以帮助配置管理员把信息系统开发过程的各种工作产品,包括半成品或阶段产品和最终产品管理得井井有条,使其不致管乱、管混、管丢。

配置库可以分开发库、受控库、产品库 3 种类型。

(1)开发库,也称为动态库、程序员库或工作库,用于保存开发人员当前正在开发的配置实体,如新模块、文档、数据元素或进行修改的已有元素。动态中的配置项被置于版本管理之下。动态库是开发人员的个人工作区,由开发人员自行控制。库中的信息可能有较为频繁的修改,只要开发库的使用者认为有必要,无需对其进行配置控制,因为这通常不会影响到项目的其他部分。可以任意修改。

(2)受控库,也称为主库,包含当前的基线加上对基线的变更。受控库中的配置项被置于完全的配置管理之下。在信息系统开发的某个阶段工作结束时,将当前的工作产品存入受控库。可以修改,需要走变更流程。

(3)产品库,也称为静态库、发行库、软件仓库,包含已发布使用的各种基线的存档,被置于完全的配置管理之下。在开发的信息系统产品完成系统测试之后,作为最终产品存入产品库内,等待交付用户或现场安装。一般不再修改,真要修改的话需要走变更流程。

### 8.2.5 质量管理

质量是软件产品特性的综合,表示软件产品满足明确(基本需求)或隐含(期望需求)要求的能力。质量管理是指确定质量方针、目标和职责,并通过质量体系中的质量计划、质量控制、质量保证和质量改进来使其实现的所有管理职能的全部活动。

1. 质量管理过程

质量管理主要包括以下过程:

(1)质量规划:识别项目及其产品的质量要求和标准,并书面描述项目将如何达到这些要求和标准的过程。

(2)质量保证:一般是每隔一定时间(例如,每个阶段末)进行的,主要通过系统的质量审计(软件评审)和过程分析来保证项目的质量。

(3)质量控制:实时监控项目的具体结果,以判断它们是否符合相关质量标准,制订有效方案,以消除产生质量问题的原因。

2. 质量特性及子特性的定义

根据《信息技术 软件产品评价 质量特性及其使用指南》(GB/T 16260—2002),质量特性及子特性的定义见表 8-1。

3. 软件评审

软件评审的目的是提升质量,尤其是设计质量和程序质量。设计的规格说明书符合用户标准,称为设计质量。

程序按照设计规格说明书所规定的情况正确执行,称为程序质量。

表 8-1   质量特性及子特性的定义

| 质量特性及定义 | 质量子特性及定义 |
|---|---|
| 功能性：一组功能及其指定的性质有关的一组属性 | 适合性：与规定任务能否提供一组功能及这组功能的适合程度有关的软件属性 |
| | 准确性：与能否得到正确或相符的结果或效果有关的软件属性 |
| | 互用性/互操作性：与其他指定系统进行交互的能力有关的软件属性 |
| | 依从性：使软件遵循有关标准、法律、法规及类似规定的软件属性 |
| | 安全性：防止对程序及数据的非授权的故意或意外访问的能力 |
| 可靠性：在规定的一段时间和条件下，软件维持其性能水平有关的一组软件属性 | 成熟性：与由软件故障引起失效的频度有关的软件属性 |
| | 容错性：与在软件故障或违反指定接口情况下，维持规定的性能水平的能力有关的软件属性 |
| | 易恢复性：在失效发生后，重新建立其性能水平、恢复直接受影响数据的能力，以及为达到此目的所需的时间和努力有关的软件属性 |
| 可用性：与使用的难易程度及规定或隐含用户对使用方式所做的评价有关的软件属性 | 易理解性：与用户为认识逻辑概念及其应用范围所花的努力有关的软件属性 |
| | 易学性：与用户为学习使用该软件系统所花的努力有关的软件属性 |
| | 易操作性：与用户为操作和运行控制所花的努力有关的软件属性 |
| 效率：与在规定条件下，软件的性能水平和所用资源之间的关系有关的一组软件属性 | 时间特性：与软件执行其功能时相应和处理时间以及吞吐量有关的软件属性 |
| | 资源特性：与在软件执行其功能时，所使用的资源量及使用资源、持续时间有关的软件属性 |
| 可维护性：与进行指定的修改所需的努力有关的一组软件属性 | 易分析性：与为诊断缺陷或失效原因、判定待修改的部分所需努力有关的软件属性 |
| | 可修改性：与进行修改、排除错误或适应环境变化所需努力有关的软件属性 |
| | 稳定性：与修改所造成的未预料结果的风险有关的软件属性 |
| | 可测试性：与确认已修改软件所需的努力有关的软件属性 |
| 可移植性：与软件可从某一环境转移到另一环境的能力有关的一组软件属性 | 适应性：与软件无需采用有别于为该软件准备的活动或手段就可能适应不同的规定环境有关的软件属性 |
| | 易安装性：与在指定环境下安装软件所需努力有关的软件属性 |
| | 一致性（遵循性）：使软件遵循与可移植有关的标准或约定的软件属性 |
| | 可替换性：软件在特定环境中用来替代指定的其他软件的可能性和难易程度 |

4. 软件容错技术

容错就是软件遇到错误时的处理能力，实现容错的手段主要是冗余，包括以下 4 种冗余技术。

（1）结构冗余：分为静态、动态、混合冗余 3 种，当错误发生时对错误进行备份处理。

（2）信息冗余：为检错和纠错在数据中加上一段额外的信息，例如校验码原理。

（3）时间冗余：遇到错误时重复执行，例如回滚，重复执行还有错，则转入错误处理逻辑。

（4）冗余附加技术：是指为实现结构、信息和时间冗余技术所需的资源和技术，包括程序、指令、数据、存放和调动它们的空间和通道等。

## 8.2.6 风险管理

风险管理就是要对项目风险进行认真地分析和科学地管理，这样，是能够避开不利条件、少受损失、取得预期的结果并实现项目目标的，能够争取避免风险的发生或尽量减小风险发生后的影响。但是，完全避开或消除风险，或者只享受权益而不承担风险是不可能的。

1. 风险管理过程

风险管理过程包括风险管理计划编制、风险识别、风险定性分析、风险定量分析、风险应对计划编制、风险监控。风险管理计划编制即如何安排与实施项目的风险管理，制订下列各步的计划。

风险识别：识别出项目中已知和可预测的风险，确定风险的来源、产生的条件、描述风险的特征以及哪些项目可以产生风险，形成一个风险列表。

风险定性分析：对已经识别的风险进行排序，确定风险可能性与影响、确定风险优先级、确定风险类型。

风险定量分析：进一步了解风险发生的可能性具体有多大，后果具体有多严重，包括灵敏度分析、期望货币价值分析、决策树分析、蒙特卡罗模拟。

风险应对计划编制：对每一个识别出来的风险分别制订应对措施，这些措施组成的文档称为风险应对计划，包括消极风险（避免策略、转移策略、减轻策略）和积极风险（开拓、分享、强大）。

风险监控：监控风险计划的执行，检测残余风险，识别新的风险，保证风险计划的执行，并评价这些计划对减少风险的有效性。

项目风险指作用于项目上的不确定的事件或条件，既可能产生威胁，也可能带来机会。

通过积极和合理的规划，超过 90%的风险都可以进行提前应对和管理。风险应该尽早识别出来，高层次风险应记录在章程里。应由对风险最有控制力的一方承担相应的风险。

承担风险的程度与所得的回报相匹配，承担的风险要有上限。

2. 风险的属性

（1）随机性：风险事件发生及其后果都具有偶然性（双重偶然），遵循一定的统计规律。

（2）相对性：风险是相对项目活动主体而言的。承受力不同，影响不同。风险承受力影响因素有收益大小（收益越大，越愿意承担风险）；投入大小（投入越大，承受能力越小）；主体的地位和资源（级别高的人能承担较大的风险）。

（3）可变性：条件变化会引起风险变化，包括性质、后果的变化，以及出现新风险。

3. 风险的分类

按照后果的不同，风险可划分为纯粹风险（无任何收益）和投机风险（可能带来收益）。

按风险来源划分，可分为自然风险（天灾）和人为风险（人的活动，又可分为行为风险、经济风险、技术风险、政治和组织风险等）。

按是否可管理划分，可分为可管理风险（如内部多数风险）和不可管理风险（如外部政策），也要看主体管理水平。

按影响范围划分，可分为局部风险（非关键路径活动延误）和总体风险（关键路径活动延误）。

按后果承担者划分，可分为业主、政府、承包商、投资方、设计单位、监理单位、保险公司等。

按可预测性划分，可分为已知风险（已知的进度风险）、可预测风险（可能服务器故障）、不可预测风险（地震、洪水、政策变化等）。

在信息系统项目中，从宏观上来看，风险可以分为项目风险、技术风险和商业风险。

（1）项目风险是指潜在的预算、进度、个人（包括人员和组织）、资源、用户和需求方面的问题，以及它们对项目的影响。项目复杂性、规模和结构的不确定性也构成项目的（估算）风险因素。项目风险威胁到项目计划，一旦项目风险成为现实，可能会拖延项目进度，增加项目的成本。

（2）技术风险是指潜在的设计、实现、接口、测试和维护方面的问题。此外，规格说明的多义性、技术上的不确定性、技术陈旧、最新技术（不成熟）也是风险因素。技术风险威胁到待开发系统的质量和预定的交付时间。如果技术风险成为现实，开发工作可能会变得很困难或根本不可能。

（3）商业风险威胁到待开发系统的生存能力，主要有以下 5 种不同的商业风险：

1）市场风险。开发的系统虽然很优秀但不是市场真正所想要的。

2）策略风险。开发的系统不再符合企业的信息系统战略。

3）销售风险。开发了销售部门不清楚如何推销的系统。

4）管理风险。由于重点转移或人员变动而失去上级管理部门的支持。

5）预算风险。开发过程没有得到预算或人员的保证。

## 8.2.7　组织结构

1. 组织结构模式

**组织结构模式有：**项目型（项目经理绝对领导）、职能型（部门领导为主）、矩阵型（二者结合，既有项目经理也有部门领导，但权力分割不同）。

2. 程序设计小组的组织方式

（1）主程序员制小组。主程序员全权负责，后援工程师必要时能替代主程序员，适合大规模项目。

（2）民主制小组，也即无主程序员小组。成员之间地位平等，任何决策都是全员参与投票，适合于项目规模小、开发人员少、采用新技术和确定性较小的项目。

（3）层次式小组。两个层次：一名组长领导若干个高级程序员；每个高级程序员领导若干个程序员。

# 8.3　课后演练（精选真题）

● 项目时间管理中的过程包括 ___(1)___ 。（**2018 年 11 月第 22 题**）

（1）A．活动定义、活动排序、活动的资源估算和工作进度分解

B．活动定义、活动排序、活动的资源估算、活动历时估算、制订计划和进度控制

C．项目章程、项目范围管理计划、组织过程资产和批准的变更申请

D．生产项目计划、项目可交付物说明、信息系统要求说明和项目度量标准

● 文档是影响软件可维护性的决定因素。软件系统的文档可以分为用户文档和系统文档两类。其中，___(2)___不属于用户文档包括的内容。（**2018 年 11 月第 23 题**）

（2）A．系统设计     B．版本说明     C．安装手册     D．参考手册

● 需求管理是一个对系统需求变更、了解和控制的过程。以下活动中，___(3)___不属于需求管理的主要活动。（**2018 年 11 月第 24 题**）

（3）A．文档管理     B．需求跟踪     C．版本控制     D．变更控制

● 下面关于变更控制的描述中，___(4)___是不正确的。（**2018 年 11 月第 25 题**）

（4）A．变更控制委员会只可以由一个小组担任

B．控制需求变更与项目的其他配置管理决策有着密切的联系

C．变更控制过程中可以使用相应的自动辅助工具

D．变更的过程中，允许拒绝变更

● 项目范围管理中，范围定义的输入包括___(5)___。（**2017 年 11 月第 22 题**）

（5）A．项目章程、项目范围管理计划、产品范围说明书和变更申请

B．项目范围描述、产品范围说明书、生产项目计划和组织过程资产

C．项目章程、项目范围管理计划、组织过程资产和批准的变更申请

D．生产项目计划、项目可交付物说明、信息系统要求说明和项目质量标准

● 项目配置管理中，产品配置是指一个产品在其生命周期各个阶段所产生的各种形式和各种版本的文档、计算机程序、部件及数据的集合。该集合中的每一个元素称为该产品配置中的一个配置项，___(6)___不属于产品组成部分工作成果的配置项。（**2017 年 11 月第 23 题**）

（6）A．需求文档     B．设计文档     C．工作计划     D．源代码

## 8.4　课后演练答案解析

（1）**参考答案**：B

**解析**　时间管理的过程包括：①活动定义；②活动排序；③活动的资源估算；④活动历时估算；⑤制订计划；⑥进度控制。

（2）**参考答案**：A

**解析**　用户文档主要描述所交付系统的功能和使用方法，并不关心这些功能是怎样实现的。用户文档是了解系统的第一步，它可以让用户获得对系统准确的初步印象。用户文档至少应该包括下述 5 方面的内容。

1）功能描述：说明系统能做什么。

2）安装文档：说明怎样安装这个系统以及怎样使系统适应特定的硬件配置。

3）使用手册：简要说明如何着手使用这个系统（通过丰富的例子说明怎样使用常用的系统功能，并说明用户操作错误是怎样恢复和重新启动的）。

4）参考手册：详尽描述用户可以使用的所有系统设施以及它们的使用方法，并解释系统可能产生的各种出错信息的含义（对参考手册最主要的要求是完整，因此通常使用形式化的描述技术）。

5）操作员指南（如果需要有系统操作员的话）：说明操作员应如何处理使用中出现的各种情况。系统文档是从问题定义、需求说明到验收测试计划这样一系列和系统实现有关的文档。描述系统设计、实现和测试的文档对于理解程序和维护程序来说是非常重要的。

（3）**参考答案**：A

✒**解析** 需求管理的活动包括：①变更控制；②版本控制；③需求跟踪；④需求状态跟踪。

（4）**参考答案**：A

✒**解析** 变更控制委员会可以由一个小组担任，也可以由多个不同的组担任。变更控制委员会的成员应能代表变更涉及的团体。变更控制委员会可能包括如下方面的代表：

1）产品或计划管理部门。

2）项目管理部门。

3）开发部门。

4）测试或质量保证部门。

5）市场部或客户代表。

6）制作用户文档的部门。

7）技术支持部门。

8）帮助桌面或用户支持热线部门。

9）配置管理部门。

（5）**参考答案**：C

✒**解析** 在初步项目范围说明书中已文档化的主要可交付物、假设和约束条件的基础上准备详细的项目范围说明书，是项目成功的关键。范围定义的输入包括：①项目章程，如果项目章程或初始的范围说明书没有在项目执行组织中使用，同样的信息需要进一步收集和开发，以产生详细的项目范围说明书；②项目范围管理计划；③组织过程资产；④批准的变更申请。

（6）**参考答案**：C

✒**解析** 配置项是构成产品配置的主要元素，配置项主要有以下两大类：

1）属于产品组成部分的工作成果：如需求文档、设计文档、源代码和测试用例等。

2）属于项目管理和机构支撑过程域产生的文档：如工作计划、项目质量报告和项目跟踪报告等。

这些文档虽然不是产品的组成部分，但是值得保存。所以设备清单不属于配置项，选项 C 的工作计划虽可充当配置项，但不属于产品组成部分工作成果的配置项。

# 第9章
# UML 建模和设计模式

## 9.1　备考指南

　　UML 建模和设计模式主要考查的是面向对象基础知识、面向对象分析与设计、设计模式等相关知识，同时也是重点考点，在系统架构设计师的考试中选择题占 6～8 分，案例分析和论文中也会考到，属于非常重要的章节之一。

## 9.2　考点梳理及精讲

### 9.2.1　面向对象基础

　　1. 面向对象的基本概念
　　（1）对象：由数据及其操作所构成的封装体，是系统中用来描述客观事务的一个实体，是构成系统的一个基本单位。一个对象通常可以由对象名、属性和方法 3 个部分组成。
　　（2）类：现实世界中实体的形式化描述，类将该实体的属性（数据）和操作（函数）封装在一起。对象是类的实例，类是对象的模板。
　　类可以分为 3 种：实体类、接口类（边界类）和控制类。实体类的对象表示现实世界中真实的实体，如人、物等。接口类（边界类）的对象为用户提供一种与系统合作交互的方式，分为人和系统两大类，其中人的接口可以是显示屏、窗口、Web 窗体、对话框、菜单、列表框、其他显示控制、条形码、二维码或者用户与系统交互的其他方法。系统接口涉及到把数据发送到其他系统，或者从其他系统接收数据。控制类的对象用来控制活动流，充当协调者。
　　（3）抽象：通过特定的实例抽取共同特征以后形成概念的过程。它强调主要特征，忽略次要特征。一个对象是现实世界中一个实体的抽象，一个类是一组对象的抽象，抽象是一种单一化的描述，它强调给出与应用相关的特性，抛弃不相关的特性。

（4）封装：是一种信息隐蔽技术，将相关的概念组成一个单元模块，并通过一个名称来引用。面向对象封装是将数据和基于数据的操作封装成一个整体对象，对数据的访问或修改只能通过对象对外提供的接口进行。

（5）继承：表示类之间的层次关系（父类与子类），这种关系使得某类对象可以继承另外一类对象的特征，又可分为单继承和多继承。

（6）多态：不同的对象收到同一个消息时产生完全不同的结果。包括参数多态（不同类型参数多种结构类型）、包含多态（父子类型关系）、过载多态（类似于重载，一个名字不同含义）、强制多态（强制类型转换）四种类型。多态由继承机制支持，将通用消息放在抽象层，具体不同的功能实现放在低层。

（7）接口：描述对操作规范的说明，其只说明操作应该做什么，并没有定义操作如何做。

（8）消息：体现对象间的交互，通过它向目标对象发送操作请求。

（9）覆盖：子类在原有父类接口的基础上，用适合于自己要求的实现去置换父类中的相应实现。即在子类中重定义一个与父类同名同参的方法。

（10）函数重载：与覆盖要区分开，函数重载与子类父类无关，且函数是同名不同参数。

（11）绑定是一个把过程调用和响应调用所需要执行的代码加以结合的过程。在一般的程序设计语言中，绑定是在编译时进行的，叫作静态绑定。动态绑定则是在运行时进行的，因此，一个给定的过程调用和代码的结合直到调用发生时才进行。

2. 面向对象的分析

面向对象的分析是为了确定问题域，理解问题。包含 5 个活动：认定对象、组织对象、描述对象间的相互作用、确定对象的操作、定义对象的内部信息。

3. 面向对象需求建模

面向对象的需求建模主要建立用例模型和分析模型，具体过程如图 9-1 所示。

图 9-1　面向对象需求建模过程

## 4. 面向对象的设计

面向对象的设计（Object-Oriented Design，OOD）是设计分析模型和实现相应源代码，设计问题域的解决方案，与技术相关。OOD 同样应遵循抽象、信息隐蔽、功能独立、模块化等设计准则。

面向对象的分析模型主要由顶层架构图、用例与用例图、领域概念模型构成；设计模型则包含以包图表示的软件体系结构图、以交互图表示的用例实现图、完整精确的类图、针对复杂对象的状态图和用以描述流程化处理过程的活动图等。

面向对象的设计原则：

（1）单一责任原则。就一个类而言，应该仅有一个引起它变化的原因。即当需要修改某个类的时候原因有且只有一个，让一个类只做一种类型责任。

（2）开放—封闭原则。软件实体（类、模块、函数等）应该是可以扩展的，即开放的；但是不可修改的，即封闭的。

（3）里氏替换原则。子类型必须能够替换掉它们的基类型。即在任何父类可以出现的地方，都可以用子类的实例来赋值给父类型的引用。

（4）依赖倒置原则。抽象不应该依赖于细节，细节应该依赖于抽象。即高层模块不应该依赖于低层模块，二者都应该依赖于抽象。

（5）接口分离原则。不应该强迫客户依赖于它们不用的方法。接口属于客户，不属于它所在的类层次结构。即依赖于抽象，不要依赖于具体，同时在抽象级别不应该有对于细节的依赖。这样做的好处就在于可以最大限度地应对可能的变化。

上述（1）～（5）是面向对象方法中的五大原则。除了这五大原则之外，Robert C.Martin 提出的面向对象设计原则还包括以下几个。

（6）重用发布等价原则。重用的粒度就是发布的粒度。

（7）共同封闭原则。包中的所有类对于同一类性质的变化应该是共同封闭的。一个变化若对一个包产生影响，则将对该包中的所有类产生影响，而对于其他的包不造成任何影响。

（8）共同重用原则。一个包中的所有类应该是共同重用的。如果重用了包中的一个类，那么就要重用包中的所有类。

（9）无环依赖原则。在包的依赖关系图中不允许存在环，即包之间的结构必须是一个直接的五环图形。

（10）稳定依赖原则。朝着稳定的方向进行依赖。

（11）稳定抽象原则。包的抽象程度应该和其稳定程度一致。

## 5. 面向对象的测试

一般来说，对面向对象软件的测试可分为下列 4 个层次进行。

（1）算法层。测试类中定义的每个方法，基本上相当于传统软件测试中的单元测试。

（2）类层。测试封装在同一个类中的所有方法与属性之间的相互作用。在向面对象软件中类是基本模块，因此可以认为这是面向对象测试中所特有的模块测试。

（3）模板层。测试一组协同工作的类之间的相互作用，大体上相当于传统软件测试中的集成测试，但是也有面向对象软件的特点（例如，对象之间通过发送消息相互作用）。

（4）系统层。把各个子系统组装成完整的面向对象软件系统，在组装过程中同时进行测试。

### 9.2.2　UML

**1．UML（统一建模语言）**

UML（统一建模语言）是一种可视化的建模语言，而非程序设计语言，支持从需求分析开始的软件开发的全过程。

从总体上来看，UML 的结构包括构造块、公共机制和规则 3 个部分。

（1）构造块。UML 有 3 种基本的构造块，分别是事物（thing）、关系（relationship）和图（diagram）。事物是 UML 的重要组成部分，关系把事物紧密联系在一起，图是多个相互关联的事物的集合。

（2）公共机制。公共机制是指达到特定目标的公共 UML 方法。

（3）规则。规则是构造块如何放在一起的规定。

**2．事务**

结构事务：模型的静态部分，如类、接口、用例、构件等。

行为事务：模型的动态部分，如交互、活动、状态机。

分组事务：模型的组织部分，如包。

注释事务：模型的解释部分，依附于一个元素或一组元素之上对其进行约束或解释的简单符号。

**3．关系**

依赖：一个事务的语义依赖于另一个事务的语义的变化而变化。

关联：是一种结构关系，描述了一组链，链是对象之间的连接。分为组合和聚合，都是部分和整体的关系，其中组合事务之间关系更强。两个类之间的关联，实际上是两个类所扮演角色的关联，因此，两个类之间可以有多个由不同角色标识的关联。

泛化：一般/特殊的关系，子类和父类之间的关系。

实现：一个类元指定了另一个类元保证执行的契约。

关系 UML 图形代号如图 9-2 所示。

（a）关联关系　　（b）依赖关系　　（c）泛化关系

（d）聚合关系　　（e）组合关系　　（f）实现关系

图 9-2　关系 UML 图形代号

**4．图**

（1）**类图**：静态图，为系统的静态设计视图，展现一组对象、接口、协作和它们之间的关系。

UML 类图如图 9-3 所示。

图 9-3　UML 类图

（2）**对象图**：静态图，展现某一时刻一组对象及它们之间的关系，为类图的某一快照。在没有类图的前提下，对象图就是静态设计视图，如图 9-4 所示。

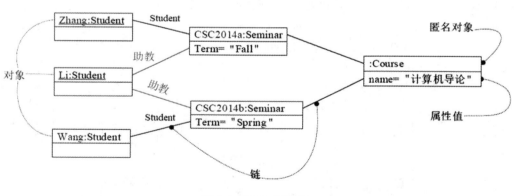

图 9-4　UML 对象图

（3）**用例图**：静态图，展现了一组用例、参与者以及它们之间的关系。用例图中的参与者是人、硬件或其他系统可以扮演的角色；用例是参与者完成的一系列操作，用例之间的关系有扩展、包含、泛化，如图 9-5 所示。

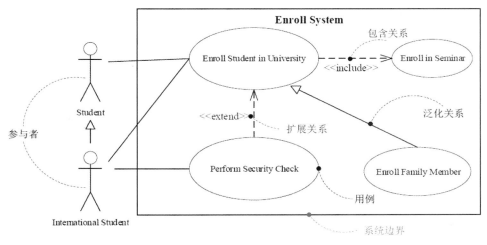

图 9-5　用例图

（4）**序列图**：即顺序图，动态图，是场景的图形化表示，描述了以时间顺序组织的对象之间的交互活动。有**同步消息**（进行阻塞调用，调用者中止执行，等待控制权返回，需要等待返回消息，用实心三角箭头表示）、**异步消息**（发出消息后继续执行，不引起调用者阻塞，也不等待返回消息，由空心箭头表示）、**返回消息**（由从右到左的虚线箭头表示）3 种，如图 9-6 所示。

上方的对象对应下方箭头上的成员和方法。

图 9-6　序列图

（5）**通信图**：动态图，即协作图，强调参加交互的对象的组织，如图 9-7 所示。

图 9-7 通信图

（6）**状态图**：动态图，展现了一个状态机，描述单个对象在多个用例中的行为，包括简单状态和组合状态。转换可以通过事件触发器触发，事件触发后相应的监护条件会进行检查。状态图中转换和状态是两个独立的概念，如图 9-8 中方框代表状态，箭头上的代表触发事件，实心圆点为起点和终点。

图 9-8 状态图

（7）**活动图**：动态图，是一种特殊的状态图，展现了在系统内从一个活动到另一个活动的流程。活动的分岔和汇合线是一条水平粗线。牢记图 9-9 中并发分岔、并发汇合、监护表达式、分支、流等名词及含义。每个分岔的分支数代表了可同时运行的线程数。活动图中能够并行执行的是在一个分岔粗线下的分支上的活动，如图 9-9 所示。

（8）**构件图（组件图）**：静态图，为系统静态实现视图，展现了一组构件之间的组织和依赖，如图 9-10 所示。

图 9-9　活动图

图 9-10　构件图

（9）**部署图**：静态图，为系统静态部署视图，部署图物理模块的节点分布。它与构件图相关，通常一个节点包含一个或多个构件。其依赖关系类似于包依赖，因此部署组件之间的依赖是单向的类似于包含关系，如图 9-11 所示。

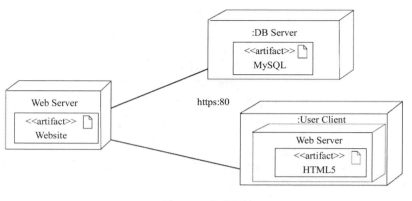

图 9-11　部署图

5．UML 4+1 视图

（1）逻辑视图。逻辑视图也称为设计视图，它表示了设计模型中在架构方面具有重要意义的部分，即类、子系统、包和用例实现的子集。

（2）进程视图。进程视图是可执行线程和进程作为活动类的建模，它是逻辑视图的一次执行实例，描述了并发与同步结构。

（3）实现视图。实现视图对组成基于系统的物理代码的文件和构件进行建模。

（4）部署视图。部署视图把构件部署到一组物理节点上，表示软件到硬件的映像和分布结构。

（5）用例视图。用例视图是最基本的需求分析模型。

## 9.2.3　设计模式

1．层次结构

架构模式：软件设计中的高层决策，例如，C/S 结构就属于架构模式，架构模式反映了开发软件系统过程中所作的基本设计决策。

设计模式：每一个设计模式描述了一个在我们周围不断重复发生的问题，以及该问题的解决方案的核心。这样，你就能一次又一次地使用该方案而不必做重复劳动。设计模式的核心在于提供了相关问题的解决方案，使得人们可以更加简单方便地复用成功的设计和体系结构。四个基本要素：模式名称、问题（应该在何时使用模式）、解决方案（设计的内容）、效果（模式应用的效果）。

惯用法：是最低层的模式，关注软件系统的设计与实现，实现时通过某种特定的程序设计语言来描述构件与构件之间的关系。每种编程语言都有它自己特定的模式，即语言的惯用法。例如引用—计数就是 C++语言中的一种惯用法。

2．设计模式分类

按设计模式的目的划分，可分为 3 类：创建型模式（主要是处理创建对象）、结构型模式（主要是处理类和对象的组合）、行为型模式（主要是描述类或者对象的交互行为）；按设计模式的范围划分，即根据设计模式是作用于类还是作用于对象来划分，可以把设计模式分为类设计模式和对象设计模式。总览图如图 9-12 所示。

图 9-12　设计模式总图

3 种模式的具体内容见表 9-1～表 9-3。

表 9-1　创建型设计模式

| 创建型设计模式 | 定义 | 记忆关键字 |
|---|---|---|
| Abstract Factory<br>抽象工厂模式 | 提供一个接口，可以创建一系列相关或相互依赖的对象，而无需指定它们具体的类 | 抽象接口 |
| Builder<br>构建器模式 | 将一个复杂类的表示与其构造相分离，使得相同的构建过程能够得出不同的表示 | 类和构造分离 |
| Factory Method<br>工厂方法模式 | 定义一个创建对象的接口，但由子类决定需要实例化哪一个类。使得子类实例化过程推迟 | 子类决定实例化 |
| Prototype<br>原型模式 | 用原型实例指定创建对象的类型，并且通过拷贝这个原型来创建新的对象 | 原型实例，拷贝 |
| Singleton<br>单例模式 | 保证一个类只有一个实例，并提供一个访问它的全局访问点 | 唯一实例 |

表 9-2　结构型设计模式

| 结构型设计模式 | 定义 | 记忆关键字 |
|---|---|---|
| Adapter<br>适配器模式 | 将一个类的接口转换成用户希望得到的另一种接口。它使原本不相容的接口得以协同工作 | 转换，兼容接口 |
| Bridge<br>桥接模式 | 将类的抽象部分和它的实现部分分离开来，使它们可以独立地变化 | 抽象和实现分离 |

续表

| 结构型设计模式 | 定义 | 记忆关键字 |
| --- | --- | --- |
| Composite<br>组合模式 | 将对象组合成树形结构以表示"整体-部分"的层次结构，使得用户对单个对象和组合对象的使用具有一致性 | 整体-部分，树形结构 |
| Decorator<br>装饰模式 | 动态地给一个对象添加一些额外的职责。它提供了用子类扩展功能的一个灵活的替代，比派生一个子类更加灵活 | 附加职责 |
| Façade<br>外观模式 | 定义一个高层接口，为子系统中的一组接口提供一个一致的外观，从而简化了该子系统的使用 | 对外统一接口 |
| Flyweight 享元模式 | 提供支持大量细粒度对象共享的有效方法 | 细粒度，共享 |
| Proxy 代理模式 | 为其他对象提供一种代理以控制这个对象的访问 | 代理控制 |

表 9-3　行为型设计模式

| 行为型设计模式 | 定义 | 记忆关键字 |
| --- | --- | --- |
| Chain of Responsibility<br>职责链模式 | 通过给多个对象处理请求的机会，减少请求的发送者与接收者之间的耦合。将接收对象链接起来，在链中传递请求，直到有一个对象处理这个请求 | 传递请求、职责、链接 |
| Command<br>命令模式 | 将一个请求封装为一个对象，从而可用不同的请求对客户进行参数化，将请求排队或记录请求日志，支持可撤销的操作 | 日志记录、可撤销 |
| Interpreter<br>解释器模式 | 给定一种语言，定义它的文法表示，并定义一个解释器，该解释器用来根据文法表示来解释语言中的句子 | 解释器，虚拟机 |
| Iterator<br>迭代器模式 | 提供一种方法来顺序访问一个聚合对象中的各个元素而不需要暴露该对象的内部表示 | 顺序访问，不暴露内部 |
| Mediator<br>中介者模式 | 用一个中介对象来封装一系列的对象交互。它使各对象不需要显式地相互调用，从而达到低耦合，还可以独立地改变对象间的交互 | 不直接引用 |
| Memento<br>备忘录模式 | 在不破坏封装性的前提下，捕获一个对象的内部状态，并在该对象之外保存这个状态，从而可以在以后将该对象恢复到原先保存的状态 | 保存，恢复 |
| Observer<br>观察者模式 | 定义对象间的一种一对多的依赖关系，当一个对象的状态发生改变时，所有依赖于它的对象都得到通知并自动更新 | 通知、自动更新 |
| State 状态模式 | 允许一个对象在其内部状态改变时改变它的行为 | 状态变成类 |
| Strategy<br>策略模式 | 定义一系列算法，把它们一个个封装起来，并且使它们之间可互相替换，从而让算法可以独立于使用它的用户而变化 | 算法替换 |
| Template Method<br>模板方法模式 | 定义一个操作中的算法骨架，而将一些步骤延迟到子类中，使得子类可以不改变一个算法的结构即可重新定义算法的某些特定步骤 | 定义算法骨架，然后再细化 |
| Visitor<br>访问者模式 | 表示一个作用于某对象结构中的各元素的操作，使得在不改变各元素的类的前提下定义作用于这些元素的新操作 | 数据和操作分离 |

# 9.3  课后演练（精选真题）

- UML（Unified Modeling Language）是面向对象设计的建模工具，独立于任何具体程序设计语言，以下___(1)___不属于 UML 中的模型。（**2021 年 11 月第 33 题**）

  （1）A．用例图　　　　B．协作图　　　　C．活动图　　　　D．PAD 图

- 创建型模式支持对象的创建，该模式允许在系统中创建对象，而不需要在代码中标识出特定的类型，这样用户就不需要编写一系列相关或相互依赖的对象在不指定具体类的情况下。___(2)___模式为创建一系列相关或相互依赖的对象提供了一个接口，___(3)___模式将复杂对象的构建与其表面相分离，这样相同的构造过程可以创建不同的对象；___(4)___模式允许对象在不了解要创建对象的确切类以及如何创建细节的情况下创建自定义对象。（**2020 年 11 月第 35～37 题**）

  （2）A．prototype　　　B．Abstract Factoty　C．Builder　　　　D．Singleton

  （3）A．prototype　　　B．Abstract Factoty　C．Builder　　　　D．Singleton

  （4）A．prototype　　　B．Abstract Factoty　C．Builder　　　　D．Singleton

- 一个完整的软件系统需从不同视角进行描述，下图属于软件架构设计中的___(5)___，用于___(6)___视图来描述软件系统。（**2019 年 11 月第 44～45 题**）

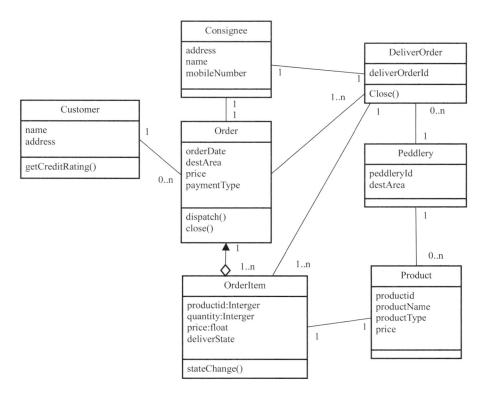

（5）A．对象图　　　　　B．时序图　　　　　C．构件图　　　　　D．类图

（6）A．进程　　　　　　B．开发　　　　　　C．物理　　　　　　D．用户

● 设计模式按照目的可以划分为三类，其中，__(7)__模式是对对象实例化过程的抽象。例如__(8)__模式确保一个类只有一个实例，并提供了全局访问入口；__(9)__模式允许对象在不了解要创建对象的确切类以及如何创建等细节的情况下创建定义对象；__(10)__模式将复杂对象的构建与其表示分离。（**2019 年 11 月第 54～57 题**）

（7）A．创建型　　　　　B．结构型　　　　　C．行为型　　　　　D．功能型

（8）A．Facade　　　　　B．Builder　　　　　C．Prototype　　　　D．Singleton

（9）A．Facade　　　　　B．Builder　　　　　C．Prototype　　　　D．Singleton

（10）A．Facade　　　　B．Builder　　　　　C．Prototype　　　　D．Singleton

● 体系结构模型的多视图表示是从不同的视角描述特定系统的体系结构。著名的 4+1 模型支持从__(11)__描述系统体系结构。（**2018 年 11 月第 44 题**）

（11）A．逻辑视图、开发视图、物理视图、进程视图、统一的场景

　　　B．逻辑视图、开发视图、物理视图、模块视图、统一的场景

　　　C．逻辑视图、开发视图、构件视图、进程视图、统一的场景

　　　D．领域视图、开发视图、构件视图、进程视图、统一的场景

● 设计模式描述了一个出现在特定设计语境中的设计再现问题，并为它的解决方案提供了一个经过充分验证的通用方案，不同的设计模式关注解决不同的问题。例如，抽象工厂模式提供一个接口，可以创建一系列相关或相互依赖的对象，而无需指定它们具体的类，它是一种__(12)__模式；__(13)__模式将类的抽象部分和它的实现部分分离出来，使它们可以独立变化，它属于__(14)__模式；__(15)__模式将一个请求封装为一个对象，从而可用不同的请求对客户进行参数化，将请求排队或记录请求日志，支持可撤销的操作。（**2018 年 11 月第 54～57 题**）

（12）A．组合型　　　　B．结构型　　　　　C．行为型　　　　　D．创建型

（13）A．Bridge　　　　　B．Proxy　　　　　C．Prototype　　　　D．Adapter

（14）A．组合型　　　　B．结构型　　　　　C．行为型　　　　　D．创建型

（15）A．Command　　　B．Facade　　　　　C．Memento　　　　D．Visitor

● 面向对象的分析模型主要由顶层架构图、用例与用例图和__(16)__构成；设计模型则包含以__(17)__表示的软件体系机构图、以交互图表示的用例实现图、完整精确的类图、描述复杂对象的__(18)__和用以描述流程化处理过程的活动图等。（**2017 年 11 月第 32～34 题**）

（16）A．数据流模型　　B．领域概念模型　　C．功能分解图　　D．功能需求模型

（17）A．模型视图控制器　B．组件图　　　　C．包图　　　　　D．2 层、3 层或 N 层

（18）A．序列图　　　　B．协作图　　　　　C．流程图　　　　D．状态图

# 9.4 课后演练答案解析

（1）**参考答案：D**

**解析** UML（Unified Modeling Language）是面向对象设计的建模工具，独立于任何具体程序设计语言，包括用例图、顺序图、对象图、类图、协作图、活动图等，PAD 图是结构化设计的图，所以选 D。

（2）（3）（4）**参考答案：B C A**

**解析** 创建型模式支持对象的创建，该模式允许在系统中创建对象，而不需要在代码中标识出特定的类型，这样用户就不需要编写一些列相关或相互依赖的对象在不指定具体类的情况下。Abstract Factoty（抽象工厂）模式为创建一系列相关或相互依赖的对象提供了一个接口，Builder（建造者）模式将复杂对象的构建与其表面相分离，这样相同的构造过程可以创建不同的对象；prototype（原型）模式允许对象在不了解要创建对象的确切类以及如何创建细节的情况下创建自定义对象。

（5）（6）**参考答案：（5）D （6）B**

**解析** 本题考查软件系统描述方面的知识。

软件系统需从不同的角度进行描述。其著名的 4+1 视角架构模型提出了一种用来描述软件系统体系架构的模型，这种模型是基于使用者的多个不同视角出发。这种多视角能够解决多个"利益相关者"关心的问题。利益相关者包括最终用户、开发人员、系统工程师、项目经理等，他们能够分别处理功能性和非功能性需求。4+1 视角架构模型的五个主要的视角为逻辑视图、开发视图、处理视图、物理视图和场景。五个视角中每个都是使用符号进行描述。这些视角都是使用以架构为中心场景驱动和迭代开发等方式实现设计的。其中，类图是从开发视角对软件系统进行的描述。

（7）（8）（9）（10）**参考答案：A D C B**

**解析** 本题考查设计模式方面的基础知识。

在任何设计活动中都存在着某些重复遇到的典型问题，不同开发人员对这些问题设计出不同的解决方案，随着设计经验在实践者之间日益广泛地被利用，描述这些共同问题和解决这些问题的方案就形成了所谓的模式。

设计模式主要用于得到简洁灵活的系统设计，按设计模式的目的划分，可分为创建型、结构型和行为型三种模式。

创建型模式是对对象实例化过程的抽象。例如 Singleton 模式确保一个类只有一个实例，并提供了全局访问入口；Prototype 模式允许对象在不了解要创建对象的确切类以及如何创建等细节的情况下创建自定义对象；Builder 模式将复杂对象的构建与其表分离。

结构型模式主要用于如何组合已有的类和对象以获得更大的结构，一般借鉴封装、代理、继承等概念将一个或多个类或对象进行组合、封装，以提供统一的外部视图或新的功能。

行为型模式主要用于对象之间的职责及其提供的服务的分配，它不仅描述对象或类的模式，还描述它们之间的通信模式，特别是描述一组对等的对象怎样相互协作以完成其中任一对象都无法单独完成的任务。

（11）**参考答案**：A

🖋**解析** 4+1 视图即：逻辑视图、开发视图、物理视图（部署视图）、进程视图、场景。

（12）（13）（14）（15）**参考答案**：D A B A

🖋**解析** 设计模式包括：创建型、结构型、行为型三大类别。抽象工厂模式属于创建型设计模式。桥接模式属于结构型设计模式。

（16）（17）（18）**参考答案**：B C D

🖋**解析** 面向对象的分析模型主要由顶层架构图、用例与用例图、领域概念模型构成；设计模型则包含以包图表示的软件体系结构图、以交互图表示的用例实现图、完整精确的类图、针对复杂对象的状态图和用以描述流程化处理过程的活动图等。

第**10**章

嵌入式技术

## 10.1 备考指南

嵌入式技术主要考查的是嵌入式基础知识、嵌入式设计等相关知识，在系统架构设计师的考试中选择题占2～4分，案例分析有时会考关键路径的技术问答，这个题目一般比较难，但是由于案例分析题是五题选三题，所以这道题一般不选，嵌入式技术这章的知识点会做选择题即可。

## 10.2 考点梳理及精讲

### 10.2.1 嵌入式微处理器

1. 嵌入式微处理器体系结构

（1）冯·诺依曼（Von Neumann）结构。传统计算机采用冯·诺依曼结构，也称普林斯顿结构，是一种将程序指令存储器和数据存储器合并在一起的存储器结构，如图10-1所示。

图 10-1 冯·诺依曼结构

　　冯·诺依曼结构的计算机程序和数据共用一个存储空间,程序指令存储地址和数据存储地址指向同一个存储器的不同物理位置。采用单一的地址及数据总线,程序指令和数据的宽度相同。

　　处理器执行指令时,先从储存器中取出指令解码,再取操作数执行运算,即使单条指令也要耗费几个甚至几十个周期,在高速运算时,在传输通道上会出现瓶颈效应。

　　(2)哈佛结构。哈佛结构是一种并行体系结构,它的主要特点是将程序和数据存储在不同的存储空间中,即程序存储器和数据存储器是两个相互独立的存储器,每个存储器独立编址、独立访问,如图10-2所示。

图 10-2　哈佛结构

　　与两个存储器相对应的是系统中的两套独立的地址总线和数据总线。这种分离的程序总线和数据总线可允许在一个机器周期内同时获取指令字(来自程序存储器)和操作数(来自数据存储器),从而提高了执行速度,使数据的吞吐率提高了 1 倍。但这不意味着可以在一个机器周期内多次访问存储器。

　　2. 嵌入式微处理器分类

　　嵌入式硬件系统基本结构如图 10-3 所示,一般由嵌入式微处理器、存储器、输入/输出部分组成,其中,嵌入式微处理器是嵌入式硬件系统的核心,通常由控制单元(控制器)、算术逻辑单元(运算器)、寄存器 3 大部分组成。

图 10-3　嵌入式硬件系统基本结构

　　根据嵌入式微处理器的字长宽度,可分为 4 位、8 位、16 位、32 位和 64 位。一般把 16 位及以下的称为嵌入式微控制器(Embedded Micro Controller),32 位及以上的称为嵌入式微处理器。

按照系统集成度划分，微处理器可分为两类：一种是微处理器内部仅包含单纯的中央处理器单元，称为一般用途型微处理器；另一种则是将 CPU、ROM、RAM 及 I/O 等部件集成到同一个芯片上，称为单芯片微控制器（Single Chip Microcontroller）。

**根据用途分类**，微处理器一般分为嵌入式微控制器（MCU）、嵌入式微处理器（MPU）、嵌入式数字信号处理器（DSP）、微处理器嵌入式片上系统（SOC）等。

微控制器（MCU）的典型代表是单片机，其片上外设资源比较丰富，适合于控制。MCU 芯片内部集成 ROM/EPROM、RAM、总线、总线逻辑、定时/计数器、看门狗、I/O、串行口、脉宽调制输出、A/D、D/A、Flash RAM、EEPROM 等各种必要功能和外设。和嵌入式微处理器相比，微控制器的最大特点是单片化，体积大大减小，从而使功耗和成本下降、可靠性提高，其片上外设资源一般较丰富，适合于控制，是嵌入式系统工业的主流。

嵌入式微处理器（MPU）由通用计算机中的 CPU 演变而来。它的特征是具有 32 位以上的处理器，具有较高的性能，当然其价格也相应较高。但与计算机处理器不同的是，在实际嵌入式应用中，只保留和嵌入式应用紧密相关的功能硬件，去除其他的冗余功能部分，这样就以最低的功耗和资源实现嵌入式应用的特殊要求。与工业控制计算机相比，嵌入式微处理器具有体积小、重量轻、成本低、可靠性高的优点。目前常见的有 ARM、MIPS、POWER PC 等。

嵌入式数字信号处理器（DSP）是专门用于信号处理方面的处理器，其在系统结构和指令算法方面进行了特殊设计，具有很高的编译效率和指令的执行速度。采用哈佛结构，流水线处理，其处理速度比最快的 CPU 还快 10～50 倍。在数字滤波、FFT、谱分析等各种仪器上 DSP 获得了大规模的应用。

DSP 的特点如下：

（1）多总线结构，允许 CPU 同时进行指令和数据的访问，因而可以实现流水线操作。

（2）哈佛体系结构，程序和数据空间分开，可以同时访问指令和数据。

（3）字信号处理的运算特点：乘/加，及反复相乘求和（乘积累加）。

（4）DSP 设置了硬件乘法/累加器，能在单个指令周期内完成乘法/加法运算。

DSP 的主要应用：信号处理、图像处理、仪器、语言处理、控制、军事、通信、医疗、家用电器等领域。

嵌入式片上系统（SOC）是追求产品系统最大包容的集成器件。SOC 最大的特点是成功实现了软硬件无缝结合，直接在处理器片内嵌入操作系统的代码模块。是一个有专用目标的集成电路，其中包含完整系统并有嵌入软件的全部内容。

3．多核处理器结构

多核指多个微处理器内核，是将两个或更多的微处理器封装在一起，集成在一个电路中。多核处理器是单枚芯片，能够直接插入单一的处理器插槽中。多核与多 CPU 相比，很好地降低了计算机系统的功耗和体积。在多核技术中，由操作系统软件进行调度，多进程，多线程并发都可以。

双核处理器基于单个半导体的一个处理器上拥有 2 个处理器核心。由于将 2 个或多个运算核封装在一个芯片上，节省了大量晶体管、封装成本；可显著提高处理器性能；兼容性好；系统升级方便。

2 个或多个内核工作协调实现方式：

（1）对称多处理技术：将 2 个完全一样的处理器封装在一个芯片内，达到双倍或接近双倍的处理性能，节省运算资源。

（2）非对称处理技术：2 个处理内核彼此不同，各自处理和执行特定的功能，在软件的协调下分担不同的计算任务。

从目前已经发布或透露的多核处理器原型来看,对称式的处理方式将成为未来多核处理器的主要体系结构，同时，多核间将共享大容量的缓存作为处理器之间及处理器与系统内存之间交换数据的"桥梁"。为了提高交换速度，这些缓存往往集成在片内，其数据传输速度是惊人的。

4．多核 CPU 的调度

多核 CPU 环境下进程的调度算法一般有全局队列调度和局部队列调度两种。

（1）全局队列调度是指操作系统维护一个全局的任务等待队列，当系统中有一个 CPU 空闲时，操作系统就从全局任务等待队列中选取就绪任务开始执行，CPU 核心利用率高。

（2）局部队列调度是操作系统为每个 CPU 内核维护一个局部的任务等待队列，当系统中有一个 CPU 内核空闲时，就从该核心的任务等待队列中选取适当的任务执行，优点是无需在多个 CPU 之间切换。

### 10.2.2　嵌入式软件与操作系统

1．嵌入式软件基础

嵌入式软件是指应用在嵌入式计算机系统当中的各种软件，除了具有通用软件的一般特性，还具有一些与嵌入式系统相关的特点，包括：规模较小、开发难度大、实时性和可靠性要求高、要求固化存储。

2．嵌入式软件分类

系统软件：控制和管理嵌入式系统资源，为嵌入式应用提供支持的各种软件，如设备驱动程序、嵌入式操作系统、嵌入式中间件等。

应用软件：嵌入式系统中的上层软件，定义了嵌入式设备的主要功能和用途，并负责与用户交互，一般面向特定的应用领域，如飞行控制软件、手机软件、地图等。

支撑软件：辅助软件开发的工具软件，如系统分析设计工具、在线仿真工具、交叉编译器等。

3．设备驱动层

设备驱动层又称为板级支持包（Board Support Package，BSP），包含了嵌入式系统中所有与硬件相关的代码，直接与硬件打交道，对硬件进行管理和控制，并为上层软件提供所需的驱动支持。

板级支持包（BSP）是介于主板硬件和操作系统中驱动层程序之间的一层，一般认为它属于操作系统的一部分，主要是实现对操作系统的支持，为上层的驱动程序提供访问硬件设备寄存器的函数包，使之能够更好地运行于硬件主板。在嵌入式系统软件的组成中，就有 BSP。BSP 是相对于操作系统而言的，不同的操作系统对应于不同定义形式的 BSP，例如 VxWorks 的 BSP 和 Linux 的 BSP 相对于某一 CPU 来说尽管实现的功能一样，可是写法和接口定义是完全不同的，所以写 BSP

一定要按照该系统 BSP 的定义形式来写（BSP 的编程过程大多数是在某一个成型的 BSP 模板上进行修改）。这样才能与上层 OS 保持正确的接口，良好地支持上层 OS。

BSP 主要功能为屏蔽硬件，提供操作系统及硬件驱动，具体功能包括：

（1）单板硬件初始化，主要是 CPU 的初始化，为整个软件系统提供底层硬件支持。

（2）为操作系统提供设备驱动程序和系统中断服务程序。

（3）定制操作系统的功能，为软件系统提供一个实时多任务的运行环境。

（4）初始化操作系统，为操作系统的正常运行做好准备。

板级支持包一般包含相关底层硬件的初始化、数据的输入/输出操作和硬件设备的配置等功能，它主要具有以下两个特点。

（1）硬件相关性，因为嵌入式实时系统的硬件环境具有应用相关性，而作为上层软件与硬件平台之间的接口，BSP 需为操作系统提供操作和控制具体硬件的方法。

（2）操作系统相关性，不同的操作系统具有各自的软件层次结构，因此不同操作系统具有特定的硬件接口形式。

一般来说，BSP 主要包括两个方面的内容：引导加载程序 BootLoader 和设备驱动程序。

（1）BootLoader 是嵌入式系统加电后运行的第一段软件代码，是在操作系统内核运行之前运行的一小段程序，通过这段程序，可以初始化硬件设备、建立内存空间的映像图，从而将系统的软硬件环境设置到一个合适的状态，以便为最终调用操作系统内核做好准备。一般包括以下功能：

1）片级初始化：主要完成微处理器的初始化，包括设置微处理器的核心寄存器和控制寄存器、微处理器的核心工作模式及其局部总线模式等。片级初始化把微处理器从上电时的默认状态逐步设置成系统所要求的工作状态。这是一个纯硬件的初始化过程。

2）板级初始化：通过正确地设置各种寄存器的内容来完成微处理器以外的其他硬件设备的初始化。例如，初始化 LED 显示设备、初始化定时器、设置中断控制寄存器、初始化串口通信、初始化内存控制器、建立内存空间的地址映射等。在此过程中，除了要设置各种硬件寄存器以外，还要设置某些软件的数据结构和参数。因此，这是一个同时包含软件和硬件在内的初始化过程。

3）加载内核（系统级初始化）：将操作系统和应用程序的映像从 Flash 存储器复制到系统的内存当中，然后跳转到系统内核的第一条指令处继续执行。

（2）设备驱动程序。

在一个嵌入式系统当中，操作系统是可能有也可能无的。但无论如何，设备驱动程序是必不可少的。所谓的设备驱动程序，就是一组库函数，用来对硬件进行初始化和管理，并向上层软件提供良好的访问接口。

对于不同的硬件设备来说，它们的功能是不一样的，所以它们的设备驱动程序也是不一样的。但是一般来说，大多数的设备驱动程序都会具备以下的一些基本功能：

硬件启动：在开机上电或系统重启的时候，对硬件进行初始化。

硬件关闭：将硬件设置为关机状态。

硬件停用：暂停使用这个硬件。

硬件启用：重新启用这个硬件。

读操作：从硬件中读取数据。

写操作：往硬件中写入数据。

4. 嵌入式操作系统

嵌入式操作系统（Embedded Operating System，EOS）是指用于嵌入式系统的操作系统。嵌入式操作系统是一种用途广泛的系统软件，通常包括与硬件相关的底层驱动软件、系统内核、设备驱动接口、通信协议、图形界面、标准化浏览器等。

嵌入式操作系统负责嵌入式系统的全部软、硬件资源的分配、任务调度，控制、协调并发活动。它必须体现其所在系统的特征，能够通过装卸某些模块来达到系统所要求的功能。

目前在嵌入式领域广泛使用的操作系统有：嵌入式实时操作系统 μC/OS-II、嵌入式 Linux、Windows Embedded、VxWorks 等，以及应用在智能手机和平板电脑的 Android、iOS 等。

5. 嵌入式操作系统的特点

（1）系统内核小。由于嵌入式系统一般是应用于小型电子装置，系统资源相对有限，所以内核较之传统的操作系统要小得多。

（2）专用性强。嵌入式系统的个性化很强，其中的软件系统和硬件的结合非常紧密，一般要针对硬件进行系统的移植，即使在同一品牌、同一系列的产品中也需要根据系统硬件的变化和增减不断进行修改。同时针对不同的任务，往往需要对系统进行较大更改，程序的编译下载要和系统相结合，这种修改和通用软件的"升级"完全是两个概念。

（3）系统精简。嵌入式系统一般没有系统软件和应用软件的明显区分，不要求其功能设计及实现上过于复杂，这样一方面利于控制系统成本，同时也利于实现系统安全。

（4）高实时性。高实时性的系统软件是嵌入式软件的基本要求，而且软件要求固态存储，以提高速度；软件代码要求高质量和高可靠性。

（5）多任务的操作系统。嵌入式软件开发需要使用多任务的操作系统。嵌入式系统的应用程序可以没有操作系统，直接在芯片上运行。但是为了合理地调度多任务、利用系统资源、系统函数以及和专用库函数接口，用户必须自行选配操作系统开发平台，这样才能保证程序执行的实时性、可靠性，并减少开发时间，保障软件质量。

6. 嵌入式实时操作系统

嵌入式实时操作系统是一种完全嵌入受控器件内部，为特定应用而设计的专用计算机系统。在嵌入式实时系统中，要求**系统在投入运行前即具有确定性和可预测性**。

可预测性是指系统在运行之前，其功能、响应特性和执行结果是可预测的；确定性是指系统在给定的初始状态和输入条件下，在确定的时间内给出确定的结果。对嵌入式实时系统失效的判断，不仅依赖其运行结果的数值是否正确，也依赖于提供结果是否及时。

7. 实时操作系统（RTOS）的特点

当外界事件或数据产生时，能够接受并以足够快的速度予以处理，其处理的结果又能在规定的时间之内来控制生产过程或对处理系统做出快速响应，并控制所有实时任务协调一致运行。因而，提供**及时响应和高可靠性**是其主要特点。

实时操作系统有硬实时和软实时之分，硬实时要求在规定的时间内必须完成操作，这是在操作系统设计时保证的；软实时则只要按照任务的优先级，尽可能快地完成操作即可。

8. 实时操作系统的特征

（1）高精度计时系统。计时精度是影响实时性的一个重要因素。在实时应用系统中，经常需要精确确定实时地操作某个设备或执行某个任务，或精确地计算一个时间函数。这些不仅依赖于一些硬件提供的时钟精度，也依赖于实时操作系统实现的高精度计时功能。

（2）多级中断机制。一个实时应用系统通常需要处理多种外部信息或事件，但处理的紧迫程度有轻重缓急之分。有的必须立即作出反应，有的则可以延后处理。因此，需要建立多级中断嵌套处理机制，以确保对紧迫程度较高的实时事件进行及时响应和处理。

（3）实时调度机制。实时操作系统不仅要及时响应实时事件中断，同时也要及时调度运行实时任务。但是，处理机调度并不能随心所欲地进行，因为涉及到两个进程之间的切换，只能在确保"安全切换"的时间点上进行，实时调度机制包括两个方面：一是在调度策略和算法上保证优先调度实时任务；二是建立更多"安全切换"的时间点，保证及时调度实时任务。

因此，实际上来看，实时操作系统如同操作系统一样，就是一个后台的支撑程序，可以按照实时性的要求进行配置、裁剪等。其关注的重点在于任务完成的时间是否能够满足要求。

### 10.2.3 嵌入式软件设计

1. 开发流程

嵌入式软件开发不同于传统软件开发，其所使用的开发环境、工具都有特殊性，在嵌入式软件开发中，一般使用宿主机和目标机的模式进行系统开发，并且借助于开发工具进行目标开发。

宿主机是指普通 PC 机中构建的开发环境，一般需要配置交叉编译器，借助于宿主机的环境，使用交叉编译器进行目标编译，代码生成，同时借助仿真器或者是网络进行目标机的程序调式。

目标机可以是嵌入式系统的实际运行环境，也可以是能够替代实际运行环境的仿真系统。

嵌入式软件开发方式一般是：在宿主机上建立开发环境，完成编码和交叉编译工作，然后在宿主机和目标机之间建立连接，将目标程序下载到目标机中进行交叉调试和运行，如图 10-4 所示。

2. 交叉编译

嵌入式软件开发所采用的编译为交叉编译。所谓交叉编译就是在一个平台上生成可以在另一个平台上执行的代码。编译的最主要工作就是将程序转化成运行该程序的 CPU 所能识别的机器代码，由于不同的体系结构有不同的指令系统。因此，不同的 CPU 需要有相应的编译器，而交叉编译就如同翻译一样，把相同的程序代码翻译成不同 CPU 的对应可执行二进制文件。

由于一般通用计算机拥有非常丰富的系统资源、使用方便的集成开发环境和调试工具等，而嵌入式系统的系统资源非常紧缺，无法在其上运行相关的编译工具，因此，嵌入式系统的开发需要借助宿主机（通用计算机）来编译出目标机的可执行代码。

图 10-4　嵌入式软件开发体系结构

#### 3. 交叉调试

嵌入式软件经过编译和链接后即进入调试阶段，调试是软件开发过程中必不可少的一个环节，嵌入式软件开发过程中的交叉调试与通用软件开发过程中的调试方式有很大的差别。

在常见软件开发中，调试器与被调试的程序往往运行在同一台计算机上，调试器是一个单独运行着的进程，它通过操作系统提供的调试接口来控制被调试的进程。

而在嵌入式软件开发中，调试时采用的是在宿主机和目标机之间进行的交叉调试，调试器仍然运行在宿主机的通用操作系统之上，但被调试的进程却是运行在基于特定硬件平台的嵌入式操作系统中，调试器和被调试进程通过串口或者网络进行通信，调试器可以控制、访问被调试进程，读取被调试进程的当前状态，并能够改变被调试进程的运行状态。

#### 4. 开发工具

嵌入式软件的开发可以分为几个阶段：编码、交叉编译、交叉调试。各个阶段的工具如下：

（1）编辑器。用于编写嵌入式源代码程序，从理论上来说，任何一个文本编辑器都可以用来编写源代码。

各种集成开发环境会提供功能强大的编辑器，如 VS 系列、eclipse、keil、CSS 等。

常见的独立编辑器有 UE、Source Insight、vim 等。

（2）编译器 gcc。编译阶段的工作是用交叉编译工具处理源代码，生成可执行的目标文件，在嵌入式系统中，由于宿主机和目标机系统不一样，需要使用交叉编译，GNU C/C++（gcc）是目前常用的一种交叉编译器，支持非常多的宿主机/目标机组合。

gcc 是一个功能强大的工具集合，包含了预处理器、编译器、汇编器、连接器等组件，会在需要时去调用这些组件来完成编译任务。

（3）调试器 gdb。在开发嵌入式软件时，交叉调试是必不可少的一步。嵌入式软件调试的特点：

1）调试器运行在宿主机上，被调试程序运行在目标机上。

2）调试器通过某种通信方式与目标机建立联系，如串口、并口、网络、JTAG 等。

3）在目标机上一般有调试器的某种代理，能配合调试器一起完成对目标机上运行程序的调试，可以是软件或支持调试的硬件。

gdb 是 GNU 开源组织发布的一个强大的程序调试工具。

## 10.3　课后演练（精选真题）

● 一般说来，SOC 称为系统级芯片，也称片上系统，它是一个有专用目标的集成电路产品，以下关于 SOC 不正确的说法是　(1)　。（**2021 年 11 月第 9 题**）

　（1）A．SOC 是一种技术，是以实际的、确定的系统功能开始，到软/硬件划分，并完成设计的整个过程

　　　　B．SOC 是一款具有运算能力的处理器芯片，可面向特定用途进行定制的标准产品

　　　　C．SOC 是信息系统核心的芯片集成，是将系统关键部件集成在一块芯片上，完成信息系统的核心功能

　　　　D．SOC 是将微处理器、模拟 IP 核、数字 IP 核和存储器（或片外存储控制接口）集成在单一芯片上，是面向特定用途的标准产品

● 嵌入式实时操作系统与一般操作系统相比，具备许多特点。以下不属于嵌入式实时操作系统特点的是　(2)　。（**2021 年 11 月第 10 题**）

　（2）A．可剪裁性　　　　B．实时性　　　　C．通用性　　　　D．可固化性

● 安全攸关系统在软件需求分析阶段，应提出安全性需求。软件安全性需求是指通过约束软件的行为，使其不会出现　(3)　。软件安全需求的获取是根据已知的　(4)　，如软件危害条件等以及其他一些类似的系统数据和通用惯例，完成通用软件安全性需求的裁剪和特定软件安全性需求的获取工作。（**2019 年 11 月第 9～10 题**）

　（3）A．不可接受的系统安全的行为　　　　B．有可能影响系统可靠性的行为

　　　　C．不可接受的违反系统安全的行为　　　　D．系统不安全的事故

　（4）A．系统信息　　　B．系统属性　　　C．软件属性　　　D．代码信息

● 目前处理器市场中存在 CPU 和 DSP 两种类型处理器，分别用于不同场景，这两种处理器具有不同的体系结构，DSP 采用　(5)　。（**2018 年 11 月第 9 题**）

　（5）A．冯·诺依曼结构　　　　　　　　B．哈佛结构

　　　　C．FPGA 结构　　　　　　　　　　D．与 GPU 相同的结构

● 嵌入式处理器是嵌入式系统的核心部件，一般可分为嵌入式微处理器（MPU）、微控制器（MCU）、数字信号处理器（DSP）和片上系统（SOC）。以下叙述中，错误的是　(6)　。（**2016 年 11 月第 3 题**）

　（6）A．MPU 在安全性和可靠性等方面进行增强，适用于运算量较大的智能系统

　　　　B．MCU 典型代表是单片机，体积小从而使功耗和成本下降

C．DSP 处理器对系统结构和指令进行了特殊设计，适合数字信号处理

D．SOC 是一个有专用目标的集成电路，其中包括完整系统并有嵌入式软件的全部内容

● 在嵌入式操作系统中，板级支持包（BSP）作为对硬件的抽象，实现了 __(7)__ 。（**2015 年 11 月第 9 题**）

（7）A．硬件无关性，操作系统无关性　　　B．硬件有关性，操作系统有关性

C．硬件无关性，操作系统有关性　　　D．硬件有关性，操作系统无关性

● 以下关于 RTOS（实时操作系统）的叙述中，不正确的是 __(8)__ 。（**2017 年 11 月第 5 题**）

（8）A．RTOS 不能针对硬件变化进行结构与功能上的配置及裁剪

B．RTOS 可以根据应用环境的要求对内核进行裁剪和重配

C．RTOS 的首要任务是调度一切可利用的资源来完成实时控制任务

D．RTOS 实质上就是一个计算机资源管理程序，需要及时响应实时事件和中断

# 10.4　课后演练答案解析

（1）**参考答案**：B

**解析**　SOC 翻译过来是片上系统，是系统级芯片，包含完整系统并有嵌入式软件全部内容。B 项的说法片面。

（2）**参考答案**：C

**解析**　RTOS 是专业化的，面向特定应用。

（3）（4）**参考答案**：（3）C　　（4）A

**解析**　安全攸关（safety-critical）系统是指系统失效会对生命或者健康构成威胁的系统，在航空、航天、汽车、轨道交通等领域存在大量的安全攸关系统。在安全攸关系统中运行重要软件，其安全性要求很高。通常在开发安全攸关软件时，需求分析阶段必须考虑安全性需求，这里软件安全性需求是指通过约束软件的行为，使其不会出现不可接受的违反系统安全的行为需求。

因此，第（3）空的不可接受的系统安全的行为中系统安全的行为是错误说明，而违背系统安全行为是安全性需求。有可能影响系统可靠性的行为错误的原因是没分清安全性和可靠性的差别。系统不安全的事故是说明影响结果。

软件安全需求的获取是根据已知的系统信息，如：软件危害条件等以及其他一些类似的系统数据和通用惯例，完成通用软件安全性需求的裁剪和特定软件安全性需求的获取工作。也就是说软件安全性需求的获取主要来源于所开发的系统中相关安全性信息，而一些安全性惯例是安全攸关软件潜在的安全性需求。

（5）**参考答案**：B

**解析**　编程 DSP 芯片是一种具有特殊结构的微处理器，为了达到快速进行数字信号处理的目的，DSP 芯片一般都采用特殊的软硬件结构：

1）哈佛结构。DSP 采用了哈佛结构，将存储器空间划分成两个，分别存储程序和数据。它们

有两组总线连接到处理器核，允许同时对它们进行访问，每个存储器独立编址，独立访问。这种安排将处理器的数据吞吐率加倍，更重要的是同时为处理器核提供数据与指令。在这种布局下，DSP 得以实现单周期的 MAC 指令。

在哈佛结构中，由于程序和数据存储器在两个分开的空间中，因此取指和执行能完全重叠运行。

2）流水线。与哈佛结构相关，DSP 芯片广泛采用 2～6 级流水线以减少指令执行时间，从而增强了处理器的处理能力。这可使指令执行能完全重叠，每个指令周期内，不同的指令都处于激活状态。

3）独立的硬件乘法器。在实现多媒体功能及数字信号处理的系统中，算法的实现和数字滤波都是计算密集型的应用。在这些场合，乘法运算是数字处理的重要组成部分，是各种算法实现的基本元素之一。乘法的执行速度越快，DSP 处理器的性能越高。相比于一般的处理器需要 30～40 个指令周期，DSP 芯片的特征就是有一个专用的硬件乘法器，乘法可以在一个周期内完成。

4）特殊的 DSP 指令。DSP 的另一特征是采用特殊的指令，专为数字信号处理中的一些常用算法优化。这些特殊指令为一些典型的数字处理提供加速，可以大幅提高处理器的执行效率。使一些高速系统的实时数据处理成为可能。

5）独立的 DMA 总线和控制器。有一组或多组独立的 DMA 总线，与 CPU 的程序、数据总线并行工作。在不影响 CPU 工作的条件下，DMA 的速度已经达到 800Mb/s 以上。这在需要大数据量进行交换的场合可以减小 CPU 的开销，提高数据的吞吐率。提高系统的并行执行能力。

6）多处理器接口。使多个处理器可以很方便地并行或串行工作以提高处理速度。

7）JTAG（Joint Test Action Group）标准测试接口（IEEE 1149 标准接口）便于对 DSP 作片上的在线仿真和多 DSP 条件下的调试。

8）快速的指令周期。哈佛结构，流水线操作，专用的硬件乘法器，特殊的 DSP 指令再加上集成电路的优化设计，可使 DSP 芯片的指令周期在 10ns 以下。快速的指令周期可以使 DSP 芯片能够实时实现许多 DSP 应用。

（6）参考答案：A

解析　MPU 采用增强型通用微处理器。由于嵌入式系统通常应用于环境比较恶劣的环境中，因而 MPU 在工作温度、电磁兼容性以及可靠性方面的要求较通用的标准微处理器高。但是，MPU 在功能方面与标准的微处理器基本上是一样的。MCU 又称单片微型计算机（Single Chip Microcomputer）或者单片机，是指随着大规模集成电路的出现及其发展，将计算机的 CPU、RAM、ROM、定时计数器和多种 I/O 接口集成在一片芯片上，形成芯片级的计算机，为不同的应用场合做不同的组合控制。DSP 是一种独特的微处理器，是以数字信号来处理大量信息的器件。其实时运行速度可达每秒数以千万条复杂指令程序，远远超过通用微处理器，它的强大数据处理能力和高运行速度，是最值得称道的两大特色。SOC 称为系统级芯片，也有称片上系统，意指它是一个产品，是一个有专用目标的集成电路，其中包含完整系统并有嵌入软件的全部内容。

（7）参考答案：B

解析　板级支持包（BSP）是介于主板硬件和操作系统中驱动层程序之间的一层，一般认为它属于操作系统的一部分，主要是实现对操作系统的支持，为上层的驱动程序提供访问硬件设备寄存器的函数包，使之能够更好地运行于硬件主板。在嵌入式系统软件的组成中就有 BSP。BSP 是相对于操作系统而言的，不同的操作系统对应于不同定义形式的 BSP，例如 VxWorks 的 BSP 和 Linux 的 BSP 相对于某一 CPU 来说尽管实现的功能一样，可是写法和接口定义是完全不同的，所以写 BSP 一定要按照该系统 BSP 的定义形式来写（BSP 的编程过程大多数是在某一个成型的 BSP 模板上进行修改）。这样才能与上层 OS 保持正确的接口，良好地支持上层 OS。BSP 的主要功能为屏蔽硬件，提供操作系统及硬件驱动，具体功能包括：

1）单板硬件初始化，主要是 CPU 的初始化，为整个软件系统提供底层硬件支持。

2）为操作系统提供设备驱动程序和系统中断服务程序。

3）定制操作系统的功能，为软件系统提供一个实时多任务的运行环境。

4）初始化操作系统，为操作系统的正常运行做好准备。

板级支持包一般包含相关底层硬件的初始化、数据的输入/输出操作和硬件设备的配置等功能，它主要具有以下两个特点：

1）硬件相关性，因为嵌入式实时系统的硬件环境具有应用相关性，而作为上层软件与硬件平台之间的接口，BSP 需为操作系统提供操作和控制具体硬件的方法。

2）操作系统相关性，不同的操作系统具有各自的软件层次结构，因此不同的操作系统具有特定的硬件接口形式。

（8）**参考答案**：A

**解析** 实时系统的正确性依赖于运行结果的逻辑正确性和运行结果产生的时间正确性，即实时系统必须在规定的时间范围内正确地响应外部物理过程的变化。实时多任务操作系统是根据操作系统的工作特性而言的。实时是指物理进程的真实时间。实时操作系统是指具有实时性，能支持实时控制系统工作的操作系统。首要任务是调度一切可利用的资源来完成实时控制任务，其次才着眼于提高计算机系统的使用效率，重要特点是要满足对时间的限制和要求。一个实时操作系统可以在不破坏规定的时间限制的情况下完成所有任务的执行。任务执行的时间可以根据系统的软硬件的信息而进行确定性地预测。也就是说，如果硬件可以做这件工作，那么实时操作系统的软件将可以确定性地做这件工作。实时操作系统可根据实际应用环境的要求对内核进行裁剪和重新配置，根据不同的应用，其组成有所不同。

# 第 11 章
# 软件架构设计

## 11.1 备考指南

系统架构设计主要考查的是架构风格、架构设计过程、质量属性等相关知识，同时也是重点考点，在系统架构设计师的考试中选择题占 20～24 分，案例分析也时有考查，主要集中在质量属性、架构评估、架构风格等问题，论文中也会考到，属于重点章节之一。

## 11.2 考点梳理及精讲

### 11.2.1 软件架构的概念

1. 架构设计概述

从需求分析到软件设计之间的过渡过程称为软件架构。只要软件架构设计好了，整个软件就不会出现坍塌性的错误，即不会崩溃。架构设计就是需求分配，将满足需求的职责分配到组件上。软件架构为软件系统提供了一个结构、行为和属性的高级抽象，由构件的描述、构件的相互作用（连接件）、指导构件集成的模式以及这些模式的约束组成。软件架构不仅指定了系统的组织结构和拓扑结构，并且显示了系统需求和构件之间的对应关系，提供了一些设计决策的基本原理。解决好软件的复用、质量和维护问题，是研究软件架构的根本目的。软件架构设计包括提出架构模型、产生架构设计和进行设计评审等活动，是一个迭代的过程。架构设计主要关注软件组件的结构、属性和交互作用，并通过多种视图全面描述特定系统的架构。

2. 架构设计的作用

软件架构能够在设计变更相对容易的阶段，考虑系统结构的可选方案，便于技术人员与非技术人员就软件设计进行交互，能够展现软件的结构、属性与内部交互关系。软件架构是项目干系人进行交流的手段，明确了对系统实现的约束条件，决定了开发和维护组织的组织结构，制约着系统的质量属性。软件架构使推理和控制的更改更加简单，有助于循序渐进的原型设计，可以作为培训的基础。软件架构是可传递和可复用的模型，通过研究软件架构可预测软件的质量。

3. 软件架构建模

（1）五大模型。

1）结构模型：以架构的构件、连接件和其他概念来刻画结构；并试图以结构模型来反映整个系统的配置、内在逻辑等。

2）框架模型：不太侧重描述结构的细节而更侧重于整体的结构；主要是针对具体的问题为目标，来设计适应这个问题的模型。

3）动态模型：系统的大颗粒的行为性质；对结构模型和框架模型的补充，描述系统的演化。

4）过程模型：构建系统的步骤和过程。

5）功能模型：由一组功能构件按层次组成，下层向上层提供服务。

（2）4+1视图。

1）逻辑视图。主要支持系统的功能需求，即系统提供给最终用户的服务，用类图来描述。

2）开发视图。也称为模块视图，在 UML 中被称为实现视图，它主要侧重于软件模块的组织和管理。通过系统 I/O 关系的模型图和子系统图来描述。

3）进程视图。侧重于系统的运行特性，主要关注一些非功能性需求，例如系统的性能和可用性等。强调并发性、分布性、系统集成性和容错能力。定义了逻辑视图中的各个类的操作具体是在哪一个线程中被执行的。

4）物理视图。在 UML 中被称为部署视图，它主要考虑如何把软件映像到硬件上，它通常要考虑到解决系统拓扑结构、系统安装和通信等问题。

5）场景。可以看作是那些重要系统活动的抽象，它使四个视图有机地联系起来，从某种意义上说场景是最重要的需求抽象。对应于 UML 中的用例视图。

## 11.2.2 构件

1. 构件的概念

构件是一个独立可交付的功能单元，外界通过接口访问其提供的服务。构件由一组通常需要同时部署的原子构件组成。一个原子构件是一个模块和一组资源。原子构件是部署、版本控制和替换的基本单位。原子构件通常成组地部署，但是它也能够被单独部署。构件和原子构件之间的区别在于，大多数原子构件永远都不会被单独部署，尽管它们可以被单独部署。相反，大多数原子构件都属于一个构件家族，一次部署往往涉及整个家族。一个模块是不带单独资源的原子构件（在这个严格定义下，Java 包不是模块——在 Java 中部署的原子单元是类文件。一个单独的包被编译成多个单独的类文件——每个公共类都有一个）。模块是一组类和可能的非面向对象的结构体，比如过程或者函数。

2. 构件和对象的特征

构件的特性是：①独立部署单元；②作为第三方的组装单元；③没有（外部的）可见状态。一个构件可以包含多个类元素，但是一个类元素只能属于一个构件。将一个类拆分进行部署通常没什么意义。

对象的特性是：①一个实例单元，具有唯一的标志；②可能具有状态，此状态外部可见；③封装了自己的状态和行为。

3. 构件接口

接口标准化是对接口中消息的格式、模式和协议的标准化。它不是要将接口格式化为参数化操作的集合，而是关注输入输出的消息的标准化，它强调当机器在网络中互连时，标准的消息模式、格式、协议的重要性。

4. 面向构件的编程（COP）

面向构件的编程（Component Oriented Programming，COP）关注于如何支持建立面向构件的解决方案。面向构件的编程需要下列基本的支持：

（1）多态性（可替代性）。

（2）模块封装性（高层次信息的隐藏）。

（3）后期的绑定和装载（部署独立性）。

（4）安全性（类型和模块安全性）。

5. 构件技术

**构件技术**就是利用某种编程手段，将一些人们所关心的，但又不便于让最终用户去直接操作的细节进行了封装，同时对各种业务逻辑规则进行了实现，用于处理用户的内部操作细节。

目前，国际上常用的构件标准主要有三大流派，分别是 EJB、COM/DCOM/COM+和 CORBA。

（1）EJB（Enterprise Java Bean）规范由 Sun 公司制定，有三种类型的 EJB，分别是会话 Bean（Session Bean）、实体 Bean（Entity Bean）和消息驱动 Bean（Message-driven Bean）。

EJB 实现应用中关键的业务逻辑，创建基于构件的企业级应用程序。EJB 在应用服务器的 EJB 容器内运行，由容器提供所有基本的中间层服务，如事务管理、安全、远程客户连接、生命周期管理和数据库连接缓冲等。

（2）COM/DCOM/COM+：COM 是微软公司的。DCOM 是 COM 的进一步扩展，具有位置独立性和语言无关性。COM+并不是 COM 的新版本，是 COM 的新发展或是更高层次的应用。

（3）COBRA 标准主要分为 3 个层次：对象请求代理、公共对象服务和公共设施。

1）最底层是对象请求代理（ORB），规定了分布对象的定义（接口）和语言映像，实现对象间的通信和互操作，是分布对象系统中的"软总线"。

2）在 ORB 之上定义了很多公共服务，可以提供诸如并发服务、名字服务、事务（交易）服务、安全服务等各种各样的服务。

3）最上层的公共设施则定义了组件框架，提供可直接为业务对象使用的服务，规定业务对象有效协作所需的协定规则。

4）对象管理组织（Object Management Group，OMG）制订了对象管理体系结构（Object Management Architecture，OMA）参考模型，该模型描述了 OMG 规范所遵循的概念化的基础结构。OMA 由对象请求代理（Object Request Broker，ORB）、对象服务、公共设施、域接口和应用接口这几个部分组成，其核心部分是对象请求代理 ORB。

5）对象管理组织（OMG）基于 CORBA 基础设施定义了 **4 种构件标准**。

a. 实体（Entity）构件需要长期持久化并主要用于事务性行为，由容器管理其持久化。

b. 加工（Process）构件同样需要容器管理其持久化，但没有客户端可访问的主键。

c. 会话（Session）构件不需要容器管理其持久化，其状态信息必须由构件自己管理。

d. 服务（Service）构件是无状态的。

6）CORBA 对象可看作是一个具有对象标识、对象接口及对象实现的抽象实体。之所以称为抽象的，是因为并没有硬性规定 CORBA 对象的实现机制。一个 CORBA 对象的引用又称可互操作的对象引用（Interoperable Object Reference，IOR）。从客户程序的角度看，IOR 中包含了对象的标识、接口类型及其他信息以查找对象实现。

a. 对象标识（Object ID）是一个用于在 POA 中标识一个 CORBA 对象的字符串。它既可由程序员指派，也可由对象适配器自动分配，这两种方式都要求对象标识在创建它的对象适配器中必须具有唯一性。

b. 便携式对象适配器（POA）是对象实现与 ORB 其他组件之间的中介，支持由 Object Id 标识的对象的名称空间，它将客户请求传送到伺服对象，按需创建子 POA，提供管理伺服对象的策略。

c. 伺服对象（servant）是指具体程序设计语言的对象或实体，通常存在于一个服务程序进程之中。客户程序通过对象引用发出的请求经过 ORB 担当中介角色，转换为对特定的伺服对象的调用。在一个 CORBA 对象的生命期中，它可能与多个伺服对象相关联，因而对该对象的请求可能被发送到不同的伺服对象。

### 11.2.3 软件架构风格

**1. 架构风格的概念**

软件体系架构风格是描述某一特定应用领域中系统组织方式的惯用模式。架构风格定义一个系统家族，即一个架构定义一个词汇表和一组约束。词汇表中包含一些构件和连接件类型，而这组约束指出系统是如何将这些构件和连接件组合起来的。架构风格反映了领域中众多系统所共有的结构和语义特性，并指导如何将各个模块和子系统有效地组织成一个完整的系统。对软件架构风格的研究和实践促进对设计的重用，一些经过实践证实的解决方案也可以可靠地用于解决新的问题。架构设计的一个核心问题是能否达到架构级的软件复用。架构风格定义了用于描述系统的术语表和一组指导构建系统的规则。

2. 基本架构风格

数据流风格：面向数据流，按照一定的顺序从前向后执行程序，代表的风格有批处理序列、管道-过滤器。

调用/返回风格：构件之间存在互相调用的关系，一般是显式的调用，代表的风格有主程序/子程序、面向对象、层次结构。

独立构件风格：构件之间是互相独立的，不存在显式的调用关系，而是通过某个事件触发、异步的方式来执行，代表的风格有进程通信、事件驱动系统（隐式调用）。

虚拟机风格：自定义了一套规则供使用者使用，使用者基于这个规则来开发构件，能够跨平台适配，代表的风格有解释器、基于规则的系统。

仓库风格：以数据为中心，所有的操作都是围绕建立的数据中心进行的，代表的风格有数据库系统、超文本系统、黑板系统。

3. 数据流风格

批处理序列：构件为一系列固定顺序的计算单元，构件之间只通过数据传递交互。每个处理步骤是一个独立的程序，每一步必须在其前一步结束后才能开始，数据必须是完整的，以整体的方式传递。

管道-过滤器：每个构件都有一组输入和输出，构件读取输入的数据流，经过内部处理，产生输出数据流。前一个构件的输出作为后一个构件的输入，前后数据流关联。过滤器就是构件，连接件就是管道。早期编译器就是采用的这种架构，要一步一步处理的，均可考虑此架构风格。

二者的区别在于批处理前后构件不一定有关联，并且是作为整体传递，即必须前一个执行完才能执行下一个。管道-过滤器是前一个输出作为后一个输入，前面执行到部分可以开始下一个的执行。

4. 调用/返回风格

主程序/子程序：单线程控制，把问题划分为若干个处理步骤，构件即为主程序和子程序，子程序通常可合成为模块。过程调用作为交互机制，充当连接件的角色。调用关系具有层次性，其语义逻辑表现为主程序的正确性取决于它调用的子程序的正确性。

面向对象：构件是对象，对象是抽象数据类型的实例。在抽象数据类型中，数据的表示和它们的相应操作被封装起来，对象的行为体现在其接受和请求的动作。连接件是对象间交互的方式，对象是通过函数和过程的调用来交互的。

层次结构：构件组成一个层次结构，连接件通过决定层间如何交互的协议来定义。每层为上一层提供服务，使用下一层的服务，只能见到与自己邻接的层。通过层次结构，可以将大的问题分解为若干个渐进的小问题逐步解决，可以隐藏问题的复杂度。修改某一层，最多影响其相邻的两层（通常只能影响上层）。

（1）层次结构的优点：

1）支持基于可增加抽象层的设计，允许将一个复杂问题分解成一个增量步骤序列的实现。

2）不同的层次处于不同的抽象级别，越靠近底层，抽象级别越高；越靠近顶层，抽象级别越低。

3）由于每一层最多只影响两层，同时只要给相邻层提供相同的接口，允许每层用不同的方法实现，同样为软件复用提供了强大的支持。

（2）层次结构的缺点：

1）并不是每个系统都可以很容易地划分为分层的模式。

2）很难找到一个合适的、正确的层次抽象方法。

5. 独立构件风格

进程通信：构件是独立的进程，连接件是消息传递。构件通常是命名过程，消息传递的方式可以是点对点、异步或同步方式，以及远程过程（方法）调用等。

事件驱动系统（隐式调用）：构件不直接调用一个过程，而是触发或广播一个或多个事件。构件中的过程在一个或多个事件中注册，当某个事件被触发时，系统自动调用在这个事件中注册的所有过程。一个事件的触发就导致了另一个模块中的过程调用。这种风格中的构件是匿名的过程，它们之间交互的连接件往往是以过程之间的隐式调用来实现的。

事件驱动系统主要优点是为软件复用提供了强大的支持，为构件的维护和演化带来了方便；缺点是构件放弃了对系统计算的控制。

6. 虚拟机风格

解释器：通常包括一个完成解释工作的解释引擎、一个包含将被解释的代码的存储区、一个记录解释引擎当前工作状态的数据结构，以及一个记录源代码被解释执行的进度的数据结构。具有解释器风格的软件中含有一个虚拟机，可以仿真硬件的执行过程和一些关键应用，缺点是执行效率低。

基于规则的系统包括规则集、规则解释器、规则/数据选择器和工作内存，一般用在人工智能领域和 DSS 中。

7. 仓库风格（数据共享风格，以数据为中心）

数据库系统：构件主要有两大类，一类是中央共享数据源，保存当前系统的数据状态；另一类是多个独立处理单元，处理单元对数据元素进行操作。

黑板系统：包括知识源、黑板和控制三部分。知识源包括若干独立计算的不同单元，提供解决问题的知识。知识源响应黑板的变化，也只修改黑板；黑板是一个全局数据库，包含问题域解空间的全部状态，是知识源相互作用的唯一媒介；知识源响应是通过黑板状态的变化来控制的。黑板系统通常应用在对于解决问题没有确定性算法的软件中（信号处理、问题规划和编译器优化等）。

超文本系统：构件以网状链接方式相互连接，用户可以在构件之间进行按照人类的联想思维方式任意跳转到相关构件。是一种非线性的网状信息组织方法，它以节点为基本单位，链作为节点之间的联想式关联。通常应用在互联网领域。

现代编译器的集成开发环境一般采用数据仓储（即以数据为中心的架构风格）架构风格进行开发，其中心数据就是程序的语法树。

8. 闭环控制架构（过程控制）

当软件被用来操作一个物理系统时，软件与硬件之间可以粗略地表示为一个反馈循环，这个反馈循环通过接受一定的输入，确定一系列的输出，最终使环境达到一个新的状态，适合于嵌入式系统，涉及连续的动作与状态。

9. C2 架构风格

C2 体系结构风格可以概括为通过连接件绑定在一起的按照一组规则运作的并行构件网络。C2 风格中的系统组织规则如下：

（1）系统中的构件和连接件都有一个顶部和一个底部。

（2）构件的顶部应连接到某连接件的底部，构件的底部则应连接到某连接件的顶部，而构件与构件之间的直接连接是不允许的。

（3）一个连接件可以和任意数目的其他构件和连接件连接。

（4）当两个连接件进行直接连接时，必须由其中一个的底部到另一个的顶部。

C2 风格的原理图如下：

10. 架构风格汇总

架构风格汇总见表 11-1。

表 11-1　架构风格汇总

| 架构风格名 | 常考关键字及实例 | 简介 |
| --- | --- | --- |
| 数据流-批处理 | 传统编译器，每个阶段产生的结果作为下一个阶段的输入，区别在于整体 | 一个接一个，以整体为单位 |
| 数据流-管道-过滤器 | | 一个接一个，前一个的输出是后一个的输入 |
| 调用/返回-主程序/子程序 | | 显式调用，主程序直接调用子程序 |
| 调用/返回-面向对象 | | 对象是构件，通过对象调用封装的方法和属性 |
| 调用/返回-层次结构 | | 分层，每层最多影响其上下两层，有调用关系 |
| 独立构件-进程通信 | | 进程间独立的消息传递，同步和异步方式 |

续表

| 架构风格名 | 常考关键字及实例 | 简介 |
|---|---|---|
| 独立构件-事件驱动（隐式调用） | 事件触发推动动作，如程序语言的语法高亮、语法错误提示 | 不直接调用，通过事件驱动 |
| 虚拟机-解释器 | 自定义流程，按流程执行，规则随时改变，灵活定义，业务灵活组合机器人 | 解释自定义的规则，解释引擎、存储区、数据结构 |
| 虚拟机-规则系统 | | 规则集、规则解释器、选择器和工作内存，用于 DSS 和人工智能、专家系统 |
| 仓库-数据库 | 现代编译器的集成开发环境（IDE），以数据为中心。又称为数据共享风格 | 中央共享数据源，独立处理单元 |
| 仓库-超文本 | | 网状链接，多用于互联网 |
| 仓库-黑板 | | 语音识别、知识推理等问题复杂、解空间很大、求解过程不确定的这一类软件系统，黑板、知识源、控制 |
| 闭环-过程控制 | 汽车巡航定速，空调温度调节，设定参数，并不断调整 | 发出控制命令并接受反馈，循环往复达到平衡 |
| C2 风格 | 构件和连接件、顶部和底部 | 通过连接件绑定在一起按照一组规则运作的并行构件网络 |

11. 层次结构风格

（1）**两层 C/S 架构**。客户端和服务器都有处理功能，相比较于传统的集中式软件架构，还是有不少优点的，但是现在已经不常用，原因有：开发成本较高、客户端程序设计复杂、信息内容和形式单一、用户界面风格不一、软件移植困难、软件维护和升级困难、新技术不能轻易应用、安全性问题、服务器端压力大难以复用，如图 11-1 所示。

（2）**三层 C/S 架构**。三层 C/S 架构将处理功能独立出来，表示层和数据层都变得简单。表示层在客户机上，功能层在应用服务器上，数据层在数据库服务器上。即将两层 C/S 架构中的数据从服务器中独立出来了，其优点有以下 4 点：

1）各层在逻辑上保持相对独立，整个系统的逻辑结构更为清晰，能提高系统和软件的可维护性和可扩展性。

2）允许灵活有效地选用相应的平台和硬件系统，具有良好的可升级性和开放性。

3）各层可以并行开发，各层也可以选择各自最适合的开发语言。

4）功能层有效地隔离表示层与数据层，为严格的安全管理奠定了坚实的基础，整个系统的管理层次也更加合理和可控制。

三层 C/S 架构设计的关键在于各层之间的通信效率，要慎重考虑三层间的通信方法、通信频度和数据量，否则即使分配给各层的硬件能力很强，性能也不高，如图 11-2 所示。

图 11-1 两层 C/S 架构

图 11-2 三层 C/S 架构

（3）三层 B/S 架构。三层 B/S 架构是三层 C/S 架构的变种，将客户端变为用户客户端上的浏览器，将应用服务器变为网络上的 Web 服务器，又称为 0 客户端架构，虽然不用开发客户端，但有很多缺点，主要是数据处理能力差。

1）B/S 架构缺乏对动态页面的支持能力，没有集成有效的数据库处理功能。

2）安全性难以控制。

3）在数据查询等响应速度上，要远远低于 C/S 架构。

4）数据提交一般以页面为单位，数据的动态交互性不强，不利于 OLTP 应用。

（4）混合架构风格。

内外有别模型：企业内部使用 C/S，外部人员访问使用 B/S。

查改有别模型：采用 B/S 查询，采用 C/S 修改。

混合架构实现困难，且成本高。

12. 富互联网应用 RIA

弥补三层 B/S 架构存在的问题，RIA 是一种用户接口，比用 HTML 实现的接口更加健壮，且有可视化内容，本质还是网站模式，其优点如下：

（1）RIA 结合了 C/S 架构反应速度快、交互性强的优点与 B/S 架构传播范围广及容易传播的特性。

（2）RIA 简化并改进了 B/S 架构的用户交互。

（3）数据能够被缓存在客户端，从而可以实现一个比基于 HTML 的响应速度更快且数据往返于服务器的次数更少的用户界面。

（4）本质还是 0 客户端，借助于高速网速实现必要插件在本地的快速缓存，增强页面对动态页面的支持能力，典型的应用如小程序。

13. 面向服务的架构（SOA）

（1）概念。SOA 是一种粗粒度、松耦合服务架构，服务之间通过简单、精确定义接口进行通信，不涉及底层编程接口和通信模型。

在 SOA 中，服务是一种为了满足某项业务需求的操作、规则等的逻辑组合，它包含一系列有序活动的交互，为实现用户目标提供支持。

SOA 并不仅仅是一种开发方法，还具有管理上的优点，管理员可直接管理开发人员所构建的相同服务。多个服务通过企业服务总线提出服务请求，由应用管理来进行处理，如图 11-3 所示。

实施 SOA 的关键目标是实现企业 IT 资产重用的最大化，在实施 SOA 过程中要牢记以下特征：可从企业外部访问、随时可用（服务请求能被及时响应）、粗粒度接口（粗粒度提供一项特定的业务功能，而细粒度服务代表了技术构件方法）、服务分级、松散耦合（服务提供者和服务使用者分离）、可重用的服务及服务接口设计管理、标准化的接口（WSDL、SOAP、XML 是核心）、支持各种消息模式、精确定义的服务接口。

图 11-3　SOA 体系结构

从基于对象到基于构件再到基于服务，架构越来越松散耦合，粒度越来越粗，接口越来越标准。基于服务的构件与传统构件的区别有 4 点：

1）服务构件粗粒度，传统构件细粒度居多。

2）服务构件的接口是标准的，主要是 WSDL 接口，而传统构件常以具体 API 形式出现。

3）服务构件的实现与语言是无关的，而传统构件常绑定某种特定的语言。

4）服务构件可以通过构件容器提供 QoS 的服务，而传统构件完全由程序代码直接控制。

（2）关键技术。SOA 中应用的关键技术见表 11-2。

表 11-2　SOA 关键功能与相关协议

| 功能 | 协议 |
| --- | --- |
| 发现服务 | UDDI、DISCO |
| 描述服务 | WSDL、XML Schema |
| 消息格式层 | SOAP、REST |
| 编码格式层 | XML（DOM，SAX） |
| 传输协议层 | HTTP、TCP/IP、SMTP 等 |

1）发现服务。

UDDI：用于 Web 服务注册和服务查找，描述了服务的概念，定义了编程的接口，供其他企业来调用。

DISCO：发现公开服务的功能及交互协议。

2）描述服务。WSDL（Web 服务描述语言）协议：用于描述 Web 服务的接口和操作功能，描述网络服务。

3）消息格式层。SOAP 为建立 Web 服务和服务请求之间的通信提供支持。

表述性状态转移（Representational State Transfer，REST）是一种只使用 HTTP 和 XML 进行基于 Web 通信的技术，可以降低开发的复杂性，提高系统的可伸缩性。

4）编码格式层。扩展标记语言（Extensible Markup Language，XML）用于标记电子文件使其具有结构性的标记语言，可以用来标记数据、定义数据类型，是一种允许用户对自己的标记语言进行定义的源语言。

（3）SOA 的实现方式。

1）Web Service 由服务提供者、服务注册中心（中介，提供交易平台，可有可无）、服务请求者组成。服务提供者将服务描述发布到服务注册中心，供服务请求者查找，查找到后，服务请求者将绑定查找结果，如图 11-4 所示。

图 11-4　Web Service 实现方式

Web Service 分为六层：底层传输层（负责底层消息的传输，采用 HTTP、JMS、SMTP 协议），服务通信协议层（描述并定义服务间通信的技术标准，采用 SOAP 和 REST 协议），服务描述层（采用 WSDL 协议），服务层（对企业应用系统进行包装，通过 WSDL 定义的标准进行调用），业务流程层（支持服务发现、服务调用和点到点的服务调用，采用 WSDPEL 标准），服务注册层（采用 UDDI 协议）。

2）服务注册表。

服务注册：应用开发者（服务提供者）在注册表中公布服务的功能。

服务位置：服务使用者（服务应用开发者），帮助他们查询注册服务，寻找符合自身要求的服务。

服务绑定：服务使用者利用检索到的服务接口来编写代码，所编写的代码将与注册的服务绑定，调用注册的服务，以及与它们实现互动。

本质与 Web Service 类似，只是使用一个注册表来代替服务注册中心。

3）企业服务总线 ESB。简单来说是一根管道，用来连接各个服务节点。ESB 的存在是为了集成基于不同协议的不同服务，ESB 做了消息的转化、解释以及路由的工作，以此来让不同的服务互联互通，如图 11-5 所示。

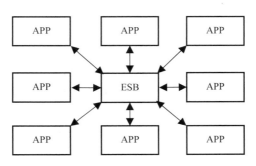

图 11-5　ESB 体系结构

包括：客户端（服务请求者）、基础架构服务（中间件）、核心集成服务（提供服务）。ESB 的特点如下：

a. SOA 的一种实现方式，ESB 在面向服务的架构中起到的是总线作用，将各种服务进行连接与整合。

b. 描述服务的元数据和服务注册管理。

c. 在服务请求者和提供者之间传递数据，以及对这些数据进行转换的能力，并支持由实践中总结出来的一些模式，如同步模式、异步模式等。

d. 发现、路由、匹配和选择的能力，以支持服务之间的动态交互，解耦服务请求者和服务提供者。高级一些的能力，包括对安全的支持、服务质量保证、可管理性和负载平衡等。

### 11.2.4　架构描述语言

架构描述语言（Architecture Description Language，ADL）是一种形式化语言，在底层语义模型的支持下，为软件系统的概念体系结构建模提供了具体语法和概念框架。基于底层语义的工具为体系结构的表示、分析、演化、细化、设计过程等提供支持。

1. ADL 的基本构成要素

构件和构件接口：计算单元或数据存储单元，是计算与状态存储的场所。

连接件：用于构件之间交互建模的体系结构构造块及其支配这些交互的规则。

架构配置：描述架构的构件与连接件的连接图。

2. 主要的架构描述语言

Aesop：支持体系结构风格的应用。

MetaH：为设计者提供了关于实时电子控制软件系统的设计指导。

C2：支持基于消息传递风格的用户界面系统的描述。

Rapide：支持体系结构设计的模拟并提供了分析模拟结果的工具。

SADL：提供了关于体系结构加细的形式化基础。

Unicon：支持异构的构件和连接类型并提供了关于体系结构的高层编译器。

Wright：支持体系结构构件之间交互的说明和分析。

### 11.2.5 特定领域软件架构

**1. DSSA 概述**

特定领域软件架构（Domain Specific Software Architecture，DSSA）就是专用于一类特定类型的任务（领域）的、在整个领域中能有效地使用的、为成功构造应用系统限定了标准的组合结构的软件构件的集合。

DSSA 就是一个特定的问题领域中支持一组应用的领域模型、参考需求、参考架构等组成的开发基础，其目标就是支持在一个特定领域中多个应用的生成。

垂直域：在一个特定领域中的通用的软件架构，是一个完整的架构。

水平域：在多个不同的特定领域之间的相同的部分小工具（如购物和教育都有收费系统，收费系统即是水平域）。

**2. DSSA 的 3 个基本活动**

（1）领域分析：这个阶段的主要目标是获得领域模型（领域需求）。识别信息源，即整个领域工程过程中信息的来源，可能的信息源包括现存系统、技术文献、问题域和系统开发的专家、用户调查和市场分析、领域演化的历史记录等，在此基础上就可以分析领域中系统的需求，确定哪些需求是领域中的系统广泛共享的，从而建立领域模型。

（2）领域设计：这个阶段的目标是获得 DSSA。DSSA 描述在领域模型中表示的需求的解决方案，它不是单个系统的表示，而是能够适应领域中多个系统的需求的一个高层次设计。建立了领域模型之后，就可以派生出满足这些被建模的领域需求 DSSA。

（3）领域实现：这个阶段的主要目标是依据领域模型和 DSSA 开发和组织可重用信息。这些可重用信息可能是从现有系统中提取得到，也可能需要通过新的开发得到。

以上过程是一个反复的、逐渐求精的过程。在实施领域工程的每个阶段中，都可能返回到以前的步骤，对以前的步骤得到的结果进行修改和完善，再回到当前步骤，在新的基础上进行本阶段的活动。

**3. 参与 DSSA 的 4 种角色人员**

（1）领域专家：包括该领域中系统的有经验的用户、从事该领域中系统的需求分析、设计、实现以及项目管理的有经验的软件工程师等。提供关于领域中系统的需求规约和实现的知识，帮助组织规范的、一致的领域字典，帮助选择样本系统作为领域工程的依据，复审领域模型、DSSA 等领域工程产品等。

（2）领域分析人员：由具有知识工程背景的有经验的系统分析员来担任。控制整个领域分析过程，进行知识获取，将获取的知识组织到领域模型中。

（3）领域设计人员：由有经验的软件设计人员来担任。根据领域模型和现有系统开发出DSSA，并对 DSSA 的准确性和一致性进行验证。

（4）领域实现人员：由有经验的程序设计人员来担任。根据领域模型和 DSSA，开发构件。

4．建立 DSSA 的过程

定义领域范围：领域中的应用要满足用户一系列的需求。

定义领域特定的元素：建立领域的字典，归纳领域中的术语，识别出领域中相同和不相同的元素。

定义领域特定的设计和实现需求的约束：识别领域中的所有约束，这些约束对领域的设计和实现会造成什么后果。

定义领域模型和架构：产生一般的架构，并描述其构件说明。

产生、搜集可复用的产品单元：为 DSSA 增加复用构件，使可用于新的系统。

以上过程是并发的、递归的、反复的、螺旋形的。

5．三层次模型

DSSA 三层次模型如图 11-6 所示。

（1）领域开发环境：领域架构师决定核心架构，产出参考结构、参考需求、架构、领域模型、开发工具。

（2）领域特定的应用开发环境：应用工程师根据具体环境来将核心架构实例化。

（3）应用执行环境：操作员实现实例化后的架构。

图 11-6　DSSA 三层次模型

## 11.2.6　基于架构的软件开发方法

1．基于架构的软件开发（ABSD）

ABSD 方法是架构驱动，强调由业务、质量和功能需求的组合驱动架构设计。它强调采用视角和视图来描述软件架构，采用用例和质量属性场景来描述需求。进一步来说，用例描述的是功能需求，质量属性场景描述的是质量需求（或侧重于非功能需求）。

使用 ABSD 方法设计活动可以从项目总体功能框架明确就开始，这意味着需求获取和分析还没有完成，就开始了软件设计。

ABSD 方法有 3 个基础：第一个基础是功能的分解，使用已有的基于模块的内聚和耦合技术；第二个基础是通过选择架构风格来实现质量和业务需求；第三个基础是软件模板的使用，软件模板利用了一些软件系统的结构。

ABSD 方法是递归的，且迭代的每一个步骤都是清晰定义的。因此，不管设计是否完成，架构总是清晰的，有助于降低架构设计的随意性。

2. 开发过程

架构设计是在需求分析之后，概要设计之前，是为了解决需求分析和软件设计之间的鸿沟问题。基于架构的软件开发过程可分为以下 6 步：

（1）架构需求：重在掌握标识构件的 3 步：生成类图、对类进行分组、把类打包成构件，如图 11-7（a）所示。

（2）架构设计：将需求阶段的标识构件映像成构件进行分析，如图 11-7（b）所示。

图 11-7　架构需求和架构设计过程

（3）架构（体系结构）文档化：主要产出两种文档，即架构（体系结构）规格说明，测试架构（体系结构）需求的质量设计说明书。文档是至关重要的，是所有人员通信的手段，关系开发的成败。

（4）架构复审：由外部人员（独立于开发组织之外的人，如用户代表和领域专家等）参加的复审，复审架构是否满足需求、质量问题、构件划分合理性等。若复审不过，则返回架构设计阶段进行重新设计、文档化，再复审。

（5）架构实现：用实体来显示出架构。实现构件，构件组装成系统，如图 11-8（a）所示。

（6）对架构进行改变，按需求增删构件，使架构可复用，如图 11-8（b）所示。

图 11-8　架构实现和架构演化过程

## 11.2.7　软件架构评估

1. 质量属性

（1）性能：指系统的响应能力，即要经过多长时间才能对某个事件作出响应，或者在某段时间内系统所能处理的事件的个数。如响应时间、吞吐量。设计策略有优先级队列、增加计算资源、减少计算开销、引入并发机制、采用资源调度等。

（2）可靠性：是软件系统在应用或系统错误面前，在意外或错误使用的情况下维持软件系统的功能特性的基本能力。如 MTTF、MTBF。设计策略有心跳、Ping/Echo、冗余、选举。

（3）可用性：是系统能够正常运行的时间比例，经常用两次故障之间的时间长度或在出现故障时系统能够恢复正常的速度来表示。如故障间隔时间。设计策略有心跳、Ping/Echo、冗余、选举。

（4）安全性：是指系统在向合法用户提供服务的同时能够阻止非授权用户使用的企图或拒绝服务的能力。如保密性、完整性、不可抵赖性、可控性。设计策略有入侵检测、用户认证、用户授权、追踪审计。

（5）可修改性：指能够快速地以较高的性能价格比对系统进行变更的能力。通常以某些具体的变更为基准，通过考查这些变更的代价衡量。设计策略有接口-实现分类、抽象、信息隐藏。

（6）功能性：是系统所能完成所期望的工作的能力。一项任务的完成需要系统中许多或大多数构件的相互协作。

（7）可变性：指体系结构经扩充或变更而成为新体系结构的能力。这种新体系结构应该符合预先定义的规则，在某些具体方面不同于原有的体系结构。当要将某个体系结构作为一系列相关产品的基础时，可变性是很重要的。

（8）互操作性：作为系统组成部分的软件不是独立存在的，经常与其他系统或自身环境相互作用。为了支持互操作性，软件体系结构必须为外部可视的功能特性和数据结构提供精心设计的软件入口。程序和用其他编程语言编写的软件系统的交互作用就是互操作性的问题，也影响应用的软件体系结构。

2. 架构评估方式

（1）敏感点：是指为了实现某种特定的质量属性，一个或多个构件所具有的特性。

（2）权衡点：是影响多个质量属性的特性，是多个质量属性的敏感点。

（3）风险点与非风险点不是以标准专业术语形式出现的，只是一个常规概念，即可能引起风险的因素，可称为风险点。某个做法如果有隐患，有可能导致一些问题，则为风险点；而如果某件事是可行的、可接受的，则为非风险点。

软件架构评估在架构设计之后，系统设计之前，因此与设计、实现、测试都没有关系。评估的目的是为了评估所采用的架构是否能解决软件系统需求，但不是单纯地确定是否满足需求。

3. 3种常用的评估方式

3种常用的评估方式的定义如下。

基于调查问卷（检查表）的方式：类似于需求获取中的问卷调查方式，只不过是架构方面的问卷，要求评估人员对领域熟悉。评估的目的是为了评估所采用的架构是否能解决软件系统需求。

基于度量的方式：制订一些定量来度量架构，如代码行数等。要制订质量属性和度量结果之间的映射，要求评估人员对架构熟悉。

基于场景的方式：主要方法。首先要确定应用领域的功能和软件架构的结构之间的映射，然后要设计用于体现待评估质量属性的场景（即4+1视图中的场景），最后分析软件架构对场景的支持程度。要求评估人员既对领域熟悉，也对架构熟悉。

从3个方面对场景进行设计：刺激（事件）；环境（事件发生的环境）；响应（架构响应刺激的过程）。

3种评估方式的比较见表11-3。

表11-3　3种评估方式的比较

| 评估方式 | 调查问卷或检查表 | | 场景 | 度量 |
| --- | --- | --- | --- | --- |
| | 调查问卷 | 检查表 | | |
| 通用性 | 通用 | 特定领域 | 特定系统 | 通用或特定领域 |
| 评估者对架构的了解程度 | 粗略了解 | 无限制 | 中等了解 | 精确了解 |
| 实施阶段 | 早 | 中 | 中 | 中 |
| 客观性 | 主观 | 主观 | 较主观 | 较客观 |

由表 11-3 可知，场景最不通用，度量要求对构架精确了解，调查问卷实施阶段最早，度量最客观。其中，基于场景的方式是主流，其有 3 种具体评估方法：

（1）SAAM（Scenarios-based Architecture Analysis Method）是一种非功能质量属性的架构分析方法，是最早形成文档并得到广泛应用的软件架构分析方法。SAAM 的主要输入是问题描述、需求说明和架构描述，步骤如图 11-9 所示。

图 11-9　SAAM 步骤

场景分为直接场景（直接可以实现的）和间接场景（该做哪些修改才能实现）。形成了场景之后，也可以对场景进行分类和单个评估，6 个步骤有交叉点。

若要比较多个架构，就要形成权值，对多个架构的功能和数量进行比较。

（2）ATAM（Architecture Tradeoff Analysis Method）让架构师明确如何权衡多个质量目标，参与者有评估小组、项目决策者和其他项目相关人。

ATAM 被分为四个主要的活动领域，分别是场景和需求收集、体系结构视图和场景实现、属性模型构造和分析、折中。整个评估过程强调以属性作为架构评估的核心概念。主要针对性能、可用性、安全性和可修改性，在系统开发之前，对这些质量属性进行评价和折中。

ATAM 分析步骤如图 11-10 所示。

（3）**成本效益分析法**（Cost Benefit Analysis Method，CBAM）用来对架构建立的成本进行设计和建模，让决策者根据投资收益率来选择合适的架构，可以看做对 ATAM 的补充，在 ATAM 确定质量合理的基础上，再对效益进行分析。有下列步骤：

1）整理场景（确定场景，并确定优先级，选择三分之一优先级最高的场景进行分析）。

2）对场景进行细化（对每个场景详细分析，确定最好、最坏的情况）。

3）确定场景的优先级（项目干系人对场景投票，根据投票结果确定优先级）。

4）分配效用（对场景响应级别确定效用表，建立策略、场景、响应级别的表格）。

5）形成"策略-场景-响应级别的对应关系"。

6）确定期望的质量属性响应级别的效用（根据效用表确定所对应的具体场景的效用表）。

7）计算各架构策略的总收益。

8）根据受成本限制影响的投资报酬率选择架构策略（估算成本，用上一步的收益减去成本，得出收益，并选择收益最高的架构策略）。

图 11-10　ATAM 分析步骤

### 11.2.8　中间件技术

1. 中间件的概念

中间件是一种独立的系统软件或服务程序，可以帮助分布式应用软件在不同的技术之间共享资源，如图 11-11 所示。

2. 中间件特点

（1）负责客户机与服务器之间的连接和通信，以及客户机与应用层之间的高效率通信机制。

（2）提供应用层不同服务之间的互操作机制，以及应用层与数据库之间的连接和控制机制。

（3）提供多层架构的应用开发和运行的平台，以及应用开发框架，支持模块化的应用开发。

（4）屏蔽硬件、操作系统、网络和数据库的差异。

（5）提供应用的负载均衡和高可用性、安全机制与管理功能，以及交易管理机制，保证交易的一致性。

（6）提供一组通用的服务去执行不同的功能，避免重复的工作和使应用之间可以协作。

图 11-11　中间件技术体系结构

3. 主要的中间件有五类

（1）数据库访问中间件：通过一个抽象层访问数据库，从而允许使用相同或相似的代码访问不同的数据库资源。典型的技术如 Windows 平台的 ODBC 和 Java 平台的 JDBC 等。

（2）远程过程调用（RPC）：是一种广泛使用的分布式应用程序处理方法。一个应用程序使用 RPC 来"远程"执行一个位于不同地址空间内的过程，从效果上看和执行本地调用相同。

（3）面向消息中间件（MOM）：利用高效可靠的消息传递机制进行平台无关的数据交流，并可基于数据通信进行分布系统的集成。通过提供消息传递和消息排队模型，可在分布环境下扩展进程间的通信，并支持多种通信协议、语言、应用程序、硬件和软件平台。典型的产品如 IBM 的 MQSeries。

（4）分布式对象中间件：随着对象技术与分布式计算技术的发展，两者相互结合形成了分布式对象技术，并发展成为当今软件技术的主流方向。典型的产品如 OMG 的 CORBA、Sun 的 RMI/EJB、Microsoft 的 DCOM 等。

（5）事务中间件：也称事务处理监控器（TPM），最早出现在大型机上。事务处理监控程序位于客户和服务器之间，完成事务管理与协调、负载平衡、失效恢复等任务，提高系统的整体性能。

### 11.2.9　典型的应用架构–J2EE

1. J2EE 核心技术

J2EE 平台采用了多层分布式应用程序模型，实现不同逻辑功能的应用程序被封装到不同的构件中，处于不同层次的构件被分别部署到不同的机器中。

J2EE 四层结构如图 11-12 所示。

（1）客户层组件：J2EE 应用程序可以是基于 Web 方式的，也可以是基于传统方式的静态的 HTML（标准通用标记语言下的一个应用）页面和 Applets。

（2）Web 层组件：J2EE Web 层组件可以是 JSP 页面或 Servlet。

（3）业务层组件：业务层代码的逻辑用来满足特定领域的业务逻辑处理。

（4）企业信息系统层：企业信息系统层处理企业信息系统软件，包括企业基础建设系统，例如企业资源计划（ERP），大型机事务处理，数据库系统和其他的遗留信息系统。例如，J2EE 应用组件可能为了数据库连接需要访问企业信息系统。

图 11-12　J2EE 四层结构

2．Java 企业应用框架

（1）Structs 框架：是一个基于 J2EE 平台的 MVC（模型、视图、控制器）框架，采用 Servelet 和 JSP 技术实现。M 由实现业务逻辑的 javaBean 构成，C 由 ActionServlet 和 Action 来实现，V 由一组 JSP 文件构成。

（2）Spring 框架：通过 RMI 或 Web Service 远程访问业务逻辑，允许自由选择和组装各部分功能，还提供和其他软件集成的接口。Spring 本身是个容器，管理构件的生命周期、构件的组态、依赖注入等，并可以控制构件在创建时是以原型或单例模式来创建。

（3）Hibernate 框架：是一个对象关系映像框架，提供了 Java 对象到数据库表之间的直接映像，它对 JDBC 进行了非常轻量级的对象封装，使得 Java 程序员可以使用对象编程思维来操作数据库。在 Hibernate 中，ORM 机制的核心是一个 XML 文件，该文件描述了数据库模式是怎么与一组 Java 类绑定在一起的。

（4）表示层由 Structs 实现，管理用户请求；业务层由 Spring 实现，处理业务逻辑中的业务处理情况，提供一个控制器的代码；数据库层由 Hibernate 实现，通过面向对象的查询语言 HQL 来实现数据的增删改查。这样组合可以搭建一个轻量级的 J2EE 架构。

3．重量级与轻量级之争

重量级框架占用资源过多，在开发的过程中效率很低；大部分时间花在配置、运行的过程上，修改复杂；单元测试也比较麻烦。但在大量运行过程中会表现出优异的效果，也即开发麻烦，运行性能高。

轻量级框架提高了开发的速度；立即可以看到结果；做单元测试非常简单；大量线程可供参考

的开源代码。开发简单，但运行性能低。

## 11.3  课后演练（精选真题）

● 以下关于软件构件的叙述中，错误的是　(1)　。（**2021 年 11 月第 35 题**）

(1) A. 构件的部署必须能跟它所在的环境及其他构件完全分离

B. 构件作为一个部署单元是不可拆分的

C. 在一个特定进程中可能会存在多个特定构件的拷贝

D. 对于不影响构件功能的某些属性可以对外部可见

● 面向构件的编程目前缺乏完善的方法学支持，构件交互的复杂性带来了很多问题，其中　(2)　问题会产生数据竞争和死锁现象。（**2021 年 11 月第 36 题**）

(2) A. 多线程　　　　B. 异步　　　　C. 封装　　　　D. 多语言支持

● 基于架构的软件设计（Architecture-Based Software Design，ABSD）方法是架构驱动的方法，该方法是一个　(3)　的方法，软件系统的架构通过该方法得到细化，直到能产生　(4)　。（**2021 年 11 月第 44～45 题**）

(3) A. 自顶向下　　　　　　　　　　B. 自底向上

C. 原型　　　　　　　　　　　　D. 自顶向下和自底向上结合

(4) A. 软件质量属性　　　　　　　　B. 软件连接性

C. 软件构件或模块　　　　　　　D. 软件接口

● 4+1 视图模型可以从多个视图或视角来描述软件架构。其中，　(5)　用于捕捉设计的并发和同步特证；　(6)　描述了在开发环境中软件的静态组织结构。（**2021 年 11 月第 46～47 题**）

(5) A. 逻辑视图　　　B. 开发视图　　　C. 过程视图　　　D. 物理视图

(6) A. 类视图　　　　B. 开发视图　　　C. 过程视图　　　D. 用例视图

● 软件架构风格是描述某一特定应用领域中系统组织方式的惯用模式，按照软件架构风格，物联网系统属于　(7)　软件架构风格。（**2021 年 11 月第 48 题**）

(7) A. 层次型　　　　B. 事件系统　　　C. 数据线　　　D. C2

● 特定领域软件架构（Domain Specific Software Architecture，DSSA）是指特定应用领域中为一组应用提供组织结构参考的标准软件架构。从功能覆盖的范围角度，　(8)　定义了一个特定的系统族，包含整个系统族内的多个系统，可作为该领域系统的可行解决方案的一个通用软件架构；　(9)　定义了在多个系统和多个系统族中功能区域的共有部分，在子系统级上涵盖多个系统族的特定部分功能。（**2021 年 11 月第 49～50 题**）

(8) A. 垂直域　　　　B. 水平域　　　　C. 功能域　　　D. 属性域

(9) A. 垂直域　　　　B. 水平域　　　　C. 功能域　　　D. 属性域

● 某公司拟开发一个个人社保管理系统，该系统的主要功能需求是根据个人收入、家庭负担、身体状态等情况，预估计算个人每年应支付的社保金，该社保金的计算方式可能随着国家经济的变化而动态改变，针对上述需求描述，该软件系统适宜采用 （10） 架构风格设计，该风格的主要特点是 （11） 。（**2021 年 11 月第 51～52 题**）

（10）A. Layered system　　　　　　　　B. Data flow

　　　　C. Event system　　　　　　　　D. Rule-based system

（11）A. 将业务逻辑中频繁变化的部分定义为规则

　　　　B. 各构件间相互独立

　　　　C. 支持并发

　　　　D. 无数据不工作

● 在架构评估过程中，评估人员所关注的是系统的质量属性。其中， （12） 是指系统的响应能力，即要经过多长时间才能对某个事件做出响应，或者在某段时间内系统所能处理的事件的 （13） 。（**2021 年 11 月第 53～54 题**）

（12）A. 安全性　　　B. 性能　　　C. 可用性　　　D. 可靠性

（13）A. 个数　　　B. 速度　　　C. 消耗　　　D. 故障率

● 在一个分布式软件系统中，一个构件失去了与另一个远程构件的连接。在系统修复后，连接于 30 秒之内恢复，系统可以重新正常工作。这一描述体现了软件系统的 （14） 。（**2021 年 11 月第 55 题**）

（14）A. 安全性　　　B. 可用性　　　C. 兼容性　　　D. 可移植性

● 在架构评估中，场景是从 （15） 的角度对与系统交互的描述，一般采用 （16） 三方面来对场景进行描述。（**2021 年 11 月第 58～59 题**）

（15）A. 系统设计者　　B. 系统开发者　　C. 风险承担者　　D. 系统测试者

（16）A. 刺激源、制品、响应　　　　　B. 刺激、制品、响应

　　　　C. 刺激、环境、响应　　　　　D. 刺激、制品、环境

● 在架构评估中， （17） 是一个或多个构件（和/或构件之间的关系）的特性。改变加密级别的设计决策属于 （18） ，因为它可能会对安全性和性能产生非常重要的影响。（**2021 年 11 月第 60～61 题**）

（17）A. 敏感点　　　B. 非风险点　　　C. 权衡点　　　D. 风险点

（18）A. 敏感点　　　B. 非风险点　　　C. 权衡点　　　D. 风险点

● 在三层 C/S 架构中， （19） 是应用的用户接口部分，负责与应用逻辑间的对话功能； （20） 是应用的本体，负责具体的业务处理逻辑。（**2021 年 11 月第 62～63 题**）

（19）A. 表示层　　　B. 感知层　　　C. 设备层　　　D. 业务逻辑层

（20）A. 数据层　　　B. 分发层　　　C. 功能层　　　D. 算法层

● 分层结构的脆弱性包含 （21） 。（**2020 年 11 月第 6 题**）

（21）A. 底层错误导致整个系统无法运行，层与层之间功能引用可能导致功能失效

　　　　B. 底层错误导致整个系统无法运行，层与层之间引入通信机制势必造成性能下降

　　　　C. 上层错误导致整个系统无法运行，层与层之间引入通信机制势必造成性能下降

　　　D．上层错误导致整个系统无法运行，层与层之间功能引用可能导致功能生效

● 针对二层 C/S 软件结构的缺点，三层 C/S 架构应运而生，在三层 C/S 架构中，增加了一个 （22），三层 C/S 架构是将功能分成表示层、功能层和 （23） 三个部分，其中 （24） 是应用的用户接口部分，担负用户与应用逻辑间的对话功能。（**2020 年 11 月第 32～34 题**）

（22）A．应用服务器　　B．分布式数据库　　C．内容分发　　D．镜像

（23）A．硬件层　　　　B．数据层　　　　　C．设备层　　　D．通信层

（24）A．表示层　　　　B．数据层　　　　　C．应用层　　　D．功能层

● 某公司欲开发一个在线教育平台，在架构设计阶段，公司的架构师识别出 3 个核心质量属性场景，其中，网站在开发数量 10 万的负数情况下，用户请求的平均响应时间应小于 3 秒，这一场景主要与 （25） 质量属性相关，通常可采用 （26） 架构策略实现该属性；"主站点宕机后系统能够在 10 秒内自动切换至备用站点并恢复正常运行"主要与 （27） 质量属性相关，通常可采用 （28） 架构策略实现该属性；系统完成上线后少量的外围业务功能和界面的调整与修改不超过 10 人日，主要与 （29） 质量属性相关。（**2020 年 11 月第 38～42 题**）

（25）A．性能　　　　　B．可用性　　　　　C．易用性　　　D．可修改性

（26）A．抽象接口　　　B．信息隐藏　　　　C．主动冗余　　D．资源调度

（27）A．性能　　　　　B．可用性　　　　　C．易用性　　　D．可修改性

（28）A．记录/回放　　　B．操作串行化　　　C．心跳　　　　D．增加计算资源

（29）A．性能　　　　　B．可用性　　　　　C．易用性　　　D．可修改性

● 基于构件的软件开发中，构件分类方法可以归纳为三大类：（30） 根据领域分析的结果将应用领域的概念按照从抽象到具体的顺序逐次分解为树形或有向无回路图结构；（31） 利用 Facet 描述构件执行的功能、被操作的数据、构件应用的语境或任意其他特征；（32） 使得检索者在阅读文档过程中可以按照人类的联想思维方式任意跳转到包含相关概念或构件的文档。（**2019 年 11 月第 35～37 题**）

（30）A．关键字分类法　B．刻面分类法　　C．语义匹配法　D．超文本方法

（31）A．关键字分类法　B．刻面分类法　　C．语义匹配法　D．超文本方法

（32）A．关键字分类法　B．刻面分类法　　C．语义匹配法　D．超文本方法

● 构件组装是指将库中的构件经适当修改后相互连接构成新的目标软件。（33） 不属于构件组装技术。（**2019 年 11 月第 38 题**）

（33）A．基于功能的构件组装技术　　　　B．基于数据的构件组装技术

　　　C．基于实现的构件组装技术　　　　D．面向对象的构件组装技术

● 对软件体系结构风格的研究和实践促进了对设计的复用。Garlan 和 Shaw 对经典体系结构风格进行了分类。其中，（34） 属于数据流体系结构风格；（35） 属于虚拟机体系结构风格；而下图描述的属于 （36） 体系结构风格。（**2019 年 11 月第 46～48 题**）

（34）A．面向对象　　　B．事件系统　　　C．规则系统　　　D．批处理
（35）A．面向对象　　　B．事件系统　　　C．规则系统　　　D．批处理
（36）A．层次型　　　　B．事件系统　　　C．规则系统　　　D．批处理

● ___（37）___ 是由中间件技术实现并支持 SOA 的一组基础架构，它提供了一种基础设施，其优势在于 ___（38）___ 。（**2019 年 11 月第 49～50 题**）
（37）A．ESB　　　　　B．微服务　　　　C．云计算　　　D．Multi-Agent System
（38）A．支持了服务请求者与服务提供者之间的直接链接
　　　B．支持了服务请求者与服务提供者之间的紧密耦合
　　　C．消除了服务请求者与服务提供者之间的直接链接
　　　D．消除了服务请求者与服务提供者之间的关系

● ABSDM（Architecture-Based Software Design Model）把整个基于体系结构的软件过程划分为体系结构需求、体系结构设计、体系结构文档化、___（39）___、___（40）___ 和体系结构演化等 6 个子过程。其中，___（41）___ 过程的主要输出结果是体系结构规格说明和测试体系结构需求的质量设计说明书。（**2019 年 11 月第 51～53 题**）
（39）A．体系结构复审　B．体系结构测试　C．体系结构变更　D．体系结构管理
（40）A．体系结构实现　B．体系结构测试　C．体系结构建模　D．体系结构管理
（41）A．体系结构设计　B．体系结构需求　C．体系结构文档化　D．体系结构测试

## 11.4　课后演练答案解析

（1）**参考答案**：D

🖋**解析**　构件的特性是：①独立部署单元；②作为第三方的组装单元；③没有（外部的）可见状态。

（2）**参考答案**：A

🖋**解析**　面向构件的编程目前缺乏完善的方法学支持，构件交互的复杂性带来了很多问题，其中多线程问题会产生数据竞争和死锁现象。

（3）（4）**参考答案**：A　C

**解析**  ABSD 方法是一个自顶向下、递归细化的方法，软件系统的体系结构通过该方法得到细化，直到能产生软件构件和类。

（5）（6）**参考答案**：C  B

**解析**  并发和同步显然是进程视图（过程视图），要特别注意的是架构的 4+1 视图不同于 UML 的 4+1 视图，最大的区别就在于描述静态组织结构的图形化描述，在 4+1 架构视图里是在开发视图描述静态组织结构，而 UML 视图是在逻辑视图描述静态组织结构。

（7）**参考答案**：A

**解析**  物联网分为多层，一般包括感知层、网络层、应用层等不同划分。

（8）（9）**参考答案**：A  B

**解析**  特定领域软件架构（Domain Specific Software Architecture，DSSA）是指特定应用领域中为一组应用提供组织结构参考的标准软件架构。从功能覆盖的范围角度，垂直域定义了一个特定的系统族，包含整个系统族内的多个系统，可作为该领域系统的可行解决方案的一个通用软件架构；水平域定义了在多个系统和多个系统族中功能区域的共有部分，在子系统级上涵盖多个系统族的特定部分功能。

（10）（11）**参考答案**：D  A

**解析**  随着国家经济的变化动态改变是具有灵活变化的特征，应该是虚拟机风格里的，这里只有 D 项基于规则系统符合。

（12）（13）**答案**：B  A

**解析**  性能用响应时间和吞吐率来衡量。

（14）**参考答案**：B

**解析**  在系统修复后，连接于 30 秒之内恢复，系统可以重新正常工作。这一描述体现了软件系统的可用性。可用性（availability）是系统能够正常运行的时间比例。经常用两次故障之间的时间长度或在出现故障时系统能够恢复正常的速度来表示。

（15）（16）**参考答案**：C  C

**解析**  在架构评估中，场景是从风险承担者的角度对与系统交互的描述，一般采用刺激、环境、响应三方面来对场景进行描述。

（17）（18）**参考答案**：A  C

**解析**  敏感点是一个或多个构件（和/或构件之间的关系）的特性。权衡点是影响多个质量属性的特性，是多个质量属性的敏感点。

所以在架构评估中，敏感点是一个或多个构件（和/或构件之间的关系）的特性。改变加密级别的设计决策属于权衡点。

（19）（20）**参考答案**：A  C

**解析**  表示层负责用户接口、功能层（业务逻辑层）负责功能处理、数据层负责数据持久存储，顾名思义理解记忆。

（21）**参考答案**：B

📝**解析**　分层结构的特点是底层为上层提供服务，因此，底层错误会导致整个系统都无法运行，层数太多，引入通信机制，会造成性能下降。

（22）（23）（24）**参考答案**：A　B　A

📝**解析**　三层架构就是将复杂的功能逻辑独立出来，分成表示层、功能层和数据层，表示层是前端和用户的接口，功能层负责逻辑处理，数据层负责持久化存储。

（25）（26）（27）（28）（29）**参考答案**：A　D　B　C　D

📝**解析**　本题考查质量属性内容。

性能：指系统的响应能力，即要经过多长时间才能对某个事件作出响应，或者在某段时间内系统所能处理的事件的个数。如响应时间、吞吐量。设计策略：**优先级队列**、增加计算资源、减少计算开销、引入并发机制、采用**资源调度**等。

可用性：是系统能够正常运行的时间比例，经常用两次故障之间的时间长度或在出现故障时系统能够恢复正常的速度来表示。如故障间隔时间。设计策略有：①错误检测：命令/响应、心跳线、异常处理；②错误恢复：表决（通过冗余构件与表决器相联）、主动冗余、被动冗余、备件、状态再同步、检查点/回滚；③错误预防：从服务中删除、事务（事务保证一致性）、进程监视器。

可修改性：指能够快速地以较高的性能价格比对系统进行变更的能力。通常以某些具体的变更为基准，通过考查这些变更的代价衡量。设计策略：接口-实现分类、抽象、信息隐藏等。

在架构设计阶段，公司的架构师识别出 3 个核心质量属性场景，其中，网站在开发数量 10 万的负数情况下，用户请求的平均响应时间应小于 3 秒，这一场景主要与性能质量属性相关，通常可采用资源调度架构策略实现该属性；"主站点宕机后系统能够在 10 秒内自动切换至备用站点并恢复正常运行"主要与可用性质量属性相关，通常可采用心跳架构策略实现该属性；系统完成上线后少量的外围业务功能和界面的调整与修改不超过 10 人日，主要与可修改性质量属性相关。

（30）（31）（32）**参考答案**：A　B　D

📝**解析**　本题考查软件构件的基础知识。

基于构件的软件开发中，已有的构建分类方法可以归纳为三大类：

1）关键字分类法。根据领域分析的结果将应用领域的概念按照从抽象到具体的顺序逐次分解为树形或有向无回路图结构。

2）刻面分类法。利用 Facet（刻面）描述构件执行的功能、被操作的数据、构件应用的语境或任意其他特征。

3）超文本方法。基于全文检索技术，使得检索者在阅读文档过程中可以按照人类的联想思维方式任意跳转到包含相关概念或构件的文档。

（33）**参考答案**：C

📝**解析**　本题考查构件重用的基础知识。构件组装是将库中的构件经适当修改后相互连接，或者将它们与当前开发项目中的软件元素相连接，最终构成新的目标软件。构件组装技术大致可分为基于功能的组装技术、基于数据的组装技术和面向对象的组装技术。

（34）（35）（36）**参考答案**：D　C　A

**✐解析**　本题考查软件体系结构风格方面的知识。数据流体系结构包括批处理体系结构风格和管道-过滤器体系结构风格。虚拟机体系结构风格包括解释器体系结构风格和规则系统体系结构风格。图中描述的为层次型体系结构风格。

（37）（38）**参考答案：A　C**

**✐解析**　本题考查 SOA 方面的知识。

面向服务的体系结构（Service-oriented Architecture，SOA）是一种软件系统设计方法，通过已经发布的和可发现的接口为终端用户应用程序或其他服务提供服务。

企业服务总线（Enterprise Service Bus，ESB）是构建基于 SOA 解决方案时所使用基础架构的关键部分，是由中间件技术实现并支持 SOA 的一组基础架构功能。ESB 支持异构环境中的服务、消息，以及基于事件的交互，并且具有适当的服务级别和可管理性。简而言之，ESB 提供了连接企业内部及跨企业间新的和现有软件应用程序的功能，以一组丰富的功能启用管理和监控应用程序之间的交互。在 SOA 分层模型中，ESB 用于组件层以及服务层之间，它能够通过多种通信协议连接并集成不同平台上的组件将其映像成服务层的服务。

（39）（40）（41）**参考答案：A　A　C**

**✐解析**　本题考查基于架构的软件开发模型方面的知识。

基于架构的软件开发模型（Architecture-Based Software Design Model，ABSDM）把整个基于架构的软件过程划分为架构需求、设计、文档化、复审、实现、演化等 6 个子过程。

绝大多数的架构都是抽象的，由一些概念上的构件组成。例如，层的概念在任何程序设计语言中都不存在。因此，要让系统分析师和程序员去实现架构，还必须得把架构进行文档化。文档是在系统演化的每一个阶段，系统设计与开发人员的通信媒介，是为验证架构设计和提炼或修改这些设计（必要时）所执行预先分析的基础。架构文档化过程的主要输出结果是架构需求规格说明和测试架构需求的质量设计说明书这两个文档。生成需求模型构件的精确的形式化的描述，作为用户和开发者之间的一个协定成约定。

# 第12章
# 信息系统基础知识

## 12.1　备考指南

信息系统基础知识主要考查的是企业信息化基本概念、信息系统战略规划、电子政务和电子商务、企业应用集成等相关知识，属于重点考点，在系统架构设计师的考试中选择题约占 5 分，案例分析和论文中有时也会考到，主要是企业应用集成部分的内容。

## 12.2　考点梳理及精讲

### 12.2.1　信息化基本概念

#### 1. 信息系统概念

信息是客观事物状态和运动特征的一种普遍形式，客观世界中大量地存在、产生和传递着以这些方式表示出来的各种各样的信息。

控制论创始人维纳认为：信息就是信息，既不是物质，也不是能量。

香农是信息论的奠基者，他提出信息是"用以消除随机不确定性的东西"，确定了信息量的单位为比特（bit）。

信息具有价值，而价值的大小取决于信息的质量，这就要求信息满足一定的质量属性，包括：

（1）精确性，对事物状态描述的精准程度。

（2）完整性，对事物状态描述的全面程度，完整信息应包括所有重要事实。

（3）可靠性，指信息的来源、采集方法、传输过程是可以信任的，符合预期。

（4）及时性，指获得信息的时刻与事件发生时刻的间隔长短。昨天的天气信息不论怎样精确、完整，对指导明天的穿衣并无帮助，从这个角度出发，这个信息的价值为零。

（5）经济性，指信息获取、传输带来的成本在可以接受的范围之内。

（6）可验证性，指信息的主要质量属性可以被证实或者证伪的程度。

（7）安全性，指在信息的生命周期中，信息可以被非授权访问的可能性，可能性越低，安全性越高。

信息系统的组成部件包括硬件、软件、数据库、网络、存储设备、感知设备、外设、人员以及把数据处理成信息的规程等。

（1）硬件：由执行输入、处理和输出行为的计算机设备组成。

（2）软件：由管理计算机运行的程序构成。

（3）数据库：是经过机构化、规范化组织后的事实和信息的集合。数据库是信息系统中最有价值和最重要的一部分。

2．国家信息化体系六要素

国家信息化体系六要素如图 12-1 所示。

图 12-1　国家信息化体系六要素

信息技术应用：是信息化体系六要素中的龙头，是国家信息化建设的主阵地，集中体现了国家信息化建设的需求与利益。

信息资源：其开发利用是国家信息化的核心任务，是国家信息化建设取得实效的关键，也是我国信息化的薄弱环节。

信息网络：是信息资源开发利用和信息技术应用的基础，是信息传输、交换、共享的必要手段。

信息技术和产业：是我国进行信息化建设的基础。

信息化人才：是国家信息化成功之本，对其他各要素的发展速度和质量起着决定性的影响，是信息化建设的关键。

信息化政策法规和标准规范：用于规范和协调信息化体系六要素之间的关系，是国家信息化快速、持续、有序、健康发展的根本保障。

### 3. 信息化需求的层次

信息化需求包含 3 个层次，即战略需求、运作需求和技术需求。

（1）战略需求。组织信息化的目标是提升组织的竞争能力、为组织的可持续发展提供一个支持环境。从某种意义上来说，信息化对组织不仅仅是服务的手段和实现现有战略的辅助工具；信息化可以把组织战略提升到一个新的水平，为组织带来新的发展契机。特别是对于企业，信息化战略是企业竞争的基础。

（2）运作需求。组织信息化的运作需求是组织信息化需求非常重要且关键的一环，它包含三个方面的内容：一是实现信息化战略目标的需要；二是运作策略的需要；三是人才培养的需要。

（3）技术需求。由于系统开发时间过长等问题在信息技术层面上对系统的完善、升级、集成和整合提出了需求。也有的组织，原来基本上没有大型的信息系统项目，有的也只是一些单机应用，这样的组织的信息化需求，一般是从头开发新的系统。

### 4. 应用层次分类

（1）战略级（企业最高管理层）。

（2）战术级（企业中层经理及其管理部门）。

（3）操作级（服务型企业的业务部门）。

（4）事务级（企业的管理业务人员）。

### 5. 数据环境分类

（1）数据文件：比较原始的数据处理方式，手工操作文件，如只使用文本、Excel 等记录信息。

（2）应用数据库：企业内部各个部门都有独立的数据库，针对不同的应用场景设计的，且相互之间无法互通。

（3）主题数据库：企业内部只有一个集成信息化的数据库，面向业务主题，实现信息共享。

（4）信息检索系统：数据仓库的概念，主要用于大数据分析、检索。

### 6. 系统工程

系统工程是在 20 世纪中后期发展起来的一门新兴学科。它最早约产生于 20 世纪 40 年代的美国，时至今日，系统工程已经成为现代社会高速发展不可或缺的一部分。系统工程的诞生让自然科学和社会科学中有关的思想、理论和方法根据总体协调的需要联系起来，综合应用，并利用现代电子计算机，对系统的结构、要素、信息和反馈等进行分析，以达到最优规划、最优设计、最优管理和最优控制等目的。

### 7. 霍尔三维结构

霍尔三维结构是由逻辑维、时间维和知识维组成的立体空间结构。

（1）逻辑维。运用系统工程方法解决某一大型工程项目时，一般可分为 7 个步骤：

1）明确问题。

2）建立价值体系或评价体系。

3）系统分析。

4）系统综合。

5）系统方案的优化选择。

6）决策。"决策就是管理""决策就是决定"，人类的决策管理活动面临着被决策系统的日益庞大和日益复杂。

7）制订计划。有了决策就要付诸实施，实施就要依靠严格的、有效的计划。

（2）时间维（工作进程）。对于一个具体的工作项目，从制订规划起一直到更新为止，全部过程可分为 7 个阶段：

1）规划阶段。即调研、程序设计阶段，目的在于谋求活动的规划与战略。

2）拟订方案。提出具体的计划方案。

3）研制阶段。作出研制方案及生产计划。

4）生产阶段。生产出系统的零部件及整个系统，并提出安装计划。

5）安装阶段。将系统安装完毕，并完成系统的运行计划。

6）运行阶段。系统按照预期的用途开展服务。

7）更新阶段。即为了提高系统功能，取消旧系统而代之以新系统，或改进原有系统，使之更加有效地工作。

（3）知识维（专业科学知识）。系统工程除了要求为完成上述各步骤、各阶段所需的某些共性知识外，还需要其他学科的知识和各种专业技术，霍尔把这些知识分为工程、医药、建筑、商业、法律、管理、社会科学和艺术等。各类系统工程，如军事系统工程、经济系统工程、信息系统工程等，都需要使用其他相应的专业基础知识。

8．信息化战略体系

企业战略规划利用机会和威胁评价现在和未来的环境，用优势和劣势评价企业现状，进而选择和确定企业的总体和长远目标，制订和抉择实现目标的行动方案。

信息系统战略规划关注如何通过信息系统来支撑业务流程的运作，进而实现企业的关键业务目标，其重点在于对信息系统远景、组成架构、各部分逻辑关系进行规划。

信息技术战略规划通常简称为 IT 战略规划，是在信息系统规划的基础上，对支撑信息系统运行的硬件、软件、支撑环境等进行具体的规划，它更关心技术层面的问题。

信息资源规划是在以上规划的基础上，为开展具体的信息化建设项目而进行的数据需求分析、信息资源标准建立、信息资源整合工作。

系统规划：单个项目的立项分析，是信息系统生命周期的第一个阶段，其任务是对企业的环境、目标及现有系统的状况进行初步调查，根据企业目标和发展战略，确定信息系统的发展战略，对建设新系统的需求做出分析和预测，同时考虑建设新系统所受的各种约束，研究建设新系统的必要性和可能性。

9．企业战略与信息化战略的集成

企业战略与信息化战略的集成主要方法有：业务与 IT 整合（Business-IT Alignment，BITA）和企业 IT 架构（Enterprise IT Architecture，EITA）。

（1）BITA 是一种以业务为导向的、全面的 IT 管理咨询实施方法论。从制订企业战略、建立（改进）企业组织结构和业务流程，到进行 IT 管理和制订进度计划，使 IT 能够更好地为企业战略和目标服务。BITA 适用于信息系统不能满足当前管理中的业务需要，业务和 IT 之间总是有不一致的地方。

（2）EITA 分析企业战略，帮助企业制订 IT 战略，并对其投资决策进行指导。在技术、信息系统、信息、IT 组织和 IT 流程方面，帮助企业建立 IT 的原则规范、模式和标准，指出 IT 需要改进的方面并帮助制订行动计划。EITA 适用于现有信息系统和 IT 基础架构不一致、不兼容和缺乏统一的整体管理的企业。

## 12.2.2 信息系统战略规划

一个企业信息系统的战略规划可分为以下 3 个阶段。

**第一阶段：以数据处理为核心，围绕职能部门需求。**

（1）企业系统规划法（BSP）：自上而下地识别企业目标、企业过程和数据，然后对数据进行分析，自下而上地设计信息系统。重视数据的创建和使用，以数据的创建和使用归类，提供一个信息系统规划，建立 CU 矩阵（创建使用矩阵）。

（2）关键成功因素法（CSF）：重视关键因素，每个企业在某阶段都有关键因素，抓住关键信息。

（3）战略集合转化法（SST）：将企业的战略信息（环境、目标等）收集起来，当成一个"信息集合"，并且转换为信息系统的战略信息，全方位地注重企业的战略信息。

**第二阶段：以企业内部管理信息系统（MIS）为核心，围绕企业整体需求。**

（1）战略数据规划法（SDP）：强调建立企业模型和主题数据库（重点和关键是面向业务主题，整个企业的），数据类基本上是稳定的，而业务和流程是多变的。

（2）信息工程法（IE）：第一次提出以工程的方法来建立信息系统，信息工程是面向企业计算机信息系统建设，以数据为中心的开发方法。信息工程方法认为，与企业的信息系统密切相关的三要素是企业的各种信息、企业的业务过程和企业采用的信息技术。信息工程自上而下地将整个信息系统的开发过程划分为四个实施阶段，分别是信息规划阶段、业务领域分析阶段、系统设计阶段和系统构建阶段。

（3）战略栅格法（SG）：建立一个 $2 \times 2$ 的矩阵，每个矩阵元素代表过程对数据类的创建和使用等。栅格即划分矩阵。

**第三阶段：综合考虑企业内外环境，以集成为核心，围绕企业战略需求。**

（1）价值链分析法（VCA）：将所有对企业有影响的信息作为一个个活动，其都有可能对企业造成增值，分析其中对企业增值最大的信息。

（2）战略一致性模型（SAM）：保证企业战略和信息系统战略一致。

## 12.2.3 政府信息化与电子政务

电子政务是指政府机构在其管理和服务职能中运用现代信息技术,实现政府组织结构和工作流程的重组优化,超越时间、空间和部分分隔的制约,建成一个精简、高效、廉洁、公平的政府运作模式。电子政务模型可简单概括为两方面:政府部分内部利用先进的网络信息技术实现办公自动化、管理信息化、决策科学化;政府部门与社会各界利用网络信息平台充分进行信息共享与服务、加强群众监督、提高办事效率及促进政务公开等。

电子政务的内容见表 12-1。

表 12-1　电子政务内容

| 电子政务 | 说明 |
| --- | --- |
| G2G | 政府与政府之间的电子政务,指政府上下级之间、不同地区不同职能部门之间,例如档案互调。<br>G:Government |
| G2B | 政府与企业之间的电子政务,指政府向企业提供的各种公共服务,例如企业报税。<br>B:Business |
| G2C | 政府与公众之间的电子政务,是政府面向公众提供的服务,例如社保公积金等信息查询<br>C:Citizen |
| G2E | 政府与公务员之间的电子政务,指政府与政府公务员之间的电子政务,例如公务员办公。<br>E:Employee |

## 12.2.4 企业信息化与电子商务

企业信息化一定要建立在企业战略规划基础之上,以企业战略规划为基础建立的企业管理模式是建立企业战略数据模型的依据。企业信息化就是技术和业务的融合,这个"融合"并不是简单地利用信息系统对手工的作业流程进行自动化,而是需要从企业战略的层面、业务运作层面、管理运作层面这 3 个层面来实现。企业信息化建设与其说是一场技术变革,还不如说是对企业的经营管理和业务流程的一次革命,它是借助于先进的信息技术和网络技术的价值链进行重构。同时,企业信息化是一个不断发展、变化的过程,它没有终点,至少目前还看不到终点。企业信息化方法并不同于信息系统建设方法,这是因为信息系统建设方法是一个具体的信息项目建设的方法,而企业信息化方法是整个企业实现信息化的方法,因此,企业信息化方法要比信息系统建设方法层次更高、涉及面更广。

企业信息化涉及到对企业管理理念的创新,管理科学的核心就是应用科学的方法实施管理,按照市场发展的要求,对企业现有的管理流程重新整合,从作为管理核心的财务、资金管理,向技术、物资、人力资源的管理,并延伸到企业技术创新、工艺设计、产品设计、生产制造过程的管理,进而扩展到客户关系管理、供应链的管理乃至发展电子商务,形成企业内部向外部扩散的全方位管理。企业信息化注重企业经营管理方面的信息分析和研究,信息系统所蕴含的管理思想也可帮助企业建立更为科学规范的管理运作体系，提供准确及时的管理决策信息。

1. 企业资源计划

企业资源规划（Enterprise Resource Planning，ERP）是指建立在信息技术基础上，以系统化的管理思想，为企业提供决策和运营手段的管理平台。ERP 系统是将企业所有资源进行集成整合，并进行全面、一体化管理的信息系统。

（1）演变过程：物料需求计划（物料单系统）—制造资源计划（增加库存、分销等）—企业资源计划（打通了供应链，加入财务、人力资源、销售管理等）。

（2）企业有四大资源：物流（物流管理）、资金流（财务管理）、信息流（生产控制管理）、人力资源（人力资源管理），企业的资源计划可从以下 3 点来理解：

1）管理思想：ERP 是一种管理思想，将企业资源分类管理，是管理思想的变革。

2）软件产品：ERP 是个软件产品，为企业用户提供一体化的解决方案，不是买来直接用的，需要个性化地开发和部署。

3）管理系统：ERP 是一个管理系统，存在众多的子系统，这些子系统有统一的规划，是互联互通的，便于事前、事中监控。

（3）ERP 的 5 个层次。

1）生产计划大纲（Production Planning，PP）是根据经营计划的生产目标制订的，是对企业经营计划的细化，用以描述企业在可用资源的条件下，在一定时期中的产量计划。生产计划大纲在企业决策层的三个计划中有承上启下的作用，一方面它是企业经营计划和战略规划的细化，另一方面它又用于指导企业编制主生产计划，指导企业有计划地进行生产。

2）主生产计划（Master Production Schedule，MPS）是对企业生产计划大纲的细化，说明在一定时期内的如下计划：生产什么，生产多少和什么时候交货。主生产计划的编制以生产大纲为准，其汇总结果应当等同于生产计划大纲，同时，主生产计划又是其下一层计划——物料需求计划的编制依据。主生产计划的编制是 ERP 的主要工作内容。主生产计划的质量将大大影响企业的生产组织工作和资源的利用。

3）物料需求计划（Material Requirement Planning，MRP）是对主生产计划的各个项目所需的全部制造件和全部采购件的网络支持计划和时间进度计划。它根据主生产计划对最终产品的需求数量和交货期，推导出构成产品的零部件及材料的需求数量和需求时期，再导出自制零部件的制作订单下达日期和采购件的采购订单发送日期，并进行需求资源和可用能力之间的进一步平衡。物料需求计划是生产管理的核心，它将主生产计划安排生产的产品分解成各自制零部件的生产计划和采购件的采购计划。物料需求计划属于 ERP 管理层计划。

4）能力需求计划（Capacity Requirements Planning，CRP）是对物料需求计划所需能力进行核算的一种计划管理方法。旨在通过分析比较 MRP 的需求和企业现有生产能力，及早发现能力的瓶颈所在，为实现企业的生产任务而提供能力方面的保障。

5）车间作业计划（Production Activity Control，PAC）是在 MRP 所产生的加工制造订单（即

自制零部件生产计划）的基础上，按照交货期的前后和生产优先级选择原则以及车间的生产资源情况（如设备、人员、物料的可用性、加工能力的大小等），将零部件的生产计划以订单的形式下达给适当的车间。车间作业计划属于 ERP 执行层计划。当前主流的车间作业计划模式是 JIT（Just In Time）模式。

2. 客户关系管理

客户关系管理（Customer Relationship Management，CRM）将客户看作是企业的一项重要资产，客户关怀是 CRM 的中心，其目的是与客户建立长期的和有效的业务关系，在与客户的每一个"接触点"上都更加接近客户、了解客户，最大限度地增加利润。

CRM 的核心是客户价值管理，将客户价值分为既成价值、潜在价值和模型价值，通过"一对一"营销原则，满足不同价值客户的个性化需求，提高客户忠诚度和保有率。

（1）CRM 的功能。

1）客户服务：是 CRM 的关键内容，对客户提供的服务，可以提高客户忠诚度。

2）市场营销：包括商机产生、商机获取和管理、商业活动管理和电话营销等；销售人员与潜在客户的互动行为、将潜在客户发展为真正客户并保持其忠诚度是使企业赢利的核心因素。

3）共享的客户资料库：是企业的一种重要信息资源，将市场营销和客户服务连接起来。也是 CRM 的基础和依托。

4）分析能力：CRM 的一个重要方面在于它具有使客户价值最大化的分析能力。对上述获取的资料库进行分析。

5）CRM 是企业管理的前台，必须与 ERP 进行良好地集成，使得信息可以及时传递给财务、生产等部门。

6）市场营销和客户服务是 CRM 的支柱性功能。

（2）一个有效的 CRM 解决方案应该具备以下要素：

1）畅通有效的客户交流渠道（触发中心）。

2）对所获信息进行有效分析（挖掘中心）。

3）CRM 必须能与 ERP 很好地集成。

（3）CRM 的实现过程。

1）客户服务与支持，即通过控制服务品质以赢得顾客的忠诚度。

2）客户群维系，即通过与顾客的交流实现新的销售。

3）商机管理，即利用数据库开展销售。

3. 供应链管理 SCM

供应链管理（Supply Chain Management，SCM）是一种集成的管理思想和方法，它执行供应链中从供应商到最终用户的物流的计划和控制等职能。从单一的企业角度来看，是指企业通过改善上下游供应链关系，整合和优化供应链中的信息流、物流和资金流，以获得企业的竞争优势。

供应链节点：供应商、制造商、分销商、零售商、仓库、配送中心、客户等。

每个企业内部都有一条或者几条供应链，每个企业也都处于一条供应链的某个节点中，SCM要注意的就是供应网络的构造，处于供应链中的企业是利益共同体，如何实现协作运营。SCM包括计划、采购、制造、配送、退货五大基本内容。

（1）计划：这是SCM的策略部分，企业需要有一个策略来管理所有的资源，以满足客户对产品的需求。好的计划是建立一系列的方法监控供应链。

（2）采购：选择能为企业提供产品和服务的供应商。

（3）制造：安排生产、测试、打包和准备送货所需的活动，是供应链中测量内容最多的部分。

（4）配送：即物流，是调整用户的订单收据、建立仓库网络、递送人员提货并送货、建立产品计价系统、接收付款。

（5）退货：是供应链中的问题处理部分。

SCM的设计原则：自顶向下和自底向上结合、简洁性、互补性、协调性、动态性、创新性、战略性原则。

4. 产品数据管理

产品数据管理（Product Data Management，PDM）是一门用来管理所有与产品相关信息（包括零件信息、配置、文档、计算机辅助设计文件、结构、权限信息等）和所有与产品相关过程（包括过程定义和管理）的技术。

PDM系统是一种软件框架，利用这个框架可以帮助企业实现对与企业产品相关的数据、开发过程以及使用者进行集成与管理，可以实现对设计、制造和生产过程中需要的大量数据进行跟踪和支持。

5. 决策支持系统

**决策支持系统（Decision Support System，DSS）**帮助决策者提高决策水平和质量，起到辅助作用。

DSS系统由4个子系统组成：

（1）数据库子系统：建立与决策相关的信息。

（2）推理部分：知识库，包含智能推理分析算法。

（3）模型库子系统：是最复杂的子系统，一系列应用场景模型，用户主要根据模型来决策。

（4）用户接口子系统：是一个人机交互界面，完美地集合了上述3个子系统，供用户使用。

各个子系统的具体组成如图12-2所示。

决策支持可以分为结构化决策、半结构化决策和非结构化决策。其中，结构化决策是指对某一决策过程的规则进行确定性描述与建模，以适当的算法产生决策方案，并能从多种方案中选择最优解；非结构化决策的决策过程复杂，不可能用确定的模型和语言描述其决策过程，更无所谓最优解。半结构化和非结构化决策一般用于企业的中、高级管理层。一般来说，决策往往不可能一次完成，而是一个迭代的过程。

图 12-2　决策支持系统体系结构

DSS 和 MIS（管理信息系统）的区别：

（1）DSS 能够解决非结构化和半结构化的问题，强调发挥人的智慧，用户参与到开发过程中，最终还是用户决策，DSS 服务于企业中高层。

（2）MIS 是企业的结构化的管理信息系统，管理公司的资源等，强调一个结构化的过程，自动化管理，人力参与得少。

6. 知识管理

知识管理明确知识和信息的区别，知识是由信息推导出来的，是人类智慧和经验的集合。

知识分显性知识与隐性知识。

（1）显性知识：例如文档、资料、视频等能够看得见的知识。

（2）隐性知识：存在于人脑海中的知识，包括人的记忆与经验技巧，理想抱负等。

知识管理应该探寻如何将隐性知识转化为显性知识，达到共享的目的，有如下 3 种工具可以实现：

（1）知识生成工具：获取知识的工具，包括知识获取、知识合成、知识创新。

（2）知识编码工具：如何表达知识的工具。

（3）知识转移工具：知识需要传播，达到共享的目的，传播过程中会遇到困难和差异，包括时间差异、空间差异和社会差异。

7. 企业门户

企业网站：注重消息的单向传送展示，缺乏信息互动，是企业门户的雏形。

企业信息门户（EIP）：在互联网模式下，将企业的各种应用系统、数据资源和互联网资源统一集成在企业门户下，提供企业的产品和用户的信息，达到信息共享，使得企业相关的供应链、客户通过此门户获得所需的信息，快速了解企业文化。

企业知识门户（EKP）：在企业网站的基础上增加知识性内容，企业员工可通过 EKP 了解今天企业所发生的事情，找到与自己相关的项目资源信息，建立了一个企业知识库，能够提高企业员工的工作效率。

企业应用门户（EAP）：对企业业务流程的集成，以业务流程和企业应用为核心，把业务流程中功能不同的应用模块通过门户技术集成在一起，企业员工和合作伙伴可以通过 EAP 访问相应的应用系统，实现移动办公。

企业通用门户：将上述四者有机地融合在一起。

8. 企业应用集成

企业信息系统中容易产生信息孤岛，即在一个企业内部有多个子系统，且不互通，一个信息需要反复多次输入，为了解决信息孤岛的问题，提出了企业应用集成（Enterprise Application Integration，EAI）的概念，可以将企业的多个信息系统联系起来，让使用者感觉在使用一个系统。企业的价值取向是推动 EAI 技术发展的原动力，而 EAI 的实现反过来也驱动企业竞争优势的提升。

（1）企业集成分为以下几类。

1）表示集成：即界面集成，如图 12-3 所示，是最原始的集成，黑盒集成。将多个信息系统的界面集成在一起，统一入口，为用户提供一个看上去统一，但是由多个系统组成的应用系统的集成，例如桌面。

图 12-3　表示集成

2）数据集成：白盒集成，把不同来源、格式、特点性质的数据在逻辑上或者物理上有机地集中，从而为企业提供全面的数据共享，如数据仓库，如图 12-4（a）所示。

3）控制集成（功能集成、应用集成）：黑盒集成，业务逻辑层次的集成，可以借助于远程过程调用或远程方法调用、面向消息的中间件等技术，将多个应用系统功能进行绑定，使之像一个实时运行的系统一样接受信息输入和产生数据输出，实现多个系统功能的叠加，如钉钉，如图 12-4（b）所示。

（a）数据集成示意图          （b）控制集成示意图

图 12-4　数据集成与控制集成

4）业务流程集成：即过程集成，最彻底的、综合的集成，这种集成超越了数据和系统，由一系列基于标准的、统一数据格式的工作流组成。当进行业务流程集成时，企业必须对各种业务信息的交换进行定义、授权和管理，以便于改进操作、减少成本、提高响应速度。它包括应用集成、B2B 集成、自动化业务流程管理、人工流程管理、企业门户，以及对所有应用系统和流程的管理和监控等。如电子购物网站－第三方支付平台－银行－物流等流程集成。

（2）应用集成数据交换方式。

1）共享数据库：在应用集成时，让多个应用系统通过直接共享数据库的方式，来进行数据交换，实时性强，可以频繁交互，属于同步方式；但是安全性、并发控制、死锁等问题突出。

2）消息传递：消息是软件对象之间进行交互和通信时所使用的一种数据结构，可以独立于软件平台而存在，适用于数据量小、但要求频繁、立即、可靠、异步地数据交换场合。

3）文件传输：是指在进行数据交换时，直接将数据文件传送到相应位置，让目标系统直接读取数据，可以一次性传送大量信息，但不适合频繁进行数据传送。适用于数据量大、交换频度小、即时性要求低的情况。

（3）企业集成平台。

集成平台是支持企业集成的支撑环境，包括硬件、软件、软件工具和系统，通过集成各种企业应用软件形成企业集成系统。由于硬件环境和应用软件的多样性，企业信息系统的功能和环境都非常复杂，因此，为了能够较好地满足企业的应用需求，作为企业集成系统支持环境的集成平台，其基本功能主要有：

1）通信服务提供分布环境下透明的同步/异步通信服务功能，使用户和应用程序无需关心具体的操作系统和应用程序所处的网络物理位置，而以透明的函数调用或对象服务方式完成它们所需的通信服务要求。

2）信息集成服务它为应用提供透明的信息访问服务，通过实现异种数据库系统之间数据的交换、互操作、分布数据库管理和共享信息模型定义（或共享信息数据库的建立），使集成平台上运行的应用、服务或用户端能够以一致的语义和接口实现对数据（数据库、数据文件、应用交互信息）的访问与控制。

3）应用集成服务通过高层应用编程接口来实现对相应应用程序的访问，这些高层应用编程接口包含在不同的适配器或代理中，它们被用来连接不同的应用程序。这些接口以函数或对象服务的方式向平台的组件模型提供信息，使用户在无需对原有系统进行修改（不会影响原有系统的功能）的情况下，只要在原有系统的基础上加上相应的访问接口就可以将现有的、用不同的技术实现的系统互联起来、通过为应用提供数据交换和访问操作，使各种不同的系统能够相互协作。

4）二次开发工具是集成平台提供的一组帮助用户开发特定应用程序（如实现数据转换的适配器或应用封装服务等）的支持工具，其目的是简化用户在企业集成平台实施过程中（特定应用程序接口）的开发工作。

5）平台运行管理工具是企业集成平台的运行管理和控制模块，负责企业集成平台系统的静态和动态配置、集成平台应用运行管理和维护、事件管理和出错管理等。通过命名服务、目录服务、平台的动态静态配置，以及其中的关键数据的定期备份等功能来维护整个服务平台的系统配置及稳定运行。

### 9. 电子商务

电子商务分 3 个方面：电子商情广告、电子选购和交易；电子交易凭证的交换、电子支付与结算；网上售后服务等。

参与电子商务的实体有 4 类：顾客（个人消费者或集团购买）、商户（包括销售商、制造商和储运商）、银行（包括发卡行和收单行）及认证中心。

按照交易对象分，电子商务模式包括：

（1）B2B 模式，企业对企业。

（2）B2C 模式，企业对消费者。

（3）C2C 模式，消费者对消费者。

（4）O2O 模式即 Online To Offline，含义是线上购买线下的商品和服务，实体店提货或享受服务。

第三方平台结算支付模式有如下优点：

（1）比较安全，信用卡信息或账户信息仅需要告知支付中介，而无需告诉每一个收款人，大大减少了信用卡信息和账户信息失密的风险。

（2）支付成本较低，支付中介集中了大量的电子小额交易，形成规模效应，因而支付成本较低。

（3）使用方便。对支付者而言，他所面对的是友好的界面，不必考虑背后复杂的技术操作过程。

（4）支付担保业务可以在很大程度上保障付款人的利益。

目前，我国**电子商务标准体系**包含 4 方面，分别是基础技术标准、业务标准、支撑体系标准和监督管理标准。服务质量属于监督管理标准范畴；注册维护属于业务标准范畴；在线支付属于支撑体系标准范畴；信息分类编码属于业务标准范畴。

# 12.3 课后演练（精选真题）

- 从信息化建设的角度出发，以下说法错误的是__(1)__。（**2021 年 11 月第 19 题**）
  - （1）A. 有效开发利用信息资源　　　　　　B. 大力发展信息产业
  - 　　C. 充分建设信息化政策法规和标准规范　D. 信息化的主体是程序员和项目经理

- 人口采集处理和利用业务属于__(2)__，营业执照发放属于__(3)__，户籍管理属于__(4)__，参加政府工程交接属于__(5)__。（**2020 年 11 月第 11~14 题**）
  - （2）A. 政府对企业（Government to Business，G2B）
    - B. 政府对政府（Government to Government，G2G）
    - C. 企业对政府（Business to Government，B2G）
    - D. 政府对公众（Government to Citizen，G2C）
  - （3）A. 政府对企业（Government to Business，G2B）
    - B. 政府对政府（Government to Government，G2G）
    - C. 企业对政府（Business to Government，B2G）
    - D. 政府对公众（Government to Citizen，G2C）
  - （4）A. 政府对企业（Government to Business，G2B）
    - B. 政府对政府（Government to Government，G2G）
    - C. 企业对政府（Business to Government，B2G）
    - D. 政府对公众（Government to Citizen，G2C）
  - （5）A. 政府对企业（Government to Business，G2B）
    - B. 政府对政府（Government to Government，G2G）
    - C. 企业对政府（Business to Government，B2G）
    - D. 政府对公众（Government to Citizen，G2C）

- 信息系统规划方法中，关键成功因素法通过对关键成功因素的识别，找出实现目标所需要的关键信息集合，从而确定系统开发的__(6)__。关键成功因素来源于组织的目标，通过组织的目标分解和关键成功因素识别、__(7)__识别，一直到产生数据字典。（**2019 年 11 月第 18~19 题**）
  - （6）A. 系统边界　　　B. 功能指标　　　C. 优先次序　　　D. 性能指标
  - （7）A. 系统边界　　　B. 功能指标　　　C. 优先次序　　　D. 性能指标

- 系统工程利用计算机作为工具，对系统的结构、元素、____(8)____和反馈等进行分析，以达到最优____(9)____、最优设计、最优管理和最优控制的目的。霍尔（A.D.Hall）于 1969 年提出了系统方法的三维结构体系，通常称为霍尔三维结构，这是系统工程方法论的基础。霍尔三维结构以时间维、____(10)____维、知识维组成的立体结构概括性地表示出系统工程的各阶段、各步骤以及所涉及的知识范围。其中时间维是系统的工作进程，对于一个具体的工程项目，可以分为 7 个阶段，在____(11)____阶段会做出研制方案及生产计划。（**2018 年 11 月第 18～21 题**）

  （8）A．知识　　　　　B．需求　　　　　C．文档　　　　　D．信息
  （9）A．战略　　　　　B．规划　　　　　C．实现　　　　　D．处理
  （10）A．空间　　　　　B．结构　　　　　C．组织　　　　　D．逻辑
  （11）A．规划　　　　　B．拟定　　　　　C．研制　　　　　D．生产

- 用于管理信息系统规划的方法有很多，其中____(12)____将整个过程看成是一个"信息集合"，并将组织的战略目标转变为管理信息系统的战略目标。____(13)____通过自上而下地识别企业目标、企业过程和数据，然后对数据进行分析，自下而上地设计信息系统。（**2017 年 11 月第 18～19 题**）

  （12）A．关键成功因素法　　　　　　　　B．战略目标集转化法
  　　　　C．征费法　　　　　　　　　　　　D．零线预算法
  （13）A．企业信息分析与集成法　　　　　B．投资回收法
  　　　　C．企业系统规划法　　　　　　　　D．阶石法

- 组织信息化需求通常包含三个层次，其中____(14)____需求的目标是提升组织的竞争能力，为组织的可持续发展提供支持环境。____(15)____需求包含实现信息化战略目标的需求、运营策略的需求和人才培养的需求三个方面。技术需求主要强调在信息层技术层面上对系统的完善、升级、集成和整合提出的需求。（**2017 年 11 月第 20～21 题**）

  （14）A．战略　　　　　B．发展　　　　　C．人事　　　　　D．财务
  （15）A．规划　　　　　B．运作　　　　　C．营销　　　　　D．管理

- 电子政务是对现有的政府形态的一种改造，利用信息技术和其他相关技术，将其管理和服务职能进行集成，在网络上实现政府组织结构和工作流程优化重组。与电子政务相关的行为主体有三个，即政府、____(16)____及居民。国家和地方人口信息的采集、处理和利用，属于____(17)____的电子政务活动。（**2016 年 11 月第 18～19 题**）

  （16）A．部门　　　　B．企（事）业单位　　C．管理机构　　　　D．行政机关
  （17）A．政府对政府　　B．政府对居民　　C．居民对居民　　D．居民对政府

- ERP（Enterprise Resource Planning）是建立在信息技术的基础上，利用现代企业的先进管理思想，对企业的物流、资金流和____(18)____流进行全面集成管理的管理信息系统，为企业提供决策、计划、控制与经营业绩评估的全方位和系统化的管理平台。在 ERP 系统中，____(19)____管理模块主要是对企业物料的进、出、存进行管理。（**2016 年 11 月第 20～21 题**）

  （18）A．产品　　　　　B．人力资源　　　　C．信息　　　　　D．加工
  （19）A．库存　　　　　B．物料　　　　　C．采购　　　　　D．销售

## 12.4  课后演练答案解析

（1）**参考答案**：D

🔑**解析**  信息化主体是全体社会成员。

（2）（3）（4）（5）**参考答案**：B  A  D  C

🔑**解析**  电子政务分以下类型：

1）政府对政府（Government To Government，G2G）：政府之间的互动及政府与公务员之间的互动。基础信息的采集、处理和利用，如人口信息；各级政府决策支持。

G2G 原则上包含：政府对公务员（Government To Employee，G2E），内部管理信息系统。

2）政府对企业（Government To Business，G2B）：政府为企业提供的政策环境。给企业单位颁发的各种营业执照、许可证、合格证、质量认证。

3）企业对政府（Business To Government，B2G）：企业纳税及企业为政府提供服务。企业参加政府各项工程的竞/投标，向政府供应各种商品和服务，企业向政府提建议，申诉。

4）政府对公民（Government To Citizen，G2C）：政府对公民提供的服务。社区公安和水、火、天灾等与公共安全有关的信息。户口、各种证件和牌照的管理。

5）公民对政府（Citizen To Government，C2G）：个人应向政府缴纳税费和罚款及公民反馈渠道。报警服务（盗贼、医疗、急救、火警等）。

（6）（7）**参考答案**：C  D

🔑**解析**  本题考查关键成功因素法方面的基础知识。

关键成功因素法是由 John Rockart 提出的一种信息系统规划方法。该方法能够帮助企业找到影响系统成功的关键因素，通过分析来确定企业的信息需求，从而为管理部门控制信息技术及其处理过程提供实施指南。

关键成功因素法通过对关键成功因素的识别，找出实现目标所需要的关键信息集合，从而确定系统开发的优先次序。关键成功因素来源于组织的目标,通过组织的目标分解和关键成功因素识别、性能指标识别，一直到产生数据字典。

（8）（9）（10）（11）**参考答案**：D  B  D  C

🔑**解析**  系统工程的诞生让自然科学和社会科学中有关的思想、理论和方法根据总体协调的需要联系起来，综合应用，并利用现代电子计算机，对系统的结构、要素、信息和反馈等进行分析，以达到最优规划、最优设计、最优管理和最优控制等目的。

霍尔三维结构是由逻辑维、时间维和知识维组成的立体空间结构。

时间维（工作进程）对于一个具体的工作项目，从制订规划起一直到更新为止，全部过程可分为 7 个阶段：

1）规划阶段。即调研、程序设计阶段，目的在于谋求活动的规划与战略。

2）拟定方案。提出具体的计划方案。

3）研制阶段。作出研制方案及生产计划。

4）生产阶段。生产出系统的零部件及整个系统，并提出安装计划。

5）安装阶段。将系统安装完毕，并完成系统的运行计划。

6）运行阶段。系统按照预期的用途开展服务。

7）更新阶段。即为了提高系统功能，取消旧系统而代之以新系统，或改进原有系统，使之更加有效地工作。

（12）（13）**参考答案：B　C**

**解析**　用于管理信息系统规划的方法很多，主要是关键成功因素法、战略目标集转化法和企业系统规划法。其他还有企业信息分析与集成技术、产出/方法分析、投资回收法、征费法、零线预算法、阶石法等。用得最多的是前面三种。

战略目标集转化法把整个战略目标看成是一个"信息集合"，由使命、目标、战略等组成，管理信息系统的规划过程即是把组织的战略目标转变成为管理信息系统的战略目标的过程。战略目标集转化法从另一个角度识别管理目标，它反映了各种人的要求，而且给出了按这种要求的分层，然后转化为信息系统目标的结构化方法。它能保证目标比较全面，疏漏较少，但它在突出重点方面不如关键成功因素法。

企业系统规划法通过自上而下地识别系统目标、企业过程和数据，然后对数据进行分析，自下而上地设计信息系统。该管理信息系统支持企业目标的实现，表达所有管理层次的要求，向企业提供一致性信息，对组织机构的变动具有适应性。企业系统规划法虽然也首先强调目标，但它没有明显的目标导引过程。它通过识别企业"过程"引出了系统目标，企业目标到系统目标的转化是通过企业过程/数据类等矩阵的分析得到的。

（14）（15）**参考答案：A　B**

**解析**　一般说来，信息化需求包含3个层次，即战略需求、运作需求和技术需求。

1）战略需求。组织信息化的目标是提升组织的竞争能力、为组织的可持续发展提供一个支持环境。从某种意义上来说，信息化对组织不仅仅是服务的手段和实现现有战略的辅助工具；信息化可以把组织战略提升到一个新的水平，为组织带来新的发展契机。特别是对于企业，信息化战略是企业竞争的基础。

2）运作需求。组织信息化的运作需求是组织信息化需求非常重要且关键的一环，它包含3方面的内容：一是实现信息化战略目标的需要；二是运作策略的需要；三是人才培养的需要。

3）技术需求。由于系统开发时间过长等问题在信息技术层面上对系统的完善、升级、集成和整合提出了需求。也有的组织，原来基本上没有大型的信息系统项目，有的也只是一些单机应用，这样的组织的信息化需求，一般是从头开发新的系统。

（16）（17）**参考答案：B　A**

🔖**解析** 电子政务的行为主体包括：政府、企（事）业单位及居民。国家和地方人口信息的采集、处理和利用，属于政府对政府的电子政务活动。

（18）（19）**参考答案：C　A**

🔖**解析** 本题考查的是信息化的"三流"：信息流、资金流、物流。采购与库存管理是 ERP 的基本模块，其中采购管理模块是对采购工作——从采购订单产生至货物收到的全过程进行组织、实施与控制，库存管理模块则是对企业物料的进、出、存进行管理。

# 第13章
# 法律法规与标准化

## 13.1　备考指南

　　法律法规与标准化主要考查的是知识产权保护对象、保护期限、权利归属、侵权判定、标准化等相关知识，在系统架构设计师的考试中选择题约占 3～4 分，每年必考，属于易拿分章节。

## 13.2　考点梳理及精讲

### 13.2.1　知识产权基础知识

　　知识产权是指公民、法人、非法人单位对自己的创造性智力成果和其他科技成果依法享有的民事权。是智力成果的创造人依法享有的权利和在生产经营活动中标记所有人依法所享有的权利的总称。包含著作权、专利权、商标权、商业秘密权、植物新品种权、集成电路布图设计权和地理标志权等。

　　1. 知识产权的特性

　　无体性：知识产权的对象没有具体形体，是智力创造成果，是一种抽象的财富。

　　专有性：指除权利人同意或法律规定外，权利人以外的任何人不得享有或使用该项权利。

　　地域性：指知识产权只在授予其权利的国家或确认其权利的国家产生，并且只能在该国范围内受法律保护，而其他国家则不受保护。

　　时间性：仅在法律规定的期限内受到保护，一旦超过期限，权利自行消灭，相关知识产品即成为整个社会的共同财富，为全人类所共同使用。

　　2. 知识产权的保护期限

　　知识产权具有地域限制，保护期限各种情况见表 13-1。

　　3. 知识产权人的确定

　　（1）职务作品的知识产权人的确定见表 13-2。

表 13-1　知识产权保护期限

| 客体类型 | 权力类型 | 保护期限 |
|---|---|---|
| 公民作品 | 署名权、修改权、保护作品完整权 | 没有限制 |
| | 发表权、使用权和获得报酬权 | 作者终生及其死亡后的 50 年（第 50 年的 12 月 31 日） |
| 单位作品 | 发表权、使用权和获得报酬权 | 50 年（首次发表后的第 50 年的 12 月 31 日），若其间未发表，不保护 |
| 公民软件产品 | 署名权、修改权 | 没有限制 |
| | 发表权、复制权、发行权、出租权、信息网络传播权、翻译权、使用许可权、获得报酬权、转让权 | 作者终生及死亡后 50 年（第 50 年的 12 月 31 日）。合作开发，以最后死亡作者为准 |
| 单位软件产品 | 发表权、复制权、发行权、出租权、信息网络传播权、翻译权、使用许可权、获得报酬权、转让权 | 50 年（首次发表后的第 50 年的 12 月 31 日），若其间未发表，不保护 |
| 注册商标 | | 有效期 10 年（若注册人死亡或倒闭 1 年后，未转移则可注销，期满后 6 个月内必须续注） |
| 发明专利权 | | 保护期为 20 年（从申请日开始） |
| 实用新型和外观设计专利权 | | 保护期为 10 年（从申请日开始） |
| 商业秘密 | | 不确定，公开后公众可用 |

表 13-2　职务作品的知识产权归属

| 情况说明 | | 判断说明 | 归属 |
|---|---|---|---|
| 作品 | 职务作品 | 利用单位的物质技术条件进行创作，并由单位承担责任的 | 除署名权外其他著作权归单位 |
| | | 有合同约定，其著作权属于单位 | 除署名权外其他著作权归单位 |
| | | 其他 | 作者拥有著作权，单位有权在业务范围内优先使用 |
| 软件 | 职务作品 | 属于本职工作中明确规定的开发目标 | 单位享有著作权 |
| | | 属于从事本职工作活动的结果 | 单位享有著作权 |
| | | 使用了单位资金、专用设备、未公开的信息等物质、技术条件，并由单位或组织承担责任的软件 | 单位享有著作权 |
| 专利权 | 职务作品 | 本职工作中作出的发明创造 | 单位享有专利 |
| | | 履行本单位交付的本职工作之外的任务所作出的发明创造 | 单位享有专利 |
| | | 离职、退休或调动工作后 1 年内，与原单位工作相关 | 单位享有专利 |

（2）委托作品。职务作品和委托作品的区别在于，当合同中未规定著作权的归属时，职务作品的著作权默认归于单位，而委托创作中，著作权默认归属于创作方个人，具体见表 13-3。

表 13-3　委托作品的知识产权人确定

| 情况说明 | | 判断说明 | 归属 |
|---|---|---|---|
| 作品软件 | 委托创作 | 有合同约定，著作权归委托方 | 委托方 |
| | | 合同中未约定著作权归属 | 创作方 |
| | 合作开发 | 只进行组织、提供咨询意见、物质条件或者进行其他辅助工作 | 不享有著作权 |
| | | 共同创作的 | 共同享有，按人头比例。成果可分割的，可分开申请 |
| 商标 | | 谁先申请谁拥有（除知名商标的非法抢注）<br>同时申请，则根据谁先使用（需提供证据）<br>无法提供证据，协商归属，无效时使用抽签（但不可不确定） | |
| 专利 | | 谁先申请谁拥有<br>同时申请则协商归属，协商未果则驳回所有申请 | |

4．侵权判定

一般通用化的东西不算侵权，个人未发表的东西被抢先发表是侵权。

中国公民、法人或者其他组织的作品，不论是否发表，都享有著作权。

开发软件所用的思想、处理过程、操作方法或者数学概念不受保护。

著作权法不适用于下列情形：法律、法规、国家机关的决议、决定、命令和其他具有立法、行政、司法性质的文件，及其官方正式译文；时事新闻；历法、通用数表、通用表格和公式。

只要不进行传播、公开发表、营利都不算侵权，具体见表 13-4。

表 13-4　侵权判定

| 不侵权 | 侵权 |
|---|---|
| ● 个人学习、研究或者欣赏；<br>● 适当引用；<br>● 公开演讲内容；<br>● 用于教学或科学研究；<br>● 复制馆藏作品；<br>● 免费表演他人作品；<br>● 室外公共场所艺术品临摹、绘画、摄影、录像；<br>● 将汉语作品译成少数民族语言作品或盲文出版 | ● 未经许可，发表他人作品；<br>● 未经合作作者许可，将与他人合作创作的作品当作自己单独创作的作品发表的；<br>● 未参加创作，在他人作品署名；<br>● 歪曲、篡改他人作品的；<br>● 剽窃他人作品的；<br>● 使用他人作品，未付报酬；<br>● 未经出版者许可，使用其出版的图书、期刊的版式设计的 |

### 13.2.2　标准化基础知识

根据标准制定机构和适用范围的不同，可分为国际标准、国家标准、行业标准、区域/地方标准和企业标准；根据类型划分，又可以分为强制性标准和推荐性标准。

（1）国际标准：是指国际标准化组织（ISO）、国际电工委员会（IEC）和国际电信联盟（ITU）制定的标准，以及国际标准化组织确认并公布的其他国际组织制定的标准。国际标准在世界范围内统一使用，提供各国参考。

（2）国家标准：是指由国家标准化主管机构制定或批准发布，在全国范围内统一适用的标准。比如：GB 为中华人民共和国国家标准；强制性国家标准代号为 GB，推荐性国家标准代号为 GB/T，国家标准指导性文件代号为 GB/Z，国军标代号为 GJB。

ANSI（American National Standards Institute）为美国国家标准协会标准。

（3）行业标准：是由某个行业机构、团体等制定的，适用于某个特定行业业务领域的标准。比如：IEEE 为美国电气电子工程师学会标准；GA 为公共安全标准；YD 为通信行业标准。

（4）区域/地方标准：是由某一区域/地方内的标准化主管机构制定、批准发布的，适用于某个特定区域/地方的标准。比如：EN 为欧洲标准。

（5）企业标准：是企业范围内根据需要协调、统一的技术要求、管理要求和工作要求所制定的标准，适用于本企业内部的标准。一般以 Q 字开头，比如 Q/320101 RER 007－2012，其中 320101 代表地区，RER 代表企业名称代号，007 代表该企业该标准的序号，2012 代表年号。

《中华人民共和国标准化法》规定：企业标准须报当地政府标准化行政主管部门和有关行政主管部门备案。已有国家标准或者行业标准的，国家鼓励企业制定严于国家标准或者行业标准的企业标准，在企业内部适用。

# 13.3　课后演练（精选真题）

● 为了加强软件产品管理，促进我国软件产业的发展，原信息产业部颁布了《软件产品管理办法》，"办法"规定，软件产品的开发、生产、销售、进出口等活动应通我国有关法律、法规和标准规范，任何单位和个人不得开发、生产、销售、进出口含有以下内容的软件产品__（1）__。
（**2021 年 11 月第 21 题**）
①侵犯他人的知识产权　　②含有计算机病毒
③可能危害计算机系统安全　④含有国家规定禁止传播的内容
⑤不符合我国软件标准规范　⑥未经国家正式批准
（1）A．①②③⑥　　　　B．①②③④⑥　　　C．①②③④⑤　　D．①②③④⑤⑥

● 赵某购买了一款有注册商标的应用 App，擅自复制成光盘出售，其行为是侵犯__（2）__的行为。
（**2021 年 11 月第 64 题**）
（2）A．注册商标专用权　　　　　　　　B．软件著作权

    C．光盘所有权　　　　　　　　　　　D．软件专利权

● 下列关于著作权归属的表述，正确的是　（3）　。（**2021 年 11 月第 65 题**）

  （3）A．改编作品的著作权归属于改编人

      B．职务作品的著作权都归属于企业法人

      C．委托作品的著作权都归属于委托人

      D．合作作品的著作权归属于所有参与和组织创作的人

● X 公司接受 Y 公司的委托开发了一款应用软件，双方没有订立任何书面合同。在此情形下，　（4）　享有该软件的著作权。（**2021 年 11 月第 66 题**）

  （4）A．X、Y 公司共同　　　　　　　　　B．X 公司

      C．Y 公司　　　　　　　　　　　　　D．X、Y 公司均不

● 按照我国著作法的权利保护期　（5）　受到永久保护。（**2020 年 11 月第 1 题**）

  （5）A．发表权　　　　B．修改权　　　　C．复制权　　　　D．发行权

# 13.4　课后演练答案解析

（1）**参考答案：C**

🔖**解析**　《软件产品管理办法》规定，软件产品的开发、生产、销售，进出口等活动应通过我国有关法律、法规和标准规范，任何单位和个人不得开发、生产、销售，进出口含有以下内容的软件产品：①侵犯他人的知识产权；②含有计算机病毒；③可能危害计算机系统安全；④含有国家规定禁止传播的内容；⑤不符合我国软件标准规范。

（2）**参考答案：B**

🔖**解析**　本题中赵某的行为本质是盗用了应用 App 的内容，侵犯了软件著作权。

（3）**参考答案：A**

🔖**解析**　B、C、D 项都要分不同的情况，不是统一的。

（4）**参考答案：B**

🔖**解析**　委托开发无合同约定，著作权默认归开发者，即 X 公司。

（5）**参考答案：B**

🔖**解析**　署名权、修改权、保护作品完整权等非营利性质权利不受限制。

## 14.1　备考指南

数学与经济管理主要考查的是运筹学、线性规划、最小生成树、最短路径等相关知识，在系统架构设计师的考试中只在选择题里考查，占 1～2 分，掌握解题技巧灵活应对即可。

## 14.2　考点梳理及精讲

### 14.2.1　最小生成树

最小生成树有两种方法：普里姆算法和克鲁斯卡尔算法，实际计算建议采用克鲁斯卡尔算法。

克鲁斯卡尔算法：将图中所有的边按权值从小到大排序，从权值最小的边开始选取，判断是否为安全边（即不构成环），直至选取了 n-1 条边，构成了最小生成树。

最小生成树并不唯一，但权值之和都相等且最小，只要求出一个就可以。

**例题**：图 14-1 是某地区的通信线路图，假设其中标注的数字代表通信线路的长度（单位为 km），现在要求至少要架设多长的线路，才能保持 6 个城市的通信连通。

解题过程如图 14-2 所示，第 6 步就是需要的最小生成树，需要架设的线路长度为 200+200+300+300+300=1300（km）。

图 14-1　某地区通信线路图

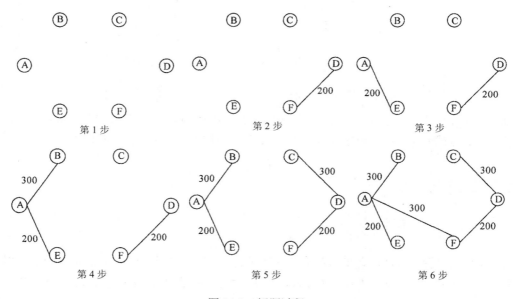

图 14-2　解题过程

### 14.2.2　最短（长）路径

计算从起点到终点的最短（长）路径的方法：从起点开始，依次向终点推导，每个经过的中间节点都直接计算出到该中间节点最短的路径，这样递归推导到终点，就是最短路径。

例题：如图 14-3 所示，有一货物要从城市 s 发送到城市 t，线条上的数字代表通过这条路的费用（单位为万元）。那么，运送这批货物，至少需要花费多少万元？

解题过程见表 14-1，可最终从起点 s 到终点 t 的最短路径花费是 81 万元。

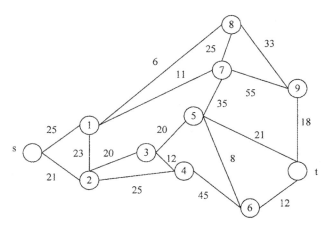

图 14-3　货物运输图

表 14-1　货物运输最短路径推导表

| 红点集 | D[1] | D[2] | D[3] | D[4] | D[5] | D[6] | D[7] | D[8] | D[9] | D[t] |
|---|---|---|---|---|---|---|---|---|---|---|
| {s} | 25 | 21 | ∞ | ∞ | ∞ | ∞ | ∞ | ∞ | ∞ | ∞ |
| {s,2} | 25 | | 41 | 46 | ∞ | ∞ | ∞ | ∞ | ∞ | ∞ |
| {s,2,1} | | | 41 | 46 | ∞ | ∞ | 36 | 31 | ∞ | ∞ |
| {s,2,1,8} | | | 41 | 46 | ∞ | ∞ | 36 | | 64 | ∞ |
| {s,2,1,8,7} | | | 41 | 46 | 71 | ∞ | | | 64 | ∞ |
| {s,2,1,8,7,3} | | | | 46 | 61 | ∞ | | | 64 | ∞ |
| {s,2,1,8,7,3,4} | | | | | 61 | 91 | | | 64 | ∞ |
| {s,2,1,8,7,3,4,5} | | | | | | 69 | | | 64 | 82 |
| {s,2,1,8,7,3,4,5,9} | | | | | | 69 | | | | 82 |
| {s,2,1,8,7,3,4,5,9,6} | | | | | | | | | | 81 |
| {s,2,1,8,7,3,4,5,9,6,t} | | | | | | | | | | |

## 14.2.3　网络与最大流量

计算从一个节点到另一个节点的最大运输能力，取决于节点之间运输能力的短板：首先看有多少条路径可走，最大流量等于所有路径最大流量之和，而每条路径的最大流量是节点之间运输能力最小的流量决定的（短板决定）。

解题技巧：

（1）取每条路径上的最小权值即为此条路径的最大流量，每次走完一条路径后，需要实时修改此条路径还剩下的运输流量值，若为 0，则删掉此连线。

（2）重复第（1）步，直至从起点到终点无路径连通，而后将每条路径上的流量相加得到整体最大流量。

例题：下图 14-4 标出了某地区的运输网，各节点之间的运输能力见表 14-2。

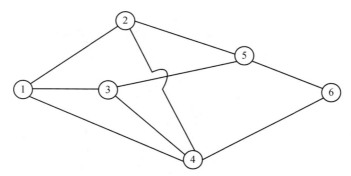

图 14-4　某地区的运输网

表 14-2　各节点之间的运输能力

| | ① | ② | ③ | ④ | ⑤ | ⑥ |
|---|---|---|---|---|---|---|
| ① | | 6 | 10 | 10 | | |
| ② | 6 | | | | 7 | |
| ③ | 10 | | | | 14 | |
| ④ | 10 | 4 | 1 | | | 5 |
| ⑤ | | 7 | 14 | | | 21 |
| ⑥ | | | | 5 | 21 | |

将表格数据汇总到图上，得到图 14-5。

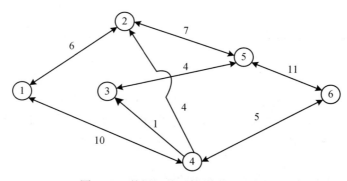

图 14-5　数据汇总后的某地区运输网

然后依次执行解题步骤,如图 14-6 所示,依次运输的流量为 10、6、5、1、1,所以最大流量是 10+6+5+1+1=23。

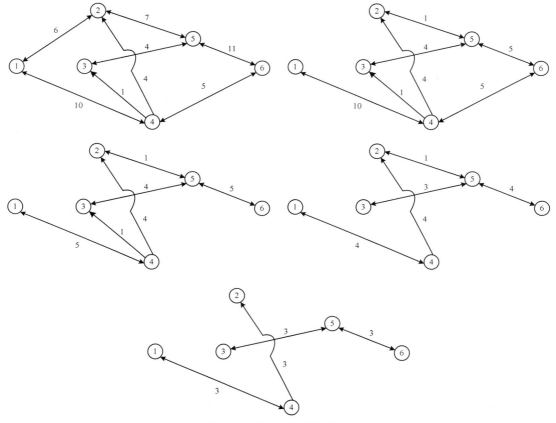

图 14-6    最大流量解题步骤

## 14.2.4    决策论

1. 决策分类

按决策环境分类,可分为如下 3 种类型。

(1)确定型决策:决策环境是确定的,结果也是确定的。

(2)风险决策:决策环境是不确定的,但是结果发生的概率是一致的。

(3)不确定型决策:决策环境不确定,且结果也不确定,完全凭主观意识来决定。

2. 决策的 6 个要素

决策的 6 个要素:决策者、可供选择的方案(包括行动、策略)、衡量选择方案的准则(目的、目标、正确性等)、事件(被决策的对象)、每一事件的发生将会产生的某种结果、决策者的价值观。

3. 不确定型决策

决策者对环境一无所知，任意猜测，完全凭借于决策者自身的价值观，有 5 种准则（建立环境与方案的表格，每 1 个环境每种方案对应一个收益）。

例题：某公司需要根据下一年度宏观经济的增长趋势预测决定投资策略。宏观经济增长趋势有不景气、不变和景气 3 种，投资策略有积极、稳健和保守 3 种，各种状态的收益见表 14-3。

表 14-3　某公司投资策略

| 预计收益（单位：百万元人民币） | | 经济趋势预测 | | |
|---|---|---|---|---|
| | | 不景气 | 不变 | 景气 |
| 投资策略 | 积极 | 50 | 150 | 500 |
| | 稳健 | 150 | 200 | 300 |
| | 保守 | 400 | 250 | 200 |

（1）乐观主义准则（大中取大 max(max)，先取每个方案最大的收益，再取所有最大收益中最大的那个）；积极方案的最大结果为 500，稳健方案的最大结果为 300，保守方案的最大结果为 400。三者的最大值为 500，因此，选择其对应的积极投资方案。

（2）悲观主义准则（小中取大 max(min)，先取每个方案最小的收益，再取所有最小收益中最大的那个）；积极方案的最小结果为 50，稳健方案的最小结果为 150，保守方案的最小结果为 200。三者的最大值为 200，因此，选择其对应的保守投资方案。

（3）折中主义准则，也称为赫尔维斯（Harwicz）准则。设定折中系数为 a，用每个方案的最大收益×a+最小收益×(1-a)，选择每个方案中计算结果最大的那个，可知，a=1 时为乐观主义，a=0 时为悲观主义。

（4）等可能性准则，也称为拉普拉斯（Laplace）准则。设定每个可能的结果的发生都是等可能的，概率都为 1/n，这样就知道每个结果发生的概率，即将不确定性的问题转换为了风险决策问题。

（5）后悔值准则，也称为萨维奇（Savage）准则、最小机会损失准则[最小最大后悔值 min(max)，在不同的环境中（之前都是方案），投资方案获得的最大收益-当前选择的收益=后悔值，将所有后悔值中每个方案的最大后悔值选出，再从这些最大的后悔值中选择最小的即可]。各种状态的后悔值见表 14-4。

表 14-4　各种状态的后悔值

| 预计收益（单位：百万元人民币） | | 经济趋势预测 | | |
|---|---|---|---|---|
| | | 不景气 | 不变 | 景气 |
| 投资策略 | 积极 | 350 | 100 | 0 |
| | 稳健 | 250 | 50 | 200 |
| | 保守 | 0 | 0 | 300 |

积极方案的最大后悔值为 350，稳健方案的最大后悔值为 250，保守方案的最大后悔值 300。三者的最小值为 250，因此，选择其对应的稳健投资方案。

4. 灵敏度分析（决策树和决策表）

对环境不了解，但是对即将发生的结果的概率了解，一般题目会给出每个结果对应的收益及风险概率，然后将每种结果产生的收益×此种结果发生的概率，取收益最大的即可。

**例题：** 假设有外表完全相同的木盒 100 只，将其分为 2 组，一组装白球，有 70 盒；另一组装黑球，有 30 盒。现从这 100 盒中任取一盒，请你猜，如果这盒内装的是白球，猜对了得 500 分，猜错了罚 200 分；如果这盒内装的是黑球，猜对了得 1000 分，猜错了罚 150 分。为使期望得分最多，应选哪一个方案？

本题采用决策树的方法解题，按照题意，建议的决策树如图 14-7 所示。可知猜白的收益为 $0.7 \times 500 + 0.3 \times (-200) = 290$。猜黑的收益为 $0.7 \times (-150) + 0.3 \times 1000 = 195$。所以应该选择猜白的方案。

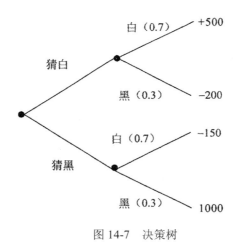

图 14-7    决策树

## 14.2.5    线性规划

线性规划在一组约束条件下来寻找目标函数的极值（极大值和极小值）问题。线性规划问题的数学模型通常由线性目标函数、线性约束条件、变量非负条件组成（实际问题中的变量一般都是非负的）。

线性规划问题就是面向实际应用，求解一组非负变量，使其满足给定的一组线性约束条件，并使某个线性目标函数达到极值。满足这些约束条件的非负变量组的集合称为可行解域。可行解域中使目标函数达到极值的解称为最优解。

线性规划问题的最优解要么是 0 个（没有），要么是唯一的（1 个），要么有无穷个（只要有 2 个，就会有无穷个）。

在实际应用中，可以直接求约束条件方程组的解，即是交叉点，将这些解代入到目标函数中判断是否极值即可。

例题：某工厂在计划期内要安排生产 I、II 两种产品，已知生产单位产品所需的设备台时及 A、B 两种原料的消耗，见表 14-5。

表 14-5　某工厂生产计划表

|  | I | II | 总数 |
|---|---|---|---|
| 设备 | 1 | 2 | 8 台时 |
| 原材料 A | 4 | 0 | 16kg |
| 原材料 B | 0 | 4 | 12kg |

【解】该问题可用以下数学模型来描述，设 $x_1$、$x_2$ 分别表示在计划期内产品 I、II 的产量，因为设备的有效台时是 8，这是一个限制产量的条件，所以在确定产品 I、II 的产量时，要考虑不超过设备的有效台时数，即可用不等式表示为：

$$x_1+2x_2 \leqslant 8$$

同理，因原材料 A、B 的限量，可以得到以下不等式：

$$4x_1 \leqslant 16$$
$$4x_2 \leqslant 12$$

该工厂的目标是在不超过所有资源限制的条件下，如何确定产量 $x_1$、$x_2$，以得到最大的利润。若用 $z$ 表示利润，这时 $z=2x_1+3x_2$。综上所述，该计划问题可用数学模型表示如下。

目标函数：

$$\max z=2x_1+3x_2$$

满足约束条件：

$$x_1+2x_2 \leqslant 8$$
$$4x_1 \leqslant 16$$
$$4x_2 \leqslant 12$$
$$x_1、x_2 \geqslant 0$$

该厂的最优生产计划方案是：生产 4 件产品 I，2 件产品 II，可得最大利润为 14 元。

### 14.2.6　伏格尔法

伏格尔法针对多种解决方法问题，如多个煤场供给多个工厂的运输成本。

从正常思维来思考，在没有任何约束条件的情况下，我们会优先考虑运输成本最低的方案，这就是最小元素法，但是当有多个制约因素时，最小元素法的缺点是，为了节约一处的费用，有时造成在其他处要多花几倍的运费。因此，多个因素互相制约时，普遍采用伏格尔法（又称差值法），该方法考虑到，某产地的产品如不能按最小运费就近供应，就考虑次小运费，这就有一个差额。差额越大，说明不能按最小运费调运时，运费增加越多。因而对差额最大处，就应当采用最小运费调运。

由上述原理，可得出其解题步骤为：

（1）计算出每行每列的最小运费和次小运费的差值（绝对值）。

（2）从这些差值里选出最大的行（列），定位到该行（列），从该行（列）中找出最小的那一个，就是优先供应的方案。

（3）供应后，更新供应量和需求量，如果某行（列）的供应量和需求量为 0，则删除该行（列）。

（4）形成一个全新的表格，重复上述步骤。

## 14.3 课后演练（精选真题）

● 某项目包括 A～G 七个作业，各作业之间的衔接关系和所需时间如下表：

| 作业 | A | B | C | D | E | F | G |
|------|---|---|---|---|---|---|---|
| 紧前作业 | — | A | A | B | CD | — | EF |
| 所需天数 | 5 | 7 | | 8 | 3 | 20 | 4 |

其中，作业 C 所需的时间，乐观估计为 5 天，最可能为 14 天，保守估计为 17 天。假设其他作业都按计划进度实施，为使该项目按进度计划如期全部完成。作业 C __(1)__ 。（**2021 年 11 月第 70 题**）

（1）A．必须在期望时间内完成    B．必须在 14 天内完成

C．比期望时间最多可拖延 1 天    D．比期望时间最多可拖延 2 天

● 数学模型常带有多个参数，而参数会随环境因素而变化。根据数学模型求出最优解或满意解后，还需要进行 __(2)__，对计算结果进行检验，分析计算结果对参数变化的反映程度。（**2019 年 11 月第 69 题**）

（2）A．一致性分析    B．准确性分析    C．灵敏性分析    D．似然性分析

● 甲、乙、丙、丁 4 人加工 A、B、C、D 四种工件所需工时如下表所示。指派每人加工一种工件，四人加工四种工件其总工时最短的最优方案中，工件 B 应由 __(3)__ 加工。（**2015 年 11 月第 69 题**）

|   | A | B | C | D |
|---|---|---|---|---|
| 甲 | 14 | 9 | 4 | 15 |
| 乙 | 11 | 7 | 7 | 10 |
| 丙 | 13 | 2 | 10 | 5 |
| 丁 | 17 | 9 | 15 | 13 |

（3）A．甲    B．乙    C．丙    D．丁

● 小王需要从①地开车到⑦地,可供选择的路线如下图所示。图中,各条箭线表示路段及其行驶方向,箭线旁标注的数字表示该路段的拥堵率(描述堵车的情况,即堵车概率)。拥堵率=1-畅通率,拥堵率=0 时表示完全畅通,拥堵率=1 时表示无法行驶。根据该图,小王选择拥堵情况最少(畅通情况最好)的路线是___(4)___。(**2015 年 11 月第 70 题**)

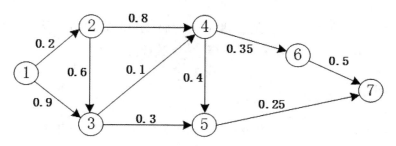

(4)A. ①②③④⑤⑦                          B. ①②③④⑥⑦
　　C. ①②③⑤⑦                             D. ①②④⑥⑦

● 生产某种产品有两个建厂方案:①建大厂,需要初期投资 500 万元。如果产品销路好,每年可以获利 200 万元;如果销路不好,每年会亏损 20 万元。②建小厂,需要初期投资 200 万元。如果产品销路好,每年可以获利 100 万元;如果销路不好,每年只能获利 20 万元。市场调研表明,未来 2 年这种产品销路好的概率为 70%。如果这 2 年销路好,则后续 5 年销路好的概率上升为 80%;如果这 2 年销路不好,则后续 5 年销路好的概率仅为 10%。为取得 7 年最大总收益,决策者应___(5)___。(**2014 年 11 月第 70 题**)

(5)A. 建大厂,总收益超 500 万元          B. 建大厂,总收益略多于 300 万元
　　C. 建小厂,总收益超 500 万元          D. 建小厂,总收益略多于 300 万元

● 在军事演习中,张司令希望将部队尽快从 A 地通过公路网(见下图)运送到 F 地:

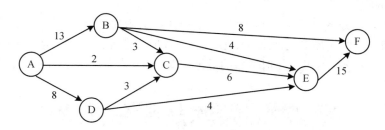

图中标出了各路段上的最大运量(单位:千人/小时)。根据该图可以算出,从 A 地到 F 地的最大运量是___(6)___千人/小时。(**2011 年 11 月第 69 题**)

(6)A. 20                                  B. 21
　　C. 22                                  D. 23

## 14.4　课后演练答案解析

（1）**参考答案**：D

**解析**　本题考查的是进度管理的三点估算法，(最可能×4+最乐观+最悲观)/6=13 天，由此可知，C 有 2 天总时差。

（2）**参考答案**：C

**解析**　本题考查应用数学基础知识。实际问题的数学模型往往都是近似的，常带有多个参数，而参数会随环境因素而变化。根据数学模型求出最优解或满意解后，还需要进行灵敏性分析，对计算结果进行检验，分析计算结果对参数变化的反映程度。如果对于参数的微小变化引发计算结果的很大变化，那么这种计算结果并不可靠，并不可信。

（3）**参考答案**：D

**解析**　先将矩阵进行化简，化简的方法是每行的元素减去这一行的最小值，然后每列的元素减去这一列的最小值，确保每行，每列都有 0。得到：

|  | A | B | C | D |
|---|---|---|---|---|
| 甲 | 6 | 5 | 0 | 8 |
| 乙 | 0 | 0 | 0 | 0 |
| 丙 | 7 | 0 | 8 | 0 |
| 丁 | 4 | 0 | 6 | 1 |

然后找出一种方案，方案组成元素都是 0，而这些元素不同行，也不同列，即为解决方案。如下所示：

|  | A | B | C | D |
|---|---|---|---|---|
| 甲 | 6 | 5 | 0 | 8 |
| 乙 | 0 | 0 | 0 | 0 |
| 丙 | 7 | 0 | 8 | 0 |
| 丁 | 4 | 0 | 6 | 1 |

（4）**参考答案**：C

**解析**　方案①②③④⑤⑦的畅通概率为：

$$(1-0.2)\times(1-0.6)\times(1-0.1)\times(1-0.4)\times(1-0.25)= 0.1296$$

方案①②③④⑥⑦的畅通概率为：

$$(1-0.2)\times(1-0.6)\times(1-0.1)\times(1-0.35)\times(1-0.5)= 0.0936$$

方案①②③⑤⑦的畅通概率为：

$$(1-0.2)\times(1-0.6)\times(1-0.3)\times(1-0.25)=0.168$$

方案①②④⑥⑦的畅通概率为：

$$(1-0.2)\times(1-0.8)\times(1-0.35)\times(1-0.5)=0.052$$

（5）**参考答案**：B

**解析**　具体见下表：

| | 前 2 年 | 后 5 年 | 总概率 | 收益 |
|---|---|---|---|---|
| 建大厂 | 销路好（70%） | 销路好（80%） | 56% | 200×7=1400 万元 |
| | 销路好（70%） | 销路不好（20%） | 14% | 200×2+(-20)×5=300 万元 |
| | 销路不好（30%） | 销路好（10%） | 3% | (-20)×2+200×5=960 万元 |
| | 销路不好（30%） | 销路不好（90%） | 27% | (-20)×7=-140 万元 |
| | EMV=-500+1400×56%+300×14%+960×3%+ (-140)×27%=317 万元 | | | |
| 建小厂 | 销路好（70%） | 销路好（80%） | 56% | 100×7=700 万元 |
| | 消路好（70%） | 销路不好（20%） | 14% | 100×2+20×5=300 万元 |
| | 销路不好（30%） | 销路好（10%） | 3% | 20×2+100×5=540 万元 |
| | 销路不好（30%） | 销路不好（90%） | 27% | 20×7=140 万元 |
| | EMV=-200+700×56%+300×14%+540×3%+140×27%=288 万元 | | | |

（6）**参考答案**：C

**解析**　本题是架构考试中常见的一类计算题。该题解题关系是需要将图中节点的输入输出流量调整平衡，因为只有输入输出流量平衡才能表现出真实的运量。例如，对于节点 E，它的输出运力为 15，而所有输入运力之和为 14，则 E 的最大真实运力，只能达到 14，所以将 E 的输出运力修改为 14。对于节点 D，其输出运力和为 7，而输入运力为 8，则需要平衡为 7。节点 B 也需要调，但情况比较复杂，我们需要综合分析节点 B 的输出运力与节点 C 的输出运力，分析可知，当节点 B 到节点 C 的运力调整为 1 时，既能达到节点运力的平衡，又能使运力最大，所以应调整为1。当完成这些调整之后，可轻易得出结论，最大运力为 22。

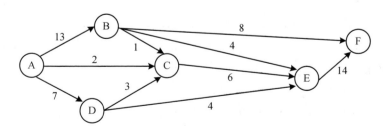

# 第 2 篇　案例专题

# 第15章
# 案例分析总论

## 15.1  考试大纲

1. 系统规划

系统项目的提出与可行性分析

系统方案的制订、评价和改进

新旧系统的分析和比较

现有软件、硬件和数据资源的有效利用

2. 软件架构设计

XML 技术

基于架构的软件开发过程

软件质量属性

架构模型（风格）

特定领域软件架构

基于架构的软件开发方法

架构评估

软件产品线

系统演化

3. 设计模式

设计模式的概念

设计模式的组成

模式和软件架构

设计模式分类

设计模式的实现

4. 系统设计

处理流程设计

人机界面设计

文件设计、存储设计

数据库设计

网络应用系统的设计

系统运行环境的集成与设计

中间件、应用服务器

性能设计与性能评估

系统转换计划

5. 软件系统建模

系统需求

建模的作用和意义

定义问题（目标、功能、性能等）与归结模型（静态结构模型、动态行为模型、物理模型）

结构化系统建模、数据流图

面向对象系统建模

统一建模语言（UML）

数据库建模、E-R 图

逆向工程

6. 分布式系统设计

分布式通信协议的设计

基于对象的分布式系统设计

基于 Web 的分布式系统设计

基于消息和协同的分布式系统设计

异构分布式系统的互操作性设计

7. 嵌入式系统设计

实时系统和嵌入式系统特征

实时任务调度和多任务设计

中断处理和异常处理

嵌入式系统开发设计

8. 系统的可靠性分析与设计

系统的故障模型和可靠性模型

系统的可靠性分析和可靠度计算

提高系统可靠性的措施

系统的故障对策和系统的备份与恢复

9. 系统的安全性和保密性设计

系统的访问控制技术

数据的完整性

数据与文件的加密

通信的安全性

系统的安全性设计

## 15.2 案例分析答题卡

案例分析第一题必做，后面四个题四选二，答题卡上选项如图 15-1 所示，将选做的题目涂黑。

---

**选答题说明**

　　试题二至试题五为选答题，请从中任选两题解答，并将标识框涂黑。若试题多选、少选或未选，则对题号最小的两道试题进行评分。

　　例如：如果选答试题三和试题五，应先将选答题一中的试题三标识框涂黑，并在选答题一解答栏中作答试题三；然后将选答题二中的试题五标准框涂黑，并在选答题二解答栏中作答试题五。

---

| 选答题一：试题二 | 试题三 | 试题四 | 试题五 |
|---|---|---|---|
| □ | ■ | □ | □ |

| 选答题一 | 解　　　　答　　　　栏 |
|---|---|
| 问题 1 | |

| 选答题二：试题二 | 试题三 | 试题四 | 试题五 |
|---|---|---|---|
| □ | □ | □ | ■ |

| 选答题二 | 解　　　　答　　　　栏 |
|---|---|
| 问题 1 | |

图 15-1　系统架构设计师案例分析答题卡首页实例

## 15.3　历年真题考点分析

根据历年真题考点分析，我们将架构案例分析真题分为如下几个大类：

（1）软件架构设计：每年会必考 1～2 题，并且第 1 题是必选题，必须掌握，主要涉及质量属性、软件架构风格、软件架构评估、MVC 架构、面向服务的架构（SOA）、ESB、J2EE 架构等。对于其他未考查的架构领域重点知识如 DSSA、ABSD 等，也必须掌握。

（2）系统开发基础：几乎每年必考 1 题，主要涉及 UML 的图、关系的识别，尤其是类图、用例图、活动图、状态图；设计模式识别；数据流图、E-R 图等简单识别；信息安全相关技术；项目管理－进度管理－关键路径。

（3）数据库系统：偶尔会考查 1 题，主要考查的是数据库的一些新技术的比较，如关系型数据库、内存数据库及 NoSQL 等，还会包括反规范化技术、主从复制、负载均衡等。

（4）嵌入式系统：几乎每年必考 1 题，选做题，考查比较多的是嵌入式系统的实时性和可靠性以及容错等概念。大概率会考到一些嵌入式领域陌生技术，如果是完全没见过的技术，不选即可。

（5）Web 应用开发：主要考查 Web 相关技术，一般结合架构进行考查。偶尔会考到新技术，遇到完全没听说过的技术，就不选。

**此外，早年的考试中，偶尔考到一些完全陌生的架构和技术，没有看的必要，可忽略，因为陌生技术不会再考第二次，无法去归纳总结，也没有了解的必要。**

具体历年案例真题考点归纳见表 15-1。

表 15-1　历年案例真题考点归纳

| 时间 | 所属范围 | 考查知识点 |
| --- | --- | --- |
| 2021 年 11 月试题一 | 软件架构 | 架构风格，质量属性 |
| 2021 年 11 月试题二 | 系统开发 | 用例图、顺序图填空、模型对比 |
| 2021 年 11 月试题三 | 软件架构 | 数据定义分布管理含义、基于 FACE 的架构（题目不全） |
| 2021 年 11 月试题四 | 数据库 | 反规范化设计方法、数据不一致、Redis 同步 |
| 2021 年 11 月试题五 | Web 应用 | 云平台智能家居，看图填空，TCP/UDP 区别 |
| 2020 年 11 月试题一 | 软件架构 | 架构风格，质量属性 |
| 2020 年 11 月试题二 | 数据库 | 逻辑设计、关系模式、主键、超类实体、派生属性 |
| 2020 年 11 月试题三 | 嵌入式 | 需求到架构映像、FACE 架构 |
| 2020 年 11 月试题四 | 数据库 | 内存数据库 Redis，内存淘汰机制 |
| 2020 年 11 月试题五 | Web 应用 | 非功能性需求，SSM 框架，数据访问机制 |
| 2019 年 11 月试题一 | 软件架构 | 架构风格，质量属性 |
| 2019 年 11 月试题二 | 系统开发 | 数据流图求实体、加工、补充数据流；系统流程图区别 |

续表

| 时间 | 所属范围 | 考查知识点 |
|---|---|---|
| 2019 年 11 月试题三 | 嵌入式 | 信息物理系统三层结构概念、填空；三类安全威胁 |
| 2019 年 11 月试题四 | 数据库 | 数据库读写并发操作、key/value 方案探讨 |
| 2019 年 11 月试题五 | Web 应用 | 非功能性需求、分布式架构图、SQL 注入攻击 |
| 2018 年 11 月试题一 | 软件架构 | 非功能性需求、C/S 架构 |
| 2018 年 11 月试题二 | 系统开发 | 数据流图、E-R 图、实体和类、用例 |
| 2018 年 11 月试题三 | 嵌入式 | 简单任务和复杂任务、基本消息通信（BMTS） |
| 2018 年 11 月试题四 | 数据库 | MemCache 和 Redis、数据可靠性和一致性 |
| 2018 年 11 月试题五 | Web 应用 | SOA、ESB、信息安全、根据描述填图 |
| 2017 年 11 月试题一 | 软件架构 | 质量属性效用树、架构风险、敏感点、权衡点 |
| 2017 年 11 月试题二 | 软件架构 | MVC、EJB、J2EE |
| 2017 年 11 月试题三 | 嵌入式 | 机器人操作系统 ROS 和 RTOS、根据描述填流程图 |
| 2017 年 11 月试题四 | 数据库 | ORM 和数据库程序在线访问、数据访问层、工厂设计模式 |
| 2017 年 11 月试题五 | Web 应用 | 响应式 Web 设计、高并发 Web 架构、主从复制机制 |
| 2016 年 11 月试题一 | 软件架构 | 质量属性、架构风格对比、根据描述填空 |
| 2016 年 11 月试题二 | 系统开发 | 用例图参与者、用例关系、类图关系 |
| 2016 年 11 月试题三 | 嵌入式 | RTOS 特点、实时性分类、缺陷故障失效关系图 |
| 2016 年 11 月试题四 | Web 应用 | 应用服务器、PHP 和 Java、J2EE 架构 |
| 2016 年 11 月试题五 | 系统开发 | Scrum 敏捷开发状态图、MVC 架构应用 |
| 2015 年 11 月试题一 | 软件架构 | 质量属性效用树、架构风险、敏感点、权衡点 |
| 2015 年 11 月试题二 | 系统开发 | 状态图、活动图特点，根据描述填图 |
| 2015 年 11 月试题三 | 嵌入式 | 可靠性子特性、硬件软件可靠性、恢复快和 N 版本程序设计 |
| 2015 年 11 月试题四 | 数据库 | 关系数据库、文件系统、内存数据库、SQL 查询性能 |
| 2015 年 11 月试题五 | Web 应用 | 数据持久层特点和其实现技术 |
| 2014 年 11 月试题一 | 软件架构 | MVC 架构、扩展接口模式 |
| 2014 年 11 月试题二 | 系统开发 | 数据流图元素、找 DFD 错误、CRUD 矩阵 |
| 2014 年 11 月试题三 | 嵌入式 | 构件获取和开发、构件标准、特点判断、构件接口 |
| 2014 年 11 月试题四 | 软件架构 | 质量属性效用树、架构风险、敏感点、权衡点 |
| 2014 年 11 月试题五 | Web 应用 | 负载均衡（DNS、反向代理）、主从复制、数据库分区、memcached |
| 2013 年 11 月试题一 | 软件架构 | 根据描述填表、ESB 定义和功能 |
| 2013 年 11 月试题二 | 项目管理 | 项目管理计划、进度和成本计算 |
| 2013 年 11 月试题三 | 嵌入式 | 故障模型影响分析 FMEA 内容、步骤等 |

续表

| 时间 | 所属范围 | 考查知识点 |
|---|---|---|
| 2013 年 11 月试题四 | Web 应用 | MVC 架构、XML 界面设计 |
| 2013 年 11 月试题五 | 信息安全 | 公钥体系、数字信封、数据库加密（解密 API 和透明加密） |
| 2012 年 11 月试题一 | 软件架构 | 架构风格对比、架构风格选取、架构设计过程 |
| 2012 年 11 月试题二 | 分布式开发 | 开放分布进程（ODP）、分布式对象调用 |
| 2012 年 11 月试题三 | 嵌入式 | 开放式架构（GOA）特点、标准 |
| 2012 年 11 月试题四 | 系统开发 | 设计模式分类、选择 |
| 2012 年 11 月试题五 | 数据库 | 数据库性能、NoSQL 特点、存在问题 |
| 2011 年 11 月试题一 | 软件架构 | 质量属性效用树、架构风险、敏感点、权衡点 |
| 2011 年 11 月试题二 | 数据库 | 反规范化技术优缺点、具体技术 |
| 2011 年 11 月试题三 | 嵌入式 | VME 和 FC 技术特点、ARINC653 标准、内核隔离保护 |
| 2011 年 11 月试题四 | Web 应用 | 根据描述填表、数据建模、REST |
| 2011 年 11 月试题五 | 信息安全 | 加密技术、授权访问、XACML |
| 2010 年 11 月试题一 | 软件架构 | 架构风格、主程序/子程序、管理过滤器对比 |
| 2010 年 11 月试题二 | 数据库 | 集中式、分布式数据架构对比、可扩展性 |
| 2010 年 11 月试题三 | 嵌入式 | AUTOSAR 标准、设计流程对比 |
| 2010 年 11 月试题四 | 软件架构 | ESB 功能、架构风格选择、设计模式 |
| 2010 年 11 月试题五 | 嵌入式 | 可靠度、失效率、动态冗余、N 版本程序设计、检错技术 |

## 15.4　解题技巧

（1）先看问题，再看题目描述，第一题必做，不用犹豫，先做完第一题。

（2）后面四道题四选二，快速浏览所有题目的问题，看看问题描述是否能看懂，再选择。

（3）问题与题目描述相结合，尤其是遇到系统分析和设计问题，以及新技术问题，答案一般都在题目描述里，从题目描述抽象总结出问题答案。

（4）以最简练的语言写出答案，一般题目会有最大字数要求，不能超过字数限制。

（5）遇到新的知识点，不要慌，稳住心态。

（6）列条目回答问题，把自己认为对的，都写上，多写不会扣分，少写一定会扣分。

（7）分析题目问题的倾向性，顺势答题。

# 第16章
# 案例专题一：软件架构设计

## 16.1　考点梳理及精讲

系统架构设计师方面的知识在案例分析中每年必考1~2题，并且是第一题必选题，必须掌握，主要涉及质量属性、软件架构风格、软件架构评估、MVC架构、面向服务的架构（SOA）等。

对于其他未考查的架构领域重点知识如DSSA、ABSD等，也必须掌握。

本题考查得比较简单，知识点固定，一般可以得到20分。具体考点如下：

1. 质量属性判断与质量属性效用树

（1）**性能**：指系统的响应能力，即要经过多长时间才能对某个事件作出响应，或者在某段时间内系统所能处理的事件的个数。如响应时间、吞吐量。设计策略：优先级队列、增加计算资源、减少计算开销、引入并发机制、采用资源调度等。

（2）可靠性：是软件系统在应用或系统错误面前，在意外或错误使用的情况下维持软件系统的功能特性的基本能力。如MTTF、MTBF。设计策略：心跳、Ping/Echo、冗余、选举。

（3）可用性：是系统能够正常运行的时间比例，经常用两次故障之间的时间长度或在出现故障时系统能够恢复正常的速度来表示。如故障间隔时间。设计策略：心跳、Ping/Echo、冗余、选举。

（4）**安全性**：是指系统在向合法用户提供服务的同时能够阻止非授权用户使用的企图或拒绝服务的能力。如保密性、完整性、不可抵赖性、可控性。设计策略：入侵检测、用户认证、用户授权、追踪审计。

（5）**可修改性**：指能够快速地以较高的性价比对系统进行变更的能力。通常以某些具体的变更为基准，通过考查这些变更的代价衡量。设计策略：接口-实现分类、抽象、信息隐藏。

（6）**功能性**：是系统所能完成所期望的工作的能力。一项任务的完成需要系统中许多或大多数构件的相互协作。

（7）可变性：指体系结构经扩充或变更而成为新体系结构的能力。这种新体系结构应该符合预先定义的规则，在某些具体方面不同于原有的体系结构。当要将某个体系结构作为一系列相关产品的基础时，可变性是很重要的。

（8）互操作性：作为系统组成部分的软件不是独立存在的，经常与其他系统或自身环境相互作用。为了支持互操作性，软件体系结构必须为外部可视的功能特性和数据结构提供精心设计的软件入口。程序和用其他编程语言编写的软件系统的交互作用就是互操作性的问题，也影响应用的软件体系结构。

2．必背概念

（1）软件架构风格：指描述特定软件系统组织方式的惯用模式。组织方式描述了系统的组成构件和这些构件的组织方式，惯用模式则反映众多系统共有的结构和语义。

（2）架构风险：指架构设计中潜在的、存在问题的架构决策所带来的隐患。

（3）风险点与非风险点：不是以标准专业术语形式出现的，只是一个常规概念，即可能引起风险的因素，可称为风险点。某个做法如果有隐患，有可能导致一些问题，则为风险点；而如果某件事是可行的、可接受的，则为非风险点。

（4）敏感点：指为了实现某种特定的质量属性，一个或多个构件所具有的特性。

（5）权衡点：是影响多个质量属性的特性，是多个质量属性的敏感点。

3．架构风格对比

案例分析常考的架构风格对比见表 16-1。

表 16-1　案例分析常考的架构风格对比

| 架构风格 | 主要特点 | 主要优点 | 主要缺点 | 适合领域 |
|---|---|---|---|---|
| 管道-过滤器 | 过滤器相对独立 | 功能模块复用；可维护性和可扩展性较强；具有并发性；模块独立性高 | 不适于交互性强的应用，对于存在关系的数据流必须进行协调 | 系统可划分清晰的模块；模块相对独立；有清晰的模块接口 |
| 面向对象 | 力争实现问题空间和软件系统空间结构的一致性 | 高度模块性；实现封装；代码共享灵活；易维护；可扩充性好 | 增加了对象之间的依赖关系 | 多种领域 |
| 事件驱动 | 系统由若干子系统构成且称为一个整体；系统有统一的目标；子系统有主从之分；每一个子系统有自己的事件收集和处理机制 | 适合描写系统组；容易实现并发处理和多任务；可扩展性好；具有类层次结构；简化代码 | 因为树形结构所以削弱了对系统计算的控制能力；各个对象的逻辑关系复杂 | 一个系统对外部的表现可以从它对事件的处理表征出来 |
| 分层风格 | 各个层次的组件形成不同功能级别的虚拟机；多层相互协同工作，而且实现透明 | 支持系统设计过程中的逐级抽象；可扩展性好；支持软件复用 | 不同层次之间耦合度高的系统很难实现 | 适合功能层次的抽象和相互之间低耦合的系统 |
| 数据共享风格 | 采用两个常用构件中央数据单元和一些相对独立的组件集合 | 中央数据单元实现了数据的集中，以数据为中心 | 适合于特定领域 | 适合于专家系统等人工智能领域问题的求解 |

续表

| 架构风格 | 主要特点 | 主要优点 | 主要缺点 | 适合领域 |
|---|---|---|---|---|
| 解释器风格 | 系统核心是虚拟机 | 可以用多种操作来解释一个句子，灵活应对自定义场景 | 适合于特定领域 | 适合于模式匹配系统与语言编译器 |
| 闭环控制风格 | 通过不断地测量被控对象，认识和掌握被控对象；将控制理论引入体系结构构建 | 将控制理论引入到计算机软件体系结构中 | 适合于特定领域 | 该系统中一定存在有目标的作用、信息处理闭环控制过程 |

### 4. MVC 架构

MVC 强制性地把一个应用的输入、处理、输出流程按照视图、控制、模型的方式进行分离，形成了 3 个核心模块：控制器、模型、视图，如图 16-1 所示。

图 16-1　MVC 架构

（1）控制器（Controller）：是应用程序中处理用户交互的部分。通常控制器负责从视图读取数据，控制用户输入，并向模型发送数据。

（2）模型（Model）：是应用程序中用于处理应用程序数据逻辑的部分。通常模型对象负责在数据库中存取数据。模型表示业务数据和业务逻辑。

（3）视图（View）：是应用程序中处理数据显示的部分。通常视图是依据模型数据创建的。是用户看到并与之交互的界面。视图向用户显示相关的数据，并能接收用户的输入数据，但是它并不进行任何实际的业务处理。

MVC 分层有助于管理复杂的应用程序，因为您可以在一个时间内专门关注一个方面。例如，您可以在不依赖业务逻辑的情况下专注于视图设计。同时也让应用程序的测试更加容易。

MVC 分层同时也简化了分组开发。不同的开发人员可同时开发视图、控制器逻辑和业务逻辑。

### 5. J2EE 架构

（1）四层结构。J2EE 四层结构如图 16-2 所示。

图 16-2　J2EE 四层架构

1）客户层组件：J2EE 应用程序可以是基于 Web 方式的，也可以是基于传统方式的。静态的 HTML（标准通用标记语言下的一个应用）页面和 Applets 是客户层组件。

2）Web 层组件：J2EE Web 层组件可以是 JSP 页面或 Servlet。

3）业务层组件：业务层代码的逻辑用来满足特定领域的业务逻辑处理。

EJB 层是 JavaEE 服务器端组件模型，设计目标与核心应用是部署分布式应用程序。简单来说就是把已经编写好的程序（即：类）打包放在服务器上执行。凭借 Java 跨平台的优势，用 EJB 技术部署的分布式系统可以不限于特定的平台。

EJB 中有三种企业级的 Bean：会话（Session）Beans，实体（Entity）Bean 和消息驱动（Message-Driven）Bean。会话 Bean 表示与客户端程序的临时交互，当客户端程序执行完后，会话 Bean 和相关数据就会消失。相反，实体 Bean 表示数据库的表中一行永久的记录。当客户端程序中止或服务器关闭时，就会有潜在的服务保证实体 Bean 的数据得以保存。消息驱动 Bean 结合了会话 Bean 和 JMS 的消息监听器的特性，允许一个业务层组件异步接收 JMS 消息。

4）信息系统层：企业信息系统层软件包括企业基础建设系统，例如，企业资源计划（ERP），大型机事务处理，数据库系统和其他的遗留信息系统。例如，J2EE 应用组件可能为了数据库连接需要访问企业信息系统。

（2）JSP+Servlet+JavaBean+DAO。

JSP：用于显示、收集数据的部分。作为 MVC 中的视图 V。

Servlet：作为业务逻辑层，用于处理复杂的业务逻辑，如验证数据、实例化 JavaBean、调用 DAO 连接数据库等。作为 MVC 中的控制器 C，在其中会调用 Service 方法处理服务。

JavaBean：用于数据的封装，方便将查询结果在 Servlet 与 JSP 页面之间进行传递等。

DAO：用于连接数据库及进行数据库的操作，如查询、删除、更改等。

DAO 与 JavaBean 合在一起为 MVC 中的模型 M。

基本流程：JSP 发一个数据到 Servlet，Servlet 收到后进行解析再根据数据调用相应的 Service 去服务，Service 如果要调用数据库就通过 DAO 跟数据库交互，使用 JavaBean 完成封装，返回结果给 Servlet，Servlet 再返回给 JSP。

6. 面向服务的架构（SOA）

SOA 是一种设计理念，其中包含多个服务，服务之间通过相互依赖最终提供一系列完整的功能。各个服务通常以独立的形式部署运行，服务之间通过网络进行调用。

7. 企业服务总线（ESB）

简单来说 ESB 是一根管道，用来连接各个服务节点。ESB 的存在是为了集成基于不同协议的不同服务，ESB 做了消息的转化、解释以及路由的工作，以此来让不同的服务互联互通。

（1）ESB 的特点。

1）SOA 的一种实现方式，ESB 在面向服务的架构中起到的是总线作用，将各种服务进行连接与整合。

2）描述服务的元数据和服务注册管理。

3）在服务请求者和提供者之间传递数据，以及对这些数据进行转换的能力，并支持由实践中总结出来的一些模式，如同步模式、异步模式等。

4）发现、路由、匹配和选择的能力，以支持服务之间的动态交互，解耦服务请求者和服务提供者。高级一些的能力，包括对安全的支持、服务质量保证、可管理性和负载平衡等。

（2）ESB 的主要功能：

1）服务位置透明性。

2）传输协议转换。

3）消息格式转换。

4）消息路由。

5）消息增强。

6）安全性。

7）监控与管理。

# 16.2 典型案例真题 1（质量属性+架构风格）

## 2021 年下半年试题一

阅读以下关于软件架构设计与评估的叙述，在答题纸上回答问题 1 和问题 2。

【说明】某公司拟开发一套机器学习应用开发平台，支持用户使用浏览器在线进行基于机器学习的智能应用开发活动。该平台的核心应用场景是用户通过拖拽算法组件灵活定义机器学习流程，采用自助方式进行智能应用设计、实现与部署，并可以开发新算法组件加入平台中。在需求分析与架构设计阶段，公司提出的需求和质量属性描述如下：

（a）平台用户分为算法工程师、软件工程师和管理员等三种角色，不同角色的功能界面有所不同。

（b）平台应该具备数据库保护措施，能够预防核心数据库被非授权用户访问。

（c）平台支持分布式部署，当主站点断电后，应在 20 秒内将请求重定向到备用站点。

（d）平台支持初学者和高级用户两种界面操作模式，用户可以根据自己的情况灵活选择合适的模式。

（e）平台主站点宕机后，需要在 15 秒内发现错误并启用备用系统。

（f）在正常负载情况下，机器学习流程从提交到开始执行，时间间隔不大于 5 秒。

（g）平台支持硬件扩容与升级，能够在 3 人天内完成所有部署与测试工作。

（h）平台需要对用户的所有操作过程进行详细记录，便于审计工作。

（i）平台部署后，针对界面风格的修改需要在 3 人天内完成。

（j）在正常负载情况下，平台应在 0.5 秒内对用户的界面操作请求进行响应。

（k）平台应该与目前国内外主流的机器学习应用开发平台的界面风格保持一致。

（l）平台提供机器学习算法的远程调试功能，支持算法工程师进行远程调试。

在对平台需求、质量属性描述和架构特性进行分析的基础上，公司的架构师给出了三种候选的架构设计方案，公司目前正在组织相关专家对平台架构进行评估。

【问题 1】（9 分）

在架构评估过程中，质量属性效用树（utility tree）是对系统质量属性进行识别和优先级排序的重要工具。请将合适的质量属性名称填入图 1-1 中（1）、（2）空白处，并从题干中的（a）～（i）中选择合适的质量属性描述，填入（3）～（6）空白处，完成该平台的效用树。

【问题 2】（16 分）

针对该系统的功能，赵工建议采用解释器（interpreter）架构风格，李工建议采用管道-过滤器（pipe-and-filter）的架构风格，王工则建议采用隐式调用（implicit invocation）架构风格。请针对平台的核心应用场景，从机器学习流程定义的灵活性和学习算法的可扩展性两个方面对三种架构风格进行对比与分析，并指出该平台更适合采用哪种架构风格。

参考答案：

【问题 1】

（1）性能　　　　（2）可修改性　　　　（3）e

（4）j　　　　　（5）h　　　　　　　（6）i

图 1-1  机器学习应用开发平台效用树

**【问题 2】**

应采取解释器风格。

（1）解释器风格是自定义了一套规则供使用者使用，使用者基于这个规则来开发构件，能够跨平台适配。

（2）管道-过滤器风格每个构件都有一组输入和输出，构件读取输入的数据流，经过内部处理（计算或增值），产生输出数据流。前一个构件的输出作为后一个构件的输入，前后数据流关联。过滤器就是构件，连接件就是管道。

（3）隐式调用风格是构件不直接调用一个过程，而是触发或广播一个或多个事件。构件中的过程在一个或多个事件中注册，当某个事件被触发时，系统自动调用在这个事件中注册的所有过程。一个事件的触发就导致了另一个模块中的过程调用。

平台支持初学者和高级用户两种界面操作模式，用户可以根据自己的情况灵活选择合适的模式。

从灵活性上解释器可以通过灵活的自定义规则实现规则的重组。

从可扩展性上解释器可以包括一个完成解释工作的解释引擎、一个包含将被解释的代码的存储区、一个记录解释引擎当前工作状态的数据结构，以及一个记录源代码被解释执行的进度的数据结构。可以通过新建规则实现可扩展性。

# 16.3  典型案例真题 2（SOA）

## 2018 年下半年试题五

阅读以下关于 Web 系统设计的叙述，在答题纸上回答问题 1 至问题 3。

【说明】某银行拟将以分行为主体的银行信息系统，全面整合为由总行统一管理维护的银行信息系统，实现统一的用户账户管理、转账汇款、自助缴费、理财投资、贷款管理、网上支付、财务报表分析等业务功能。但是，由于原有以分行为主体的银行信息系统中，多个业务系统采用异构平台、数据库和中间件，使用的报文交换标准和通信协议也不尽相同，使用传统的 EAI 解决方案根本无法实现新的业务模式下异构系统间灵活的交互和集成。因此，为了以最小的系统改进整合现有的基于不同技术实现的银行业务系统，该银行拟采用基于 ESB 的面向服务架构（SOA）集成方案实现业务整合。

【问题 1】（7 分）

请说明什么是面向服务架构（SOA）以及 ESB 在 SOA 中的作用与特点。

【问题 2】（12 分）

基于该信息系统整合的实际需求，项目组完成了基于 SOA 的银行信息系统架构设计方案。该系统架构图如图 5-1 所示。

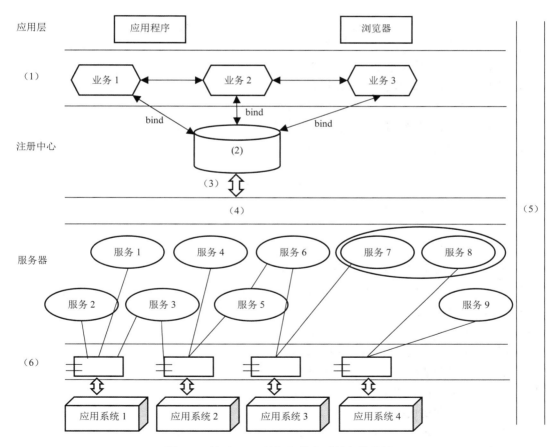

图 5-1　基于 SOA 的银行信息系统架构设计

请从（a）～（k）中选择相应内容填入图 5-1 的（1）～（6），补充完善架构设计图。

（a）数据层        （b）界面层        （c）业务层      （d）bind

（e）企业服务总线 ESB    （f）XML          （g）安全验证和质量管理

（h）publish           （i）UDDI          （j）组件层        （k）BPEL

## 【问题 3】（6 分）

针对银行信息系统的数据交互安全性需求，列举 3 种可实现信息系统安全保障的措施。

**参考答案：**

## 【问题 1】

SOA 是一个组件模型，它将应用程序的不同功能单元（称为服务）通过这些服务之间定义良好的接口和契约联系起来。接口是采用中立的方式进行定义的，它应该独立于实现服务的硬件平台、操作系统和编程语言。这使得构建在各种这样的系统中的服务可以一种统一和通用的方式进行交互。

ESB 的作用与特点：

（1）SOA 的一种实现方式，ESB 在面向服务的架构中起到的是总线作用，将各种服务进行连接与整合。

（2）描述服务的元数据和服务注册管理。

（3）在服务请求者和提供者之间传递数据，以及对这些数据进行转换的能力，并支持由实践中总结出来的一些模式，如同步模式、异步模式等。

（4）发现、路由、匹配和选择的能力，以支持服务之间的动态交互，解耦服务请求者和服务提供者。高级一些的能力，包括对安全的支持、服务质量保证、可管理性和负载平衡等。

## 【问题 2】

（1）（c）业务层        （2）（i）UDDI        （3）（h）publish

（4）（e）企业服务总线 ESB        （5）（g）安全验证和质量管理

（6）（j）组件层

## 【问题 3】

（1）引入 HTTPS 协议或采用加密技术对数据先加密再传输。

（2）采用信息摘要技术对重要信息进行完整性验证。

（3）交易类敏感信息采用数字签名机制。

**解析**  从应用的角度定义，可以认为 SOA 是一种应用框架，它着眼于日常的业务应用，并将它们划分为单独的业务功能和流程，即所谓的服务。SOA 使用户可以构建、部署和整合这些服务，且无需依赖应用程序及其运行平台，从而提高业务流程的灵活性。这种业务灵活性可使企业加快发展速度，降低总体拥有成本，改善对及时、准确性信息的访问。SOA 有助于实现更多的资产重用、更轻松的管理和更快的开发与部署。

从软件的基本原理定义，可以认为 SOA 是一个组件模型，它将应用程序的不同功能单元（称为服务）通过这些服务之间定义良好的接口和契约联系起来。接口是采用中立的方式进行定义的，

第 16 章

它应该独立于实现服务的硬件平台、操作系统和编程语言。这使得构建在各种这样的系统中的服务可以一种统一和通用的方式进行交互。

## 16.4　典型案例真题 3（J2EE 架构设计）

### 2017 年下半年试题二

阅读以下关于软件系统设计的叙述，在答题纸上回答问题 1 至问题 3。

【说明】某软件企业受该省教育部门委托建设高校数字化教育教学资源共享平台，实现以众筹众创的方式组织省内普通高校联合开展教育教学资源内容建设，实现全省优质教学资源整合和共享。该资源共享平台的主要功能模块包括：

（1）统一身份认证模块：提供统一的认证入口，为平台其他核心业务模块提供用户管理、身份认证、权限分级和单点登录等功能。

（2）共享资源管理模块：提供教学资源申报流程服务，包括资源申报、分类定制、资料上传、资源审核和资源发布等功能。

（3）共享资源展示模块：提供教育教学共享资源的展示服务，包括资源导航、视频点播、资源检索、分类展示、资源评价和推荐等功能。

（4）资源元模型管理模块：依据资源类型提供共享资源的描述属性、内容属性和展示属性，包括共享资源统一标准和规范、资源加工和在线编辑工具、数字水印和模板定制等功能。

（5）系统综合管理模块：提供系统管理和维护服务，包括系统配置、数据备份恢复、资源导入导出和统计分析等功能。

项目组经过分析和讨论，决定采用基于 JavaEE 的 MVC 模式设计资源共享平台的软件架构，如图 2-1 所示。

图 2-1　资源共享平台软件架构

### 【问题 1】（9 分）

MVC 架构中包含哪三种元素？它们的作用分别是什么？请根据图 2-1 所示架构将 JavaEE 中 JSP、Servlet、Service、JavaBean、DAO 五种构件分别填入空（1）～（5）所示位置。

**【问题 2】**（6 分）

项目组架构师王工提出在图 2-1 所示架构设计中加入 EJB 构件，采用企业级 JavaEE 架构开发资源共享平台。请说明 EJB 构件中的 Bean（构件）分为哪三种类型，每种类型 Bean 的职责是什么。

**【问题 3】**（10 分）

如果采用王工提出的企业级 JavaEE 架构，请说明下列（a）～（e）所给出的业务功能构件中，有状态和无状态构件分别包括哪些。

（a）Identification Bean （身份认证构件）

（b）ResPublish Bean （资源发布构件）

（c）ResRetrieval Bean （资源检索构件）

（d）OnlineEdit Bean （在线编辑构件）

（e）Statistics Bean （统计分析构件）

**参考答案：**

**【问题 1】** MVC 架构包含：视图、控制器、模型。

视图（View）：视图是用户看到并与之交互的界面。视图向用户显示相关的数据，并能接收用户的输入数据，但是它并不进行任何实际的业务处理。

控制器（Controller）：控制器接受用户的输入并调用模型和视图去完成用户的需求。该部分是用户界面与 Model 的接口。一方面它解释来自于视图的输入，将其解释成为系统能够理解的对象，同时它也识别用户动作，并将其解释为对模型特定方法的调用；另一方面，它处理来自于模型的事件和模型逻辑执行的结果，调用适当的视图为用户提供反馈。

模型（Model）：模型是应用程序的主体部分。模型表示业务数据和业务逻辑。一个模型能为多个视图提供数据。

（1）JSP　　（2）Servlet　　（3）Service　　（4）JavaBean　　（5）DAO

**解析**　MVC 是一种目前广泛流行的软件设计模式。近年来，随着 J2EE（Java 2Enterprise Edition）的成熟，MVC 成为了 J2EE 平台上推荐的一种设计模式。MVC 强制性地把一个应用的输入、处理、输出流 程按照视图、控制、模型的方式进行分离，形成了三个核心模块：控制器、模型、视图。

（1）控制器（Controller）：控制器接受用户的输入并调用模型和视图去完成用户的需求。该部分是用户界面与 Model 的接口。一方面它解释来自于视图的输入，将其解释成为系统能够理解的对象，同时它也识别用户动作，并将其解释为对模型特定方法的调用；另一方面，它处理来自于模型的事件和模型逻辑执行的结果，调用适当的视图为用户提供反馈。

（2）模型（Model）：模型是应用程序的主体部分。模型表示业务数据和业务逻辑。一个模型能为多个视图提供数据。由于同一个模型可以被多个视图重用，所以提高了应用的可重用性。

（3）视图（View）：视图是用户看到并与之交互的界面。视图向用户显示相关的数据，并能接收用户的输入数据，但是它并不进行任何实际的业务处理。视图可以向模型查询业务状态，但不能改变模型。视图还能接受模型发出的数据更新事件，从而对用户界面进行同步更新。

Session Bean 描述了与客户端的一个短暂的会话。当客户端的执行完成后，Session Bean 和它的数据都将消失。

Entity Bean 描述了存储在数据库表中的一行持久稳固的数据，如果客户端终止或者服务结束，底层的服务会负责 entity Bean 数据的存储。

Message-driven bean 结合了 Session Bean 和 Java 信息服务（JMS）信息监听者的功能，它允许一个商业组件异步地接受 JMS 消息。

【问题 2】

EJB 中的 Bean 分三种类型：Session Bean、Entity Bean 和 Message-Driven Bean。

Session Bean 的职责是：维护一个短暂的会话。

Entity Bean 的职责是：维护一行持久稳固的数据。

Message-Driven Bean 的职责是：异步接受消息。

【问题 3】

有状态：（a）、（b）、（d）　　无状态：（c）、（e）

# 第17章
# 案例专题二：系统开发基础

## 17.1 考点梳理及精讲

在考试中，涉及本章相关知识的题目为选做题，几乎每年必考 1 题，但是不会涉及大范围的系统分析与设计原理，而是偏向于软件设计的范围，考查 UML 的图、关系的识别；设计模式识别；数据流图、E-R 图等简单识别；信息安全相关技术；项目管理－进度管理－关键路径。

本章知识点考查比较简单，一般可以拿到 20 分，具体考点如下。

1. 结构化

结构化的特点：自顶向下，逐步分解，面向数据。

三大模型：功能模型（数据流图）、行为模型（状态转换图）、数据模型（E-R 图）以及数据字典（数据元素、数据结构、数据流、数据存储、加工逻辑、外部实体）。

数据字典：数据字典是在 DFD 的基础上，对 DFD 中出现的所有命名元素都加以定义，使得每个图形元素的名字都有一个确切的解释。DFD 和数据字典等工具相配合，就可以从图形和文字两个方面对系统的逻辑模型进行完整的描述。数据字典中一般有 6 类条目，分别是数据元素、数据结构、数据流、数据存储、加工逻辑和外部实体。不同类型的条目有不同的属性需要描述。

2. 用例建模

用例图：静态图，展现了一组用例、参与者以及它们之间的关系。用例图中的参与者是人、硬件或其他系统可以扮演的角色；用例是参与者完成的一系列操作。

主要考查参与者和用例的识别、用例之间的关系 [包含（include）、扩展（extend）、泛化]，如图 17-1～图 17-3 所示，例如：

登记外借信息用例包含用户登录用例,因为每次如果要登记外借信息,必然要先进行用户登录。而查询书籍信息的扩展是修改书籍信息,是因为每次查询书籍信息后,发现有错误才会修改,否则不修改，不是必要的操作。因此，区分用例间的关系是包含还是扩展，关键在于是不是必须操作。

图 17-1　包含关系的例子

图 17-2　扩展关系的例子

图 17-3　泛化关系的例子

类图：静态图，为系统的静态设计视图，展现一组对象、接口、协作和它们之间的关系。

UML 关系：依赖、关联、泛化、实现、组合、聚合。

3. 数据流图

基本图形元素：外部实体、加工、数据存储、数据流，如图 17-4 所示。

（a）外部实体　　　　　　　　　　（b）加工

（c）数据存储　　　　　　　　　　（b）数据流

图 17-4　数据流图基本元素

（1）数据流：由一组固定成分的数据组成，表示数据的流向。在 DFD 中，数据流的流向可以有以下几种：从一个加工流向另一个加工；从加工流向数据存储（写）；从数据存储流向加工（读）；从外部实体流向加工（输入）；从加工流向外部实体（输出）。

（2）加工：描述了输入数据流到输出数据流之间的变换，也就是输入数据流经过什么处理后变成了输出数据流。数据流图中常见的三种错误如图 17-5 所示。

加工 3.1.2 有输入但是没有输出，称之为"黑洞"。

加工 3.1.3 有输出但没有输入，称之为"奇迹"。

加工 3.1.1 中输入不足以产生输出，称之为"灰洞"。这有几种可能的原因：一个错误的命名过程；错误命名的输入或输出；不完全的事实。灰洞是最常见的错误，也是最使人为难的错误。一旦数据流图交给了程序员，到一个加工的输入数据流必须足以产生输出数据流。

图 17-5　数据流图常见的三种错误

（3）数据存储：用来存储数据。在软件系统中还常常要把某些信息保存下来以供以后使用。

（4）外部实体（外部主体）：是指存在于软件系统之外的人员或组织，它指出系统所需数据的发源地（源）和系统所产生的数据的归宿地（宿）。

分层数据流图如图 17-6 所示。

（a）顶层图　　　　　　　　　　　　　（b）0 层图

（c）加工 1 的 1 层图

（d）加工 2 的 1 层图

图 17-6　分层数据流图

E-R 图如图 17-7 所示。

图 17-7  E-R 图实例

4. 进度管理

PERT（项目评估与评审技术）图是一种图形化的网络模型，描述一个项目中任务和任务之间的关系，每个节点表示一个任务，通常包括任务编号、名称、开始和结束时间、持续时间和松弛时间。

Gantt 图是一种简单的水平条形图，它以一个日历为基准描述项目任务，横坐标表示时间，纵坐标表示任务，图中的水平线段表示对一个任务的进度安排，线段的起点和终点对应在横坐标上的时间分别表示该任务的开始时间和结束时间，线段的长度表示完成该任务所需的时间。

PERT 图主要描述不同任务之间的依赖关系；Gantt 图主要描述不同任务之间的重叠关系。

**关键路径**：是项目的最短工期，但却是从开始到结束时间最长的路径。进度网络图中可能有多条关键路径，因为活动会变化，因此关键路径也在不断变化中。

关键活动：关键路径上的活动，最早开始时间=最晚开始时间。

通常，每个节点的活动会有如下几个时间：

（1）最早开始时间（ES），某项活动能够开始的最早时间。

（2）最早结束时间（EF），某项活动能够完成的最早时间。EF=ES+工期。

（3）最迟结束时间（LF）。为了使项目按时完成，某项活动必须完成的最迟时间。

（4）最迟开始时间（LS）。为了使项目按时完成，某项活动必须开始的最迟时间。LS=LF-工期。

顺推：最早开始（ES）=所有前置活动最早结束（EF）的最大值；最早结束（EF）=最早开始（ES）+持续时间。

逆推：最迟结束（LF）=所有后续活动最迟开始（LS）的最小值；最迟开始（LS）=最迟结束（LF）-持续时间。

**掌握关键路径的计算，会依据表格和题目描述画图，然后求出关键路径。**

# 17.2  典型案例真题 4（UML 设计）

## 2021 年下半年试题二

阅读以下关于软件系统设计与建模的叙述，在答题纸上回答问题 1 至问题 3。

【说明】某医院拟委托软件公司开发一套预约挂号管理系统，以便为患者提供更好的就医体验，为医院提供更加科学的预约管理。本系统的主要功能描述如下：

（a）注册登录，（b）信息浏览，（c）账号管理，（d）预约挂号，（e）查询与取清预约，（F）号源管理，（g）报告查询，（h）预约管理，（i）报表管理和（j）信用管理等。

【问题 1】（6 分）

若采用面向对象方法对预约挂号管理系统进行分析，得到如图 2-1 所示的用例图。请将合适的参与者名称填入图 2-1 中的（1）和（2）处，使用题干给出的功能描述（a）～（j），完善用例（3）～（12）的名称，将正确答案填在答题纸上。

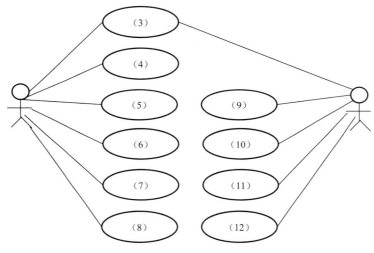

图 2-1　用例图

【问题 2】（10 分）

预约人员（患者）登录系统后发起预约挂号请求，进入预约界面。进行预约挂号时使用数据库访问类获取医生的相关信息，在数据库中调用医生列表，并调取医生出诊时段表，将医生出诊时段反馈到预约界面，并显示给预约人员；预约人员选择医生及就诊时间后确认预约，系统返回预约结果，并向用户显示是否预约成功。

采用面向对象方法对预约挂号过程进行分析，得到如图 2-2 所示的顺序图，使用题干中给出的描述，完善图 2-2 中对象（1），及消息（2）～（4）的名称，将正确答案填在答题纸上。请简要说明在描述对象之间的动态交互关系时，协作图与顺序图存在哪些区别。

【问题 3】（9 分）

采用面向对象方法开发软件，通常需要建立对象模型、动态模型和功能模型，请分别介绍这 3 种模型，并详细说明它们之间的关联关系，针对上述模型，说明哪些模型可用于软件的需求分析。

图 2-2  顺序图

参考答案：

【问题1】

（1）系统管理员 （2）患者

（3）（a）　　　（4）（c）　　　（5）（f）　　　（6）（h）　　　（7）（i）　　　（8）（j）

（9）（b）　　　（10）（d）　　　（11）（e）　　　（12）（g）

（4）~（8）答案可互换。（9）~（12）答案可互换。

【问题2】

（1）预约人员。

（2）发起预约挂号请求。

（3）显示医生出诊时段。

（4）显示是否预约成功。

顺序图强调交互的消息时间顺序。

协作图强调接收和发送消息的对象的结构组织，强调通信的方式。

【问题3】

对象模型描述系统中对象的静态结构、对象之间的关系、属性和操作，主要用对象图来实现。

动态模型描述与时间和操作顺序有关的系统特征，例如，激发事件、事件序列、确定事件先后关系的状态等，主要用状态图来实现。

功能模型描述一个计算如何从输入值得到输出值，它不考虑计算的次序，主要用 DFD 来实现。

功能模型指发生了什么，动态模型确定什么时候发生，而对象模型确定发生的客体。

对象设计建立基于分析模型的设计模型并考虑实现细节，可用于软件的需求分析。

# 17.3　典型案例真题 5（数据流图）

**2019 年下半年试题二**

【说明】某软件企业为快餐店开发一套在线订餐管理系统，主要功能包括：

（1）在线订餐：己注册客户通过网络在线选择快餐店所提供的餐品种类和数量后提交订单，系统显示订单费用供客户确认，客户确认后支付订单所列各项费用。

（2）厨房备餐：厨房接收到客户已付款订单后按照订单餐品列表选择各类食材进行餐品加工。

（3）食材采购：当快餐店某类食材低于特定数量时自动向供应商发起采购信息，包括食材类型和数量，供应商接收到采购信息后按照要求将食材送至快餐店并提交己采购的食材信息，系统自动更新食材库存。

（4）生成报表：每个周末和月末，快餐店经理会自动收到系统生成的统计报表，报表中详细列出了本周或本月订单的统计信息以及库存食材的统计信息。

现采用数据流图对上述订餐管理系统进行分析与设计，系统未完成的 0 层数据流图如图 2-1 所示。

图 2-1　系统未完成的 0 层数据流图

【问题 1】（8 分）

根据订餐管理系统功能说明，请在图 2-1 所示数据流图中给出外部实体 E1～E4 和加工 P1～P4 的具体名称。

【问题 2】（8 分）

根据数据流图规范和订餐管理系统功能说明，请说明在图 2-1 中需要补充哪些数据流可以构造出完整的 0 层数据流图。

问题 3（9 分）

根据数据流图的含义，请说明数据流图和系统流程图之间有哪些方面的区别。

参考答案：

【问题 1】

E1：客户　　　　E2：厨房　　　　E3：经理　　　　E4：供应商

P1：在线订餐　　P2：厨房备餐　　P3：生成报表　　P4：食材采购

【问题 2】

（1）增加 E1 到 P1 数据流"餐品订单"。

（2）增加 P1 到 P2 数据流"餐品订单"。

（3）增加 D1 到 P3 的数据流"订单汇总"。

（4）增加 P3 到 E3 数据流"统计报表"。

【问题 3】

（1）数据流图中的处理过程可并行；系统流程图在某个时间点只能处于一个处理过程。

（2）数据流图展现系统的数据流；系统流程图展现系统的控制流。

（3）数据流图展现全局的处理过程，过程之间遵循不同的计时标准；系统流程图中处理过程遵循一致的计时标准。

# 案例专题三：数据库系统

## 18.1 考点梳理及精讲

数据库系统知识在架构设计师的考试里时有考查，主要考查的是数据库的一些新技术的比较，如关系型数据库、内存数据库及 NoSQL 等，很少涉及到规范化，但也要掌握。

1. ORM 技术

ORM，即 Object-Relational Mapping，它在关系型数据库和对象之间作一个映像，这样，在具体操作数据库的时候，就不需要再去和复杂的 SQL 语句打交道，只要像平时操作对象一样操作即可。

面向对象编程把所有实体看成对象（object），关系型数据库则是采用实体之间的关系（relation）连接数据。很早就有人提出，关系也可以用对象表达，这样，就能使用面向对象编程来操作关系型数据库。

ORM 把数据库映像成对象。如：

数据库的表（table）→类（class）。

记录（record，行数据）→对象（object）。

字段（field）→对象的属性（attribute）。

ORM 的优点：

（1）使用 ORM 可以大大降低学习和开发成本。

（2）程序员不用再写 SQL 来进行数据库操作。

（3）减少程序的代码量。

（4）降低由于 SQL 代码质量差而带来的影响。

ORM 的缺点：

（1）不太容易处理复杂查询语句。

（2）性能较直接用 SQL 差。

2. 数据库分类比较

关系型数据库：关系数据库是建立在关系模型基础上的数据库，借助集合代数等数学概念和方法来处理数据库中的数据。现实世界中的各种实体以及实体之间的各种联系均用关系模型来表示。简单说，关系型数据库是由多张能互相联接的二维行列表格组成的数据库。

NoSQL：泛指非关系型的数据库。随着互联网的兴起，传统的关系数据库在应付超大规模和高并发的纯动态网站时已经显得力不从心，暴露了很多难以克服的问题，而非关系型的数据库则由于其本身的特点得到了非常迅速的发展。NoSQL 数据库的产生就是为了解决大规模数据集合多重数据种类带来的挑战，尤其是大数据应用难题，包括超大规模数据的存储。

内存数据库：将数据库整体存储在内存中，提高性能。

各数据库之间的比较见表 18-1～表 18-3。

表 18-1　关系型数据库和 NoSQL 比较

| 特征 | 关系型数据库模式 | NoSQL 模式 |
|---|---|---|
| 并发支持 | 支持并发、效率低 | 并发性能高 |
| 存储与查询 | 关系表方式存储、SQL 查询 | 海量数据存储、查询效率高, |
| 扩展方式 | 向上扩展 | 向外扩展 |
| 索引方式 | B 树、哈希等 | 键值索引 |
| 应用领域 | 面向通用领域 | 特定应用领域; |
| 数据一致性 | 实时一致性 | 弱一致性 |
| 数据类型 | 结构化数据 | 非结构化 |
| 事物 | 高事务性 | 弱事务性 |
| 水平扩展 | 弱 | 强 |
| 数据容量 | 有限数据 | 海量数据 |

表 18-2　内存数据库和关系型数据库比较

| | 主要数据模型 | 读写性能 | 存储容量 | 可靠性 |
|---|---|---|---|---|
| 内存数据库 | Key-Value 模式（键-值对模式） | 内存直接读写，性能相对较高 | 基于内存存储，存储容量受限 | 恢复机制复杂，可靠性较低 |
| 关系型数据库 | 关系模式 | 外存读写，性能相对较低 | 基于存盘存储，存储容量大 | 内建恢复机制，可靠性较高 |

表 18-3　关系型数据库和文件系统比较

|  | 设计难度 | 数据冗余程度 | 数据架构 | 应用扩展性 |
|---|---|---|---|---|
| 关系型数据库 | 针对特定应用系统设计，难度较大 | 遵守数据库范式，数据冗余较小 | 以数据库为中心组织，管理数据 | 数据库独立于应用系统，数据库系统接口标准化，易于在不同应用之间共享数据 |
| 文件系统 | 针对特定应用系统设计，难度较小 | 可能在多个文件中复制相同的数据属性，数据冗余较大 | 以应用为中心管理数据 | 符合特定应用系统要求的文件数据很难在不同的应用系统之间共享 |

3. 并发控制

**丢失更新**：事务 1 对数据 A 进行了修改并写回，事务 2 也对 A 进行了修改并写回，此时事务 2 写回的数据会覆盖事务 1 写回的数据，就丢失了事务 1 对 A 的更新。即对数据 A 的更新会被覆盖。

**不可重复读**：事务 2 读 A，而后事务 1 对数据 A 进行了修改并写回，此时若事务 2 再读 A，发现数据不对。即一个事务重复读 A 两次，会发现数据 A 有误。

**读脏数据**：事务 1 对数据 A 进行了修改后，事务 2 读数据 A，而后事务 1 回滚，数据 A 恢复了原来的值，那么事务 2 对数据 A 做的事是无效的，读到了脏数据。

4. 封锁协议

X 锁是排他锁（写锁）。若事务 T 对数据对象 A 加上 X 锁，则只允许 T 读取和修改 A，其他事务都不能再对 A 加任何类型的锁，直到 T 释放 A 上的锁。

S 锁是共享锁（读锁）。若事务 T 对数据对象 A 加上 S 锁，则只允许 T 读取 A，但不能修改 A，其他事务只能再对 A 加 S 锁（也即能读不能修改），直到 T 释放 A 上的 S 锁。

5. 不规范化带来的四大问题

设有一个关系模式 R（SNAME，CNAME，TNAME，TADDRESS），其属性分别表示学生姓名、选修的课程名、任课教师姓名和任课教师地址。仔细分析一下，就会发现这个模式存在下列存储异常的问题：

（1）数据冗余：数据被重复存储，如某门课程有 100 个学生选修，那么在 R 的关系中就要出现 100 个元组，这门课程的任课教师姓名和地址也随之重复出现 100 次。

（2）修改异常：修改导致数据不一致，如由于上述冗余问题，当需要修改这个教师的地址时，就要修改 100 个元组中的地址值，否则就会出现地址值不一致的现象。

（3）插入异常：插入时异常，如不知道听课学生名单，这个教师的任课情况和家庭地址就无法进入数据库；否则就要在学生姓名处插入空值。

（4）删除异常：删除了不该删除的数据，如当只有一条记录时，要删除这个学生选课信息，会将课程名、教师名和教师地址都给删除了。

6. 反规范化技术

规范化设计后，数据库设计者希望牺牲部分规范化来提高性能，这种从规范化设计的回退方法称为反规范化技术。

采用反规范化技术的益处：降低连接操作的需求、降低外码和索引的数目，还可能减少表的数目，能够提高查询效率。

可能带来的问题：数据的重复存储，浪费了磁盘空间；可能出现数据的完整性问题，为了保障数据的一致性，增加了数据维护的复杂性，会降低修改速度。

（1）增加冗余列：在多个表中保留相同的列，通过增加数据冗余减少或避免查询时的连接操作。

（2）增加派生列：在表中增加可以由本表或其他表中数据计算生成的列，减少查询时的连接操作并避免计算或使用集合函数。

（3）重新组表：如果许多用户需要查看两个表连接出来的结果数据，则把这两个表重新组成一个表来减少连接而提高性能。

（4）水平分割表：根据一列或多列数据的值，把数据放到多个独立的表中，主要用于表数据规模很大、表中数据相对独立或数据需要存放到多个介质上时使用。

（5）垂直分割表：对表进行分割，将主键与部分列放到一个表中，主键与其他列放到另一个表中，在查询时减少 I/O 次数。

7. 分布式数据库

分布式数据库是由一组数据组成的，这组数据分布在计算机网络的不同计算机上，网络中的每个节点具有独立处理的能力（称为场地自治），它可以执行局部应用，同时，每个节点也能通过网络通信子系统执行全局应用。

分布式数据库系统是在集中式数据库系统技术的基础上发展起来的，具有如下特点：

（1）数据独立性。在分布式数据库系统中，数据独立性这一特性更加重要，并具有更多的内容。除了数据的逻辑独立性与物理独立性外，还有数据分布独立性（分布透明性）。

（2）集中与自治共享结合的控制结构。各局部的 DBMS 可以独立地管理局部数据库，具有自治的功能。同时，系统又设有集中控制机制，协调各局部 DBMS 的工作，执行全局应用。

（3）适当增加数据冗余度。在不同的场地存储同一数据的多个副本，这样，可以提高系统的可靠性和可用性，同时也能提高系统性能。

（4）全局的一致性、可串行性和可恢复性。

**分布式数据库的优点：**

（1）分布式数据库可以解决企业部门分散而数据需要相互联系的问题。

（2）如果企业需要增加新的相对自主的部门来扩充机构，则分布式数据库系统可以在对当前机构影响最小的情况下进行扩充。

（3）分布式数据库可以满足均衡负载的需要。

（4）当企业已存在几个数据库系统，而且实现全局应用的必要性增加时，就可以由这些数据库自下而上构成分布式数据库系统。

（5）相等规模的分布式数据库系统在出现故障的概率上不会比集中式数据库系统低，但由于其故障的影响仅限于局部数据应用，因此，就整个系统来说，它的可靠性是比较高的。

**数据分片**将数据库整体逻辑结构分解为合适的逻辑单位（片段），然后由分布模式来定义片段及其副本在各场地的物理分布，其主要目的是提高访问的局部性，有利于按照用户的需求，组织数据的分布和控制数据的冗余度。

（1）水平分片。水平分片将一个全局关系中的元组分裂成多个子集，每个子集为一个片段。分片条件由关系中的属性值表示。对于水平分片，重构全局关系可通过关系的并操作实现。

（2）垂直分片。垂直分片将一个全局关系按属性分裂成多个子集，应满足不相交性（关键字除外）。对于垂直分片，重构全局关系可通过连接运算实现。

（3）导出分片。导出分片又称为导出水平分片，即水平分片的条件不是本关系属性的条件，而是其他关系属性的条件。

（4）混合分片。混合分片是在分片中采用水平分片和垂直分片两种形式的混合。

**分布透明性**是指用户不必关心数据的逻辑分片，不必关心数据存储的物理位置分配细节，也不必关心局部场地上数据库的数据模型。

（1）分片透明性是分布透明性的最高层次，它是指用户或应用程序只对全局关系进行操作而不必考虑数据的分片。

（2）位置透明性。位置透明性是指用户或应用程序应当了解分片情况，但不必了解片段的存储场地。

（3）局部数据模型透明性。局部数据模型透明性是指用户或应用程序应当了解分片及各片断存储的场地，但不必了解局部场地上使用的是何种数据模型。

8．数据仓库集成

数据仓库集成是把多种来源的数据集中在一起，建立数据仓库，所有数据都驻留在单个数据库服务器上，配置大型处理器和存储容量。

（1）数据仓库主要用于决策支持，在数据处理过程中强调分析。其特点是：①集成的数据；②面向主题；③数据相对稳定；④包含历史信息。

（2）数据仓库的结构通常包含 4 个层次：

1）数据源：是数据仓库系统的基础，是整个系统的数据源泉。

2）数据的存储与管理：是整个数据仓库系统的核心。

3）OLAP（联机分析处理）服务器：对分析需要的数据进行有效集成，按多维模型组织，以便进行多角度、多层次的分析，并发现趋势。

4）前端工具：主要包括各种报表工具、查询工具、数据分析工具、数据挖掘工具以及各种基于数据仓库或数据集市的应用开发工具。

## 18.2 典型案例真题 6（反规范化设计）

*2021 年下半年试题四*

阅读以下关于数据库设计的叙述，在答题纸上回答问题 1 至问题 3。

【说明】某医药销售企业因业务发展，需要建立线上药品销售系统，为用户提供便捷的互联网药品销售服务，该系统除了常规药品展示、订单、用户交流与反馈功能外，还需要提供当前热销产品排名、评价分类管理等功能。

通过对需求的分析，在数据管理上初步决定采用关系数据库（MySQL）和数据库缓存（Redis）的混合架构实现。

经过规范化设计之后，该系统的部分数据库表结构如下所示。

供应商（供应商 ID，供应商名称，联系方式，供应商地址）；

药品（药品 ID，药品名称，药品型号，药品价格，供应商 ID）；

药品库存（药品 ID，当前库存数量）；

订单（订单号码，药品 ID，供应商 ID，药品数量，订单金额）；

【问题 1】（9 分）

在系统初步运行后，发现系统数据访问性能较差。经过分析，刘工认为原来数据库规范化设计后，关系表过于细分，造成了大量的多表关联查询，影响了性能。例如当用户查询商品信息时，需要同时显示该药品的信息、供应商的信息、当前库存等信息。

为此，刘工认为可以采用反规范化设计来改造药品关系的结构，以提高查询性能。修改后的药品关系结构为：

药品（药品 ID，药品名称，药品型号，药品价格，供应商 ID，供应商名称，当前库存数量）；

请用 200 字以内的文字说明常见的反规范化设计方法，并说明用户查询商品信息应该采用哪种反规范化设计方法。

【问题 2】（9 分）

王工认为，反规范化设计可提高查询的性能，但必然会带来数据的不一致性问题。请用 200 字以内的文字说明在反规范化设计中，解决数据不一致性问题的三种常见方法，并说明该系统应该采用哪种方法。

【问题 3】（7 分）

该系统采用了 Redis 来实现某些特定功能（如当前热销药品排名等），同时将药品关系数据放到内存以提高商品查询的性能，但必然会造成 Redis 和 MySQL 的数据实时同步问题。

（1）Redis 的数据类型包括 String、Hash、List、Set 和 ZSet 等，请说明实现当前热销药品排名的功能应该选择使用哪种数据类型。

（2）请用 200 字以内的文字解释说明解决 Redis 和 MySQL 数据实时同步问题的常见方案。

**参考答案：**

**【问题 1】**

常见的反规范化技术如下：

（1）增加冗余列：在多个表中保留相同的列，通过增加数据冗余减少或避免查询时的连接操作。

（2）增加派生列：在表中增加可以由本表或其他表中数据计算生成的列，减少查询时的连接操作并避免计算或使用集合函数。

（3）重新组表：如果许多用户需要查看两个表连接出来的结果数据，则把这两个表重新组成一个表来减少连接而提高性能。

（4）水平分割表：根据一列或多列数据的值，把数据放到多个独立的表中，主要用于表数据规模很大、表中数据相对独立或数据需要存放到多个介质上时使用。

（5）垂直分割表：对表进行分割，将主键与部分列放到一个表中，主键与其他列放到另一个表中，在查询时减少 I/O 次数。

用户查询商品信息采用的是增加冗余列的方式。

**【问题 2】**

解决数据不一致问题的三种常见方法：批处理维护、应用逻辑和触发器。

（1）批处理维护：指对复制列或派生列的修改积累一定的时间后，运行一批处理作业或存储过程对复制或派生列进行修改，这只能在对实时性要求不高的情况下使用。

（2）应用逻辑：要求必须在同一事务中对所有涉及的表进行增、删、改操作。用应用逻辑来实现数据的完整性风险较大，因为同一逻辑必须在所有的应用中使用和维护，容易遗漏，特别是在需求变化时，不易于维护。

（3）触发器：对数据的任何修改立即触发对复制列或派生列的相应修改。触发器是实时的，而且相应的处理逻辑只在一个地方出现，易于维护。一般来说，是解决这类问题比较好的办法。

该系统应该采用触发器。

**【问题 3】**

（1）ZSet。

（2）解决 Redis 和 MySQL 数据实时同步问题的常见方案：

1）对强一致要求比较高的，应采用实时同步方案，即查询缓存查询不到再从 DB 查询，保存到缓存；更新缓存时，先更新数据库，再将缓存的设置过期（建议不要去更新缓存内容，直接设置缓存过期）。

2）对于并发程度较高的，可采用异步队列的方式同步，可采用 kafka 等消息中间件处理消息生产和消费。

3）使用阿里的同步工具 canal，canal 的实现方式是模拟 mysql slave 和 master 的同步机制，监控 DB bitlog 的日志更新来触发缓存的更新，此种方法可以解放程序员双手，减少工作量，但在使用时有些局限性。

4）采用 UDF 自定义函数的方式，面对 mysql 的 API 进行编程，利用触发器进行缓存同步。

## 18.3 典型案例真题 7（数据库性能设计）

阅读以下关于数据库设计的叙述，在答题纸上回答问题 1 至问题 3。

【说明】某初创企业的主营业务是为用户提供高度个性化的商品订购业务，其业务系统支持 PC 端、手机 App 等多种访问方式。系统上线后受到用户普遍欢迎，在线用户数和订单数量迅速增长，原有的关系数据库服务器不能满足高速并发的业务要求。

为了减轻数据库服务器的压力，该企业采用了分布式缓存系统，将应用系统经常使用的数据放置在内存，降低对数据库服务器的查询请求，提高了系统性能。在使用缓存系统的过程中，企业碰到了一系列技术问题。

【问题 1】（11 分）

该系统使用过程中，由于同样的数据分别存在于数据库和缓存系统中，必然会造成数据同步或数据不一致性的问题。该企业团队为解决这个问题，提出了如下解决思路：应用程序读数据时，首先读缓存，当该数据不在缓存时，再读取数据库；应用程序写数据时，先写缓存，成功后再写数据库；或者先写数据库，再写缓存。

王工认为该解决思路并未解决数据同步或数据不一致性的问题，请用 100 字以内的文字解释其原因。

王工给出了一种可以解决该问题的数据读写步骤如下：

读数据操作的基本步骤：

1.根据 key 读缓存；

2.读取成功则直接返回；

3.若 key 不在缓存中时，根据 key____（a）____；

4.读取成功后，____（b）____；

5.成功返回。

写数据操作的基本步骤：

1.根据 key 值写____（c）____；

2.成功后____（d）____；

3.成功返回。

请填写完善上述步骤中（a）～（d）处的空白内容。

【问题 2】（8 分）

缓存系统一般以 key/value 形式存储数据，在系统运维中发现，部分针对缓存的查询，未在缓存系统中找到对应的 key，从而引发了大量对数据库服务器的查询请求，最严重时甚至导致了数据库服务器的宕机。

经过运维人员的深入分析，发现存在两种情况：

（1）用户请求的 key 值在系统中不存在时，会查询数据库系统，加大了数据库服务器的压力；

（2）系统运行期间，发生了黑客攻击，以大量系统不存在的随机 key 发起了查询请求，从而导致了数据库服务器的宕机。

经过研究，研发团队决定，当在数据库中也未查找到该 key 时，在缓存系统中为 key 设置空值，防止对数据库服务器发起重复查询。

请用 100 字以内的文字说明该设置空值方案存在的问题，并给出解决思路。

**【问题 3】（6 分）**

缓存系统中的 key 一般会存在有效期，超过有效期则 key 失效；有时也会根据 LRU 算法将某些 key 移出内存。当应用软件查询 key 时，如 key 失效或不在内存，会重新读取数据库，并更新缓存中的 key。

运维团队发现在某些情况下，若大量的 key 设置了相同的失效时间，导致缓存在同一时刻众多 key 同时失效，或者瞬间产生对缓存系统不存在 key 的大量访问，或者缓存系统重启等原因，都会造成数据库服务器请求瞬时爆量，引起大量缓存更新操作，导致整个系统性能急剧下降，进而造成整个系统崩溃。

请用 100 字以内的文字，给出解决该问题的两种不同思路。

**参考答案：**

**【问题 1】**

存在双写不一致问题，在写数据时，可能存在缓存写成功，数据库写失败，或者反之，从而造成数据不一致。当多个请求发生时，也可能产生读写冲突的并发问题。

（a）从数据库中读取数据或读数据库

（b）更新缓存中 key 值或更新缓存

（c）数据库

（d）删除缓存 key 或使缓存 key 失效或更新缓存（key 值）

**【问题 2】**

存在问题：不在系统中的 key 值是无限的，如果均设置 key 值为空，会造成内存资源的极大浪费，引起性能急剧下降。

解决思路：查询缓存之前，对 key 值进行过滤，只允许系统中存在的 key 进行后续操作（例如采用 key 的 bitmap 进行过滤）。

**【问题 3】**

思路 1：缓存失效后，通过加排他锁或者队列方式控制数据库写缓存的线程数量，使得缓存更新串行化。

思路 2：给不同 key 设置随机或不同的失效时间，使失效时间的分布尽量均匀。

思路 3：设置两级或多级缓存，避免访问数据库服务器。

# 第19章

# 案例专题四：嵌入式系统

## 19.1 考点梳理及精讲

嵌入式系统每年必考一题，但是属于选做题，如果不会可以不选。主要考查嵌入式系统的实时性和可靠性以及容错等概念。大概率会考到一些嵌入式领域的陌生技术，如果是完全没见过的技术，不选即可。

1. 相关概念

系统可靠性是系统在规定的时间内及规定的环境条件下，完成规定功能的能力，也就是系统无故障运行的概率。

系统可用性是指在某个给定时间点上系统能够按照需求执行的概率。

可靠度就是系统在规定的条件下、规定的时间内不发生失效的概率。

失效率又称风险函数，也可以称为条件失效强度，是指运行至此刻系统未出现失效的情况下，单位时间系统出现失效的概率。

2. 软件可靠性和硬件可靠性的区别

复杂性：软件复杂性比硬件高，大部分失效来自于软件失效。

物理退化：硬件失效主要是物理退化所致，软件不存在物理退化。

唯一性：软件是唯一的，每个 COPY 版本都一样，而两个硬件不可能完全一样。

版本更新周期：硬件较慢，软件较快。

3. 可靠性指标

平均无故障时间（MTTF）=1/失效率。

平均故障修复时间（MTTR）=1/修复率。

平均故障间隔时间（MTBF）=MTTF+MTTR。

系统可用性=MTTF/(MTTF+MTTR)×100%。

**4．可靠性设计**

常见的软件可靠性技术主要有容错设计、检错设计和降低复杂度设计等技术。

容错设计技术主要有恢复快设计、N 版本程序设计和冗余设计 3 种方法。

**5．冗余技术**

提高系统可靠性的技术可以分为避错（排错）技术和容错技术。避错是通过技术评审、系统测试和正确性证明等技术，在系统正式运行之前避免、发现和改正错误。

容错是指系统在运行过程中发生一定的硬件故障或软件错误时，仍能保持正常工作而不影响正确结果的一种性能或措施。容错技术主要是采用冗余方法来消除故障的影响。

冗余是指在正常系统运行所需的基础上加上一定数量的资源，包括信息、时间、硬件和软件。冗余是容错技术的基础，通过冗余资源的加入，可以使系统的可靠性得到较大的提高。主要的冗余技术有结构冗余（硬件冗余和软件冗余）、信息冗余、时间冗余和冗余附加 4 种。

**6．软件容错**

软件容错的主要方法是提供足够的冗余信息和算法程序，使系统在实际运行时能够及时发现程序设计错误，采取补救措施，以提高系统可靠性，保证整个系统的正常运行。软件容错技术主要有 N 版本程序设计、恢复块设计和防卫式程序设计等。

（1）**N 版本程序设计**：如图 19-1 所示，是一种静态的故障屏蔽技术，其设计思想是用 $N$ 个具有相同功能的程序同时执行一项计算，结果通过多数表决来选择。其中 $N$ 个版本的程序必须由不同的人独立设计，使用不同的方法、设计语言、开发环境和工具来实现，目的是减少 $N$ 个版本的程序在表决点上相关错误的概率。

图 19-1　N 版本程序设计

与通常软件开发过程不同的是，N 版本程序设计增加了 3 个新的阶段：相异成分规范评审、相异性确认、背对背测试。

其他需要注意的问题：N 版本程序的同步、N 版本程序之间的通信、表决算法、一致比较问题、数据相异性。

（2）**恢复块设计（动态冗余）**：如图 19-2 所示，动态冗余又称为主动冗余，它是通过故障检测、故障定位及故障恢复等手段达到容错的目的。其主要方式是多重模块待机储备，当系统检测到某工作模块出现错误时，就用一个备用的模块来替代它并重新运行。各备用模块在其待机时，可与主模块一样工作，也可以不工作。前者叫热备份系统（双重系统），后者叫冷备份系统（双工系统、双份系统）。

图 19-2　恢复块设计

设计时应保证实现主块和后备块之间的独立性，避免相关错误的产生，使主块和备份块之间的共性错误降到最低程度。

恢复块设计与 N 版本程序设计的比较见表 19-1。

表 19-1　恢复块设计与 N 版本程序设计的比较

| 比较项 | 恢复块设计 | N 版本程序设计 |
| --- | --- | --- |
| 硬件运行环境 | 单机 | 多机 |
| 错误检测方法 | 验证测试程序 | 表决 |
| 恢复策略 | 后向恢复 | 前向恢复 |
| 实时性 | 差 | 好 |

（3）防卫式程序设计：是一种不采用任何传统的容错技术就能实现软件容错的方法，对于程序中存在的错误和不一致性，防卫式程序设计的基本思想是通过在程序中包含错误检查代码和错误恢复代码，使得一旦发生错误，程序就能撤销错误状态，恢复到一个已知的正确状态中去。其实现策略包括错误检测、破坏估计和错误恢复 3 个方面。

7.　双机容错技术

双机容错技术是一种软硬件结合的容错应用方案。该方案是由两台服务器和一个外接共享磁盘阵列及相应的双机软件组成。

双机容错系统采用"心跳"方法保证主系统与备用系统的联系。所谓心跳是指主从系统之间相互按照一定的时间间隔发送通信信号，表明各自系统当前的运行状态。一旦心跳信号表明主机系统发生故障，或者备用系统无法收到主系统的心跳信号，则系统的高可用性管理软件认为主系统发生故障，立即将系统资源转移到备用系统上，备用系统替代主系统工作，以保证系统正常运行和网络服务不间断。

工作模式：双机热备模式；双机互备模式；双机双工模式。

8. 集群技术

集群技术就是将多台计算机组织起来进行协同工作，它是提高系统可用性和可靠性的一种技术。在集群系统中，每台计算机均承担部分计算任务和容错任务，当其中一台计算机出现故障时，系统使用集群软件将这台计算机从系统中隔出离去，通过各计算机之间的负载转嫁机制完成新的负载分担，同时向系统管理人员发出警报。集群系统通过功能整合和故障过渡，实现了系统的高可用性和可靠性。

特点：可伸缩性、高可用性、可管理性、高性价比、高透明性。

分类：高性能计算集群、负载均衡集群、高可用性集群。

9. 负载均衡

负载均衡是集群系统中的一项重要技术，可以提高集群系统的整体处理能力，也提高了系统的可靠性，最终目的是加快集群系统的响应速度，提高客户端访问的成功概率。集群的最大特征是多个节点的并行和共同工作，如何让所有节点承受的负荷平均，不出现局部过大负载或过轻负载的情况，是负载均衡的重要目的。

比较常用的负载均衡实现技术主要有以下几种：

（1）基于特定软件的负载均衡。很多网络协议都支持重定向功能，例如，基于 HTTP 重定向服务，其主要原理是服务器使用 HTTP 重定向指令，将一个客户端重新定位到另一个位置。服务器返回一个重定向响应，而不是返回请求的对象。客户端确认新地址然后重发请求，从而达到负载均衡的目的。

（2）基于 DNS 的负载均衡属于传输层负载均衡技术，其主要原理是在 DNS 服务器中为同一个主机名配置多个地址，在应答 DNS 查询时，DNS 服务器对每个查询将以 DNS 文件中主机记录的 IP 地址按顺序返回不同的解析结果，将客户端的访问引导到不同的节点上去，使得不同的客户端访问不同的节点，从而达到负载均衡的目的。

（3）基于 NAT 的负载均衡。将一个外部 IP 地址映像为多个内部 IP 地址，对每次连接需求动态地转换为一个内部节点的地址，将外部连接请求引到转换得到地址的那个节点上，从而达到负载均衡的目的。

（4）反向代理负载均衡。将来自 Internet 上的连接请求以反向代理的方式动态地转发给内部网络上的多个节点进行处理，从而达到负载均衡的目的。

（5）混合型负载均衡。

10. 可维护性的评价指标

（1）易分析性。软件产品诊断软件中的缺陷或失效原因或识别待修改部分的能力。

（2）易改变性。软件产品使指定的修改可以被实现的能力，实现包括编码、设计和文档的更改。如果软件由最终用户修改，那么易改变性可能会影响易操作性。

（3）稳定性。软件产品避免由于软件修改而造成意外结果的能力。

（4）易测试性。软件产品使已修改软件能被确认的能力。

（5）维护性的依从性。软件产品遵循与维护性相关的标准或约定的能力。

11．软件维护的分类

（1）改正性维护。为了识别和纠正软件错误、改正软件性能上的缺陷、排除实施中的误使用，应当进行的诊断和改正错误的过程就称为改正性维护。

（2）适应性维护。在使用过程中，外部环境（新的硬、软件配置）、数据环境（数据库、数据格式、数据输入/输出方式、数据存储介质）可能发生变化。为使软件适应这种变化，而去修改软件的过程就称为适应性维护。

（3）完善性维护。在软件的使用过程中，用户往往会对软件提出新的功能与性能要求。为了满足这些要求，需要修改或再开发软件，以扩充软件功能、增强软件性能、改进加工效率、提高软件的可维护性。这种情况下进行的维护活动称为完善性维护。

（4）预防性维护。这是指预先提高软件的可维护性、可靠性等，为以后进一步改进软件打下良好基础。通常，预防性维护可定义为"把今天的方法学用于昨天的系统以满足明天的需要"。也就是说，采用先进的软件工程方法对需要维护的软件或软件中的某一部分（重新）进行设计、编码和测试。

## 19.2 典型案例真题 8（可靠性设计）

### 2015 年下半年试题三

阅读以下关于嵌入式系统可靠性设计方面的描述，回答问题 1 至问题 3。

【说明】某宇航公司长期从事宇航装备的研制工作，嵌入式系统的可靠性分析与设计已成为该公司产品研制中的核心工作，随着宇航装备的综合化技术发展，嵌入式软件规模发生了巨大变化，代码规模已从原来的几十万扩展到上百万，从而带来了由于软件失效而引起系统可靠性降低的隐患。公司领导非常重视软件可靠性工作，决定抽调王工程师等 5 人组建可靠性研究团队，专门研究提高本公司宇航装备的系统可靠性和软件可靠性问题，并要求在三个月内，给出本公司在系统和软件设计方面如何考虑可靠性设计的方法和规范。可靠性研究团队很快拿出了系统及硬件的可靠性提高方案，但对于软件可靠性问题始终没有研究出一种普遍认同的方法。

【问题 1】（共 9 分）

请用 200 字以内文字说明系统可靠性的定义及包含的 4 个子特性，并简要指出提高系统可靠性一般采用哪些技术。

【问题 2】（共 8 分）

王工带领的可靠性研究团队之所以没能快速取得软件可靠性问题的技术突破，其核心原因是他们没有搞懂高可靠性软件应具备的特点。软件可靠性一般致力于系统性地减少和消除对软件程序性能有不利影响的系统故障。除非被修改，否则软件系统不会随着时间的推移而发生退化。请根据你对软件可靠性的理解，给出表 3-1 所列出的硬件可靠性特征对应的软件可靠性特征之间的差异或相似之处，将答案写在答题纸上。

表 3-1　硬件和软件可靠性对比

| 序号 | 硬件可靠性 | 软件可靠性 |
|---|---|---|
| 1 | 失效率服从浴缸曲线。老化状态类似于软件调试状态 | （1） |
| 2 | 即使不使用，材料劣化也会导致失效 | （2） |
| 3 | 硬件维修会恢复原始状态 | （3） |
| 4 | 硬件失效之前会有报警 | （4） |

**【问题 3】**（共 8 分）

王工带领的可靠性研究团队在分析了大量相关资料的基础上，提出软件的质量和可靠性必须在开发过程构建到软件中，也就是说，为了提高软件的可靠性，必须在需求分析、设计阶段开展软件可靠性筹划和设计。研究团队针对本公司承担的飞行控制系统制订出了一套飞控软件的可靠性设计要求。飞行控制系统是一种双余度同构型系统，输入采用了独立的两路数据通道，在系统内完成输入数据的交叉对比、表决制导率计算，输出数据的交叉对比、表决、输出等功能，系统的监控模块实现对系统失效或失步的检测与宠位。其软件的可靠性设计包括恢复块方法和 N 版本程序设计方法。请根据恢复块方法工作原理完成图 3-1，在（1）～（4）中填入恰当的内容，并比较恢复块方法与 N 版本程序设计方法，将比较结果（5）～（8）填入表 3-2 中。

图 3-1　恢复块方法

表 3-2　恢复块方法与 N 版本程序设计的比较

| | 恢复块方法 | N 版本程序设计 |
|---|---|---|
| 硬件运行环境 | 单机 | 多机 |
| 错误检测方法 | 验证测试程序 | （5） |
| 恢复策略 | （6） | 向前恢复 |
| 实时性 | （7） | （8） |

**参考答案：**

**【问题1】**

可靠性（Reliability）是指产品在规定的条件下和规定的时间内完成规定功能的能力，其子特性包含：成熟性、容错性、易恢复性、可靠性的依从性。

提高可靠性的技术有：①N 版本程序设计；②恢复块设计；③防卫式程序设计；④双机热备或集群系统；⑤冗余设计。

**【问题2】**

（1）不考虑软件演化的情况下，失效率在统计上是非增的。

（2）如果不使用该软件，永远不会发生失效。

（3）软件维护会创建新的软件代码。

（4）软件失效之前很少会有报警。

**【问题3】**

（1）主块

（2）验证测试

（3）输出正确结果

（4）异常处理

（5）表决

（6）后向恢复

（7）差

（8）好

# 案例专题五：Web 应用开发

## 20.1　考点梳理及精讲

本章知识点主要考查 Web 相关技术，尤其是新技术的应用。Web 技术一般不会重复考查，每年都有新技术，需要依据答题技巧灵活应变。

1. Web 应用技术分类

从架构来看有：MVC，MVP，MVVM，REST，Web Service，微服务。

从缓存来看有：MemCache，Redis，Squid。

从并发分流来看有：集群（负载均衡）、CDN。

从数据库来看有：主从库（主从复制），内存数据库，反规范化技术，NoSQL，分区（分表）技术，视图与物化视图。

从持久化来看有：Hibernate，Mybatis。

从分布存储来看有：Hadoop，FastDFS，区块链。

从数据编码来看有：XML，JSON。

从 Web 应用服务器来看有：Apache，WebSphere，Weblogic，Tomcat，JBOSS，IIS。

其他有：静态化，有状态与无状态，响应式 Web 设计。

2. 单台机器到数据库与 Web 服务器分离

单台机器：Web 应用和数据库都放在一台服务器上，数据库与 Web 服务器分离：Web 应用和数据库分别放在两台服务器上，如图 20-1 所示。

图 20-1　单台机器到数据库与 Web 服务器分离

3. 应用服务器集群

当客户访问量增加的时候，可以通过加机器的方式即采用集群技术缓解并发的访问量，如图 20-2 所示。

图 20-2　应用服务器集群

系统演变到这里，将会出现以下问题：

用户的请求由谁来转发到具体的应用服务器。

用户如果每次访问到的服务器不一样，那么如何维护 Session 的一致性。

4. 负载均衡技术

引入集群技术就需要增加负载均衡调度器,把客户的请求按照一定的算法分发给对应的提供服务的服务器,如图 20-3 所示。

图 20-3  负载均衡技术

（1）**应用层负载均衡技术。**

1）HTTP 重定向。HTTP 重定向就是应用层的请求转发。用户的请求其实已经到了 HTTP 重定向负载均衡服务器,服务器根据算法要求用户重定向,用户收到重定向请求后,再次请求真正的集群。

特点：实现简单,但性能较差。

2）反向代理服务器。在用户的请求到达反向代理服务器时（已经到达网站机房）,由反向代理服务器根据算法转发到具体的服务器。常用的 Apache,nginx 都可以充当反向代理服务器。

特点：部署简单,但代理服务器可能成为性能的瓶颈。

（2）**传输层负载均衡技术。**

1）DNS 域名解析负载均衡。DNS 域名解析负载均衡就是在用户请求 DNS 服务器,获取域名对应的 IP 地址时,DNS 服务器直接给出负载均衡后的服务器 IP。

特点：效率比 HTTP 重定向高，减少维护负载均衡服务器成本。但一个应用服务器故障，不能及时通知 DNS，而且 DNS 负载均衡的控制权在域名服务商那里，网站无法做更多的改善和更强大的管理。

2）基于 NAT 的负载均衡。基于 NAT 的负载均衡将一个外部 IP 地址映像为多个 IP 地址，对每次连接请求动态地转换为一个内部节点的地址。

特点：技术较为成熟，一般在网关位置，可以通过硬件实现，四层交换机就采用了这种技术。

5. 数据库读写分离化

当客户的访问量进一步激增的时候，读并发可以通过加机器的方式解决一定的并发量，但是涉及到写并发的时候，数据库就会成为瓶颈，由于关系型数据库无法做集群，所以采用读写分离的方式，主库负责写，从库负责读，如图 20-4 所示。

图 20-4　数据库读写分离化

6. 用缓存缓解库读取压力

MemCache 是一个自由开源的、高性能、分布式内存对象缓存系统，简洁的 key-value 存储系统。通过缓存数据库查询结果，减少数据库访问次数，以提高动态 Web 应用的速度、提高可扩展性。

7. 有状态和无状态

无状态服务（Stateless Service）对单次请求的处理，不依赖其他请求，也就是说，处理一次请求所需的全部信息，要么都包含在这个请求里，要么可以从外部获取到（比如说数据库），服务器本身不存储任何信息。

有状态服务（Stateful Service）则相反，它会在自身保存一些数据，先后的请求是有关联的。

8. 内容分发网络

内容分发网络（Content Delivery Network，CDN）是构建在网络之上的内容分发网络，依靠部署在各地的边缘服务器，通过中心平台的负载均衡、内容分发、调度等功能模块，使用户就近获取所需内容，降低网络拥塞，提高用户访问响应速度和命中率。CDN 的关键技术主要有内容存储和分发技术。

CDN 的基本原理是广泛采用各种缓存服务器，将这些缓存服务器分布到用户访问相对集中的地区或网络中，在用户访问网站时，利用全局负载技术将用户的访问指向距离最近的工作正常的缓存服务器上，由缓存服务器直接响应用户请求，如图 20-5 所示。

图 20-5　用缓存缓解库读取压力

9. 表述性状态转移

表述性状态转移（Representational State Transfer，REST）是一种只使用 HTTP 和 XML 进行基于 Web 通信的技术，可以降低开发的复杂性，提高系统的可伸缩性。

REST 的 5 个原则：

（1）网络上的所有事物都被抽象为资源。

（2）每个资源对应一个唯一的资源标识。

（3）通过通用的连接件接口对资源进行操作。

（4）对资源的各种操作不会改变资源标识。

（5）所有的操作都是无状态的。

10. 微服务

微服务架构建议将大型复杂的单体架构应用划分为一组微小的服务，每个微服务根据其负责的具体业务职责提炼为单一的业务功能；每个服务可以很容易地部署并发布到生产环境里隔离和独立的进程内部，它可以很容易地扩展和变更；对于一个具体的服务来说可以采用任何适用的语言和工具来快速实现；服务之间基于基础设施互相协同工作。

微服务的优势：

（1）解决了复杂性问题。它把庞大的单一模块应用分解为一系列的服务，同时保持总体功能不变。

（2）让每个服务能够独立开发，开发者能够自由选择可行的技术，让服务来决定 API 约定。

（3）每个微服务都能独立配置，开发者不必协调对于本地服务配置上的变化，这种变化一旦测试完成就被配置了。

（4）让每个服务都可以独立调整，你可以给每个服务配置正好满足容量和可用性限制的实例数。

微服务架构带来的挑战：

（1）并非所有的系统都能转成微服务。例如一些数据库层的底层操作是不推荐服务化的。

（2）部署较以往架构更加复杂：系统由众多微服务搭建，每个微服务需要单独部署，从而增加部署的复杂度，容器技术能够解决这一问题。

（3）性能问题：由于微服务注重独立性，互相通信时只能通过标准接口，可能产生延迟或调用出错。例如一个服务需要访问另一个服务的数据，只能通过服务间接口来进行数据传输，如果是频繁访问，则可能带来较大的延迟。

（4）数据一致性问题：作为分布式部署的微服务，在保持数据一致性方面需要比传统架构更加困难。

微服务与 SOA 的比较见表 20-1。

11. 缓存技术

（1）MemCache：Memcache 是一个高性能的分布式的内存对象缓存系统，用于动态 Web 应用以减轻数据库负载。Memcache 通过在内存里维护一个统一的巨大的 Hash 表，它能够用来存储各种格式的数据，包括图像、视频、文件以及数据库检索的结果等。

表 20-1　微服务与 SOA 的比较

| 微服务 | SOA |
|---|---|
| 能拆分的就拆分 | 是整体的，服务能放一起的都放一起 |
| 纵向业务划分 | 是水平分多层 |
| 由单一组织负责 | 按层级划分不同部门的组织负责 |
| 细粒度 | 粗粒度 |
| 两句话可以解释明白 | 几百字只相当于 SOA 的目录 |
| 独立的子公司 | 类似大公司里面划分了一些业务单元（BU） |
| 组件小 | 存在较复杂的组件 |
| 业务逻辑存在于每一个服务中 | 业务逻辑横跨多个业务领域 |
| 使用轻量级的通信方式，如 HTTP | 企业服务总线（ESB）充当了服务之间通信的角色 |
| **微服务架构实现** | **SOA 实现** |
| 团队级，自底向上开展实施 | 企业级，自顶向下开展实施 |
| 一个系统被拆分成多个服务，粒度细 | 服务由多个子系统组成，粒度大 |
| 无集式中总线，松散的服务架构 | 企业服务总线，集中式的服务架构 |
| 集成方式简单（HTTP/REST/JSON） | 集成方式复杂（ESB/ws/SOAP） |
| 服务能独立部署 | 单块架构系统，相互依赖，部署复杂 |

（2）Redis：Redis 是一个开源的使用 ANSI C 语言编写、支持网络、可基于内存亦可持久化的日志型、Key-Value 数据库，并提供多种语言的 API。

（3）Squid：Squid 是一个高性能的代理缓存服务器，Squid 支持 FTP、gopher、HTTPS 和 HTTP 协议。和一般的代理缓存软件不同，Squid 用一个单独的、非模块化的、I/O 驱动的进程来处理所有的客户端请求。

（4）Redis 与 Memcache 的差异。

1）Redis 和 Memcache 都是将数据存放在内存中，都是内存数据库。它们都支持 key-value 数据类型。同时 Memcache 还可用于缓存其他东西，例如图片、现频等，Redis 还支持 list、set、Hash 等数据结构的存储。

2）Redis 支持数据的持久化，可以将内存中的数据保持在磁盘中，重启的时候可以再次加载进行使用，Memcache 挂掉之后，数据就没了。

3）灾难恢复—Memcache 挂掉后，数据不可恢复；Redis 数据丢失后可以恢复。

4）在 Redis 中，并不是所有的数据都一直存储在内存中。这是一个和 Memcache 相比最大的区别。当物理内存用完时，Redis 可以将一些很久没用到的 value 交换到磁盘。

5）Redis 在很多方面支持数据库的特性，可以这样说，它就是一个数据库系统，而 Memcache

只是简单地 K/V 缓存。

所以在选择方面，如果有持久方面的需求，或对数据类型和处理有要求，应该选择 Redis。如果是简单的 key/value 存储应该选择 Memcache。

12. XML 和 JSON

**扩展标记语言（Extensible Markup Language，XML）**，用于标记电子文件使其具有结构性的标记语言，可以用来标记数据、定义数据类型，是一种允许用户对自己的标记语言进行定义的源语言。

XML 的优点：

（1）格式统一，符合标准。

（2）容易与其他系统进行远程交互，数据共享比较方便。

XML 的缺点：

（1）XML 文件庞大，文件格式复杂，传输占带宽。

（2）服务器端和客户端都需要花费大量代码来解析 XML，导致服务器端和客户端代码变得异常复杂且不易维护。

（3）客户端不同浏览器之间解析 XML 的方式不一致，需要重复编写很多代码。

（4）服务器端和客户端解析 XML 花费较多的资源和时间。

**JSON（JavaScript Object Notation）**，一种轻量级的数据交换格式，具有良好的可读和便于快速编写的特性。可在不同平台之间进行数据交换。

JSON 的优点：

（1）数据格式比较简单，易于读写，格式都是压缩的，占用带宽小。

（2）易于解析，客户端 JavaScript 可以简单地通过 eval() 进行 JSON 数据的读取。

（3）支持多种语言，包括 ActionScript、C、C#、ColdFusion、Java、JavaScript、Perl、PHP、Python、Ruby 等服务器端语言，便于服务器端的解析。

（4）因为 JSON 格式能直接为服务器端代码使用，大大简化了服务器端和客户端的代码开发量，且完成任务不变，并且易于维护。

JSON 的缺点：没有 XML 格式这么推广得深入人心和使用广泛，没有 XML 那么通用。

13. Web 应用服务器

常见的 Web 应用服务器有以下几种：

（1）Web 服务器：其职能较为单一，就是把浏览器发过来的 Request 位请求，返回 Html 页面。

（2）应用服务器：进行业务逻辑的处理。

（3）Apache：Web 服务器，市场占有率达 60%左右。它可以运行在几乎所有的 UNIX、Windows、Linux 系统平台上。

（4）IIS 早期 Web 服务器，目前小规模站点仍有应用。

（5）Tomcat：开源、运行 Servlet 和 JSPWeb 应用软件的基于 Java 的 Web 应用软件容器。

（6）JBOSS：JBOSS 是基于 J2EE 的开放源代码的应用服务器，一般与 Tomcat 或 Jetty 绑定使用。

（7）WebSphere：一种功能完善、开放的 Web 应用程序服务器，基于 Java 的应用环镜，用于建立、部署和管理 Internet 和 Intranet Web 应用程序。

（8）Weblogic：BEA Weblogic Server 是一种多功能、基于标准的 Web 应用服务器，为企业构建自己的应用提供了坚实的基础。

（9）Jetty：Jetty 是一个开源的 Servlet 容器，是基于 Java 的 Web 容器。

**响应式 Web 设计**是一种网络页面设计布局，其理念是：集中创建页面的图片排版大小，可以智能地根据用户行为以及使用的设备环境进行相对应的布局。

响应式 Web 设计的方法与策略：

（1）采用流式布局和弹性化设计：使用相对单位，设定百分比而非具体值的方式设置页面元素的大小。

（2）响应式图片：不仅要同比地缩放图片，还要在小设备上降低图片自身的分辨率。

## 20.2　典型案例真题 9（云平台智能家居设计）

**2021 年下半年试题五**

阅读以下关于 Web 系统架构设计的描述，在答题纸上回答问题 1 至问题 3。

【说明】某公司拟开发一个智能家居管理系统，该系统的主要功能需求如下：

（1）用户可使用该系统客户端实现对家居设备的控制，且家居设备可向客户端反馈实时状态；

（2）支持家居设备数据的实时存储和查询；

（3）基于用户数据，挖掘用户生活习惯，向用户提供家居设备智能化使用建议。

基于上述需求，该公司组建了项目组，在项目会议上，张工给出了基于家庭网关的传统智能家居管理系统的设计思路，李工给出了基于云平台的智能家居系统的设计思路。经过深入讨论，公司决定采用李工的设计思路。

【问题 1】（8 分）

请用 400 字以内的文字简要描述基于家庭网关的传统智能家居管理系统和基于云平台的智能家居管理系统在网关管理、数据处理和系统性能等方面的特点，以说明项目组选择李工设计思路的原因。

【问题 2】（12 分）

请从下面给出的（a）～（j）中进行选择，补充完善图 5-1 中空（1）～（6）处的内容，协助李工完成该系统的架构设计方案。

（a）Wi-Fi　　　　　　（b）蓝牙　　　　　　（c）驱动程序　　　　（d）数据库

（e）家庭网关　　　　（f）云平台　　　　　（g）微服务　　　　　（h）用户终端

（i）鸿蒙　　　　　　（j）TCP/IP

图 5-1

**【问题 3】（5 分）**

该系统需实现用户终端与服务端的双向可靠通信，请用 300 字以内的文字从数据传输可靠性的角度对比分析 TCP 和 UDP 通信协议的不同，并说明该系统应采用哪种通信协议。

**参考答案：**

**【问题 1】**

在网关管理方面，基于云平台的智能家居管理系统可以将分散的智能家居网关数据集中起来，实现对智能家居网关的远程高效管理。

在数据处理方面，云端服务器对智能家居网数据进行备份存储，当家庭网关由于故障等原因导致数据丢失时，可以通过云端管理系统对网关数据进行恢复，从而提高数据的容灾性。

在系统性能方面，基于云服务平台的智能家居管理系统将数据信息存储在云端，减少了数据请求时间，提高了通信效率。

**【问题 2】**

（1）（h）用户终端　　（2）（i）鸿蒙　　（3）（f）云平台　　（4）（d）数据库
（5）（e）家庭网关　　（6）（c）驱动程序

**【问题 3】**

TCP 在 IP 协议提供的不可靠数据服务的基础上，采用了重发技术，为应用程序提供了一个可靠的、面向连接的、全双工的数据传输服务。TCP 协议一般用于传输数据量比较少，且对可靠性要求高的场合。

UDP 是一种不可靠的、无连接的协议，可以保证应用程序进程间的通信，与 TCP 相比，UDP

是一种无连接的协议，它的错误检测功能要弱得多。

　　该系统应采用 TCP 协议。

## 20.3　典型案例真题 10（典型 Web 架构设计）

2017 年下半年试题五

　　阅读以下关于 Web 系统架构设计的叙述，在答题纸上回答问题 1 至问题 3。

　　【说明】某电子商务企业因发展良好，客户量逐步增大，企业业务不断扩充，导致其原有的 B2C 商品交易平台已不能满足现有业务需求。因此，该企业委托某软件公司重新开发一套商品交易平台。该企业要求新平台应可适应客户从手机、平板设备、电脑等不同终端设备访问系统，同时满足电商定期开展"秒杀"、"限时促销"等活动的系统高并发访问量的需求。面对系统需求，软件公司召开项目组讨论会议，制定系统设计方案。讨论会议上，王工提出可以应用响应式 Web 设计满足客户从不同设备正确访问系统的需求。同时，采用增加镜像站点、CDN 内容分发等方式解决高并发访问量带来的问题。李工在王工的提议上补充，仅仅依靠上述外网加速技术不能完全解决高用户并发访问问题，如果访问量持续增加，系统仍存在崩溃可能。李工提出应同时结合负载均衡、缓存服务器、Web 应用服务器、分布式文件系统、分布式数据库等方法设计系统架构。经过项目组讨论，最终决定综合王王和李工的思路，完成新系统的架构设计。

　　【问题 1】（5 分）

　　请用 200 字以内的文字描述什么是"响应式 Web 设计"，并列举 2 个响应式 Web 设计的实现方式。

　　【问题 2】（16 分）

　　综合王工和李工的提议，项目组完成了新商品交易平台的系统架构设计方案。新系统架构图如图 5-1 所示。请从选项（a）～（j）中为架构图中（1）～（8）处空白选择相应的内容，补充支持高并发的 Web 应用系统架构设计图。

图 5-1　新系统架构图

（a）Web 应用层　　　（b）界面层　　　（c）负载均衡层　　（d）CDN 内容分发

（e）主数据库　　　　（f）缓存服务器集群　　　　　（g）从数据库

（h）写操作　　　　　（i）读操作　　（j）文件服务器集群

**【问题3】（4分）**

根据李工的提议，新的 B2C 商品交易平台引入了主从复制机制。请针对 B2C 商品交易平台的特点，简要叙述引入该机制的好处。

**参考答案：**

**【问题1】** 响应式 Web 设计是指设计与开发的页面可以根据用户的行为和不同的设备环境作出相应的响应来调整页面的布局，以给用户提供可感知的、流畅的阅读和操作体验。

实现方式：（1）流式布局；（2）弹性布局加媒体查询。

**【问题2】**

（1）（d）　　（2）（c）　　（3）（f）　　（4）（a）

（5）（e）　　（6）（h）　　（7）（g）　　（8）（i）

**【问题3】**

（1）提升性能。交易平台要求高并发，主从复制方式一主多从，不同的用户请求可以从不同的从数据库读取数据，提高并发度。

（2）可扩展性更优。如果采用单台数据库服务器，则访问量持续增加时，数据库瓶颈暴露，且无法迅速解决问题。而主从结构可以快速增加从服务器数量，以满足需求。

（3）提升可用性。一主多从，一台从服务器出现故障不影响整个系统正常工作。

（4）相当于负载均衡。一主多从分担任务，相当于负载均衡。

（5）提升数据安全性。系统中的数据冗余存放多份，不会因为某台机器硬件故障而导致数据丢失。

# 第 3 篇　论文专题

# 第21章
# 论文整体分析

## 21.1 复习说明

1. 论文写作概述

时间：共 2 个小时，从 15:20～17:20。

题目：四选一，必有一题考查软件架构，每个题目下会有概述和子题目，要认真看。

考查形式：笔试，手写约 2500 字。

2. 题目类型

（1）软件架构，最常考查架构风格、面向服务的架构、架构评估，会用到质量属性，其他如 DSSA 和 ABSD 的概念也要了解。

（2）系统开发，会考需求分析、需求获取、系统建模、设计模式等知识。

（3）系统可靠性、安全性、容错技术等。

（4）信息系统开发方法、开发模型、生命周期模型、企业应用集成技术。

（5）其他：项目管理、数据库等。

## 21.2 考试大纲

1. 系统建模

定义问题与归结模型

结构化系统建模

面向对象系统建模

数据库建模

2．软件架构设计

软件架构设计

特定领域软件架构

基于架构的软件开发方法

软件演化

3．系统设计

处理流程设计

系统人机界面设计

文件设计、存储设计

数据库设计

网络应用系统的设计

系统运行环境的集成与设计

系统性能设计

中间件、应用服务器

4．分布式系统设计

分布式通信协议的设计

基于对象的分布式系统设计

基于 Web 的分布式系统设计

基于消息和协同的分布式系统设计

异构分布式系统的互操作性设计

5．系统的可靠性分析与设计

系统的故障模型和可靠性模型

提高系统可靠性的措施

系统的故障对策和系统的备份与恢复

6．系统的安全性和保密性设计

系统的访问控制技术

数据的完整性

数据与文件的加密

通信的安全性

系统的安全性设计

# 21.3　历年真题

这里仅汇总大题目，供整体分析，每年真题的子题目，大家也有必要了解，都在本书第 4 章。

表 21-1　历年考试论文真题汇总（除嵌入式系统）

| 年份 | 试题一 | 试题二 | 试题三 | 试题四 |
|---|---|---|---|---|
| 2021 | 论面向对象的编程技术及其应用 | 论系统安全架构设计及其应用 | 论企业集成平台的理解与应用 | 论微服务架构及其应用 |
| 2020 | 论企业集成架构设计及应用 | 论软件测试中缺陷管理及其应用 | 论云原生架构及其应用 | 论数据分片技术及其应用 |
| 2019 | 论企业集成架构设计及应用 | 论软件测试中缺陷管理及其应用 | 论源性架构及其应用 | 论数据分片技术及其应用 |
| 2018 | 论软件开发过程 RUP 及其应用 | 论软件体系结构的演化 | 论面向服务架构设计及其应用 | 论 NoSQL 数据库技术及其应用 |
| 2017 | 论软件系统建模方法及其应用 | 论软件架构风格 | 论无服务器架构及其应用 | 论软件质量保证及其应用 |
| 2016 | 论软件系统架构评估 | 论软件设计模式及其应用 | 论数据访问层设计技术及其应用 | 论微服务架构及其应用 |
| 2015 | 论应用服务器基础软件 | 论软件系统架构风格 | 论面向服务的架构及其应用 | 论企业集成平台的技术与应用 |
| 2014 | 论软件需求管理 | 论非功能性需求对企业应用架构设计的影响 | 论软件的可靠性设计 | 论网络安全体系设计 |
| 2013 | 论软件架构建模技术与应用 | 论企业应用系统的分层架构风格 | 论软件可靠性设计技术的应用 | 论分布式存储系统架构设计 |
| 2012 | 论企业信息化规划的实施与应用 | 论决策支持系统的开发与应用 | 论企业应用系统的数据持久层架构设计 | 论基于架构的软件设计方法及应用 |
| 2011 | 论模型驱动架构在系统开发中的应用 | 论企业集成平台的架构设计 | 论企业架构管理与应用 | 论软件需求获取技术及应用 |
| 2010 | 论软件的静态演化和动态演化及其应用 | 论数据挖掘技术的应用 | 论大规模分布式系统缓存设计策略 | 论软件可靠性评价 |

## 21.4　写作原则

（1）不要猜题，要复用构件（摘要+项目背景+结尾），不要整篇复用。

（2）不要抄范文，只能改范文，可以选择适合自己的范文进行修改，改成自己的论文。

（3）练习写文章前，提前准备好自己要写的项目，必须是近三年内的中、大型商业项目。

（4）做好准备工作，练习论文主题时发现有不会的知识点，一定要全部背会。

（5）要勇于迈出第一步，万事开头难，写完第一篇，就不难了，第一篇论文不限时间。

（6）写正文时，不要生硬地回答问题，要根据问题要点组合成一篇通顺的文章。

（7）字数一般在 300+2200 左右，写到最后一页即可，字迹一定要完整，一笔一划。

（8）从系统架构设计师的角度看项目，技术细节适中，书本理论要与实际的项目联系起来。

（9）不要全局都列举一、二、三到1、2、3，可以局部段落列举1、2、3，论点分开论述，没必要都写编号。

（10）论述要求：不能口语化、文档段落不宜太长。

（11）换个角度看论文，以论文写作技巧视频为依据，对自己的论文进行自评。

## 21.5 常见问题

**问题1：论文字数范围，各部分字数如何分配？**

答：首先，答题卡最大字数是330+2750，肯定不能超过答题卡；其次，建议摘要300字左右，正文2000～2700字都可以，建议2200字，写到答题卡最后一页即可；最后字数分配建议摘要300字+项目背景500字+主体1200字+结尾500字。

**问题2：我没有做过系统架构设计师怎么办？**

答：如果你是专业人员，虽然不是系统架构设计师，但跟过项目，那么就从系统架构设计师的角度去写熟悉的项目；如果你是完全零基础，行外人，就参考范文，找一个觉得合适的项目背景改写。

**问题3：我做的是公司内部的项目，没有客户怎么办？**

答：不要在论文里写这是内部项目，当成普通项目写，如某年某月，公司要做什么项目，任命我为系统架构设计师即可，最后收尾仍然写客户一致满意，按照一般项目来写。

**问题4：是否需要写论文题目？**

答：答题卡上不能写论文题目，直接在答题卡那里将你选择的题号涂黑即可。

**问题5：数字、英文字母、标点符号该怎么写？**

答：遵循小学生作文写作原则，两个数字占一个格子；字母按自然大小连起来写，看着不拥挤，使其自然占几个格子；标点符号要占一个格子，并且每行开头第一个格子不能有标点符号。以上这些都算字数，因为论文答题纸是标识格子的数量，没人会去数你到底写了多少汉字，有多少是空格。

**问题6：项目背景如何构造才比较合理？**

关于项目时间：建议离考试时间五年以内，持续时间8个月以上，并且已完成的项目；如果说项目真的是比较久远的，或者持续时间较短的，但是规模是足够的，请自己灵活修改时间。

关于项目级别：建议是省市级、集团级，不要是县级、社区级等，如果你做的项目规模是符合要求的，真的是县级的真实项目，那没有问题。

是否要写真实的项目名称：不需要，也不能写，只能写某地级市，某医院，某公司。

关于项目团队成员：可省略，为了保证真实性，也可以简单带过，例如有需求分析人员3人，开发人员8人，测试人员5人等。

关于项目金额：要和项目时间还有项目团队成员对应，如果项目组一共有20人，按每人每月2万元算，一个月需要40万元，再乘以持续时间假设是15个月，那么项目金额在600万元左右是合理的，但不要写整数，可以写565万元、618元万等字眼。

特别注意：如果是自己编的项目，请不要构造太大的项目，项目金额最好在 500 万元左右。

问题 7：如何记住论文？

答：一定要自己改写，即使参考了别人的范文，也不能直接使用，自己动手写过的东西才能记住。文章采用统一的模板和结构，搭建好自己的模板之后不要改动，正文部分按论文题目要求去写，一定要回应子题目。另外，一定要自己动手写，多默写，并且在两个小时内默写完。

## 21.6 评分标准

**下述情况的论文，需要适当扣 5 分到 10 分：**

（1）没有写论文摘要、摘要过于简略或者摘要中没有实质性内容。

（2）字迹比较潦草、其中有不少字难以辨认。

（3）确实属于过分自我吹嘘或自我标榜、夸大其词。

（4）内容有明显错误漏洞的，按同一类错误每一类扣一次分。

（5）内容仅属于大学生或研究生实习性质的项目、并且其实际应用水平相对较低。

**下述情况，可考虑适当加分（可考虑加 5 分到 10 分）**

（1）有独特的见解或者有着很深入的体会、相对非常突出。

（2）起点很高，确实符合当今信息系统发展的新趋势与新动向，并能加以应用。

（3）内容翔实、体会中肯、思路清晰、非常切合实际、很优秀。

（4）项目难度很高，或者项目完成的质量优异，或者项目涉及国家重大信息系统工程且作者本人参加并发挥重要作用并且能正确按照试题要求论述。

**下述情况之一的论文，不能给予及格分数：**

（1）虚构情节、文章中有较严重的不真实的或者不可信的内容出现。

（2）没有项目开发的实际经验、通篇都是浅层次纯理论。

（3）所讨论的内容与方法过于陈旧，或者项目的水准非常低下。

（4）内容不切题意，或者内容相对很空洞，基本上是泛泛而谈且没有较深入体会。

（5）正文与摘要的篇幅过于短小（如正文少于 1200 字）。

（6）文理很不通顺、错别字很多、条理与思路不清晰、字迹过于潦草等情况相对严重。

# 第**22**章
# 搭建自己的万能模板

请大家在学完本章节后，按步骤一步步地搭建好自己的模板，后面也有万能模板供仿照。如果是零基础，不知道怎么选择项目，可以提前看本书第 3 章里提供的范文，从中选一个改改作为自己的项目。有自己真实项目经历的，尽量用自己的真实项目，如果自己项目规模不够，可以在真实项目基础上去扩展，因为范文的项目可以预见会被很多人采用，容易导致重复。

## 22.1 选择合适的项目

选择中、大型商业项目，一般金额在 200 万元以上，研发周期在 8 个月以上的项目。

1. 推荐项目

政府或大型信息系统项目：各国企、事业单位、军方、医院、银行、股份公司大企业的 ERP、OA 等；云计算、大数据等各种软件及信息系统。

2. 不能选的项目

（1）小型企业项目：如进销存系统、图书管理系统、单机版系统。

（2）尚未完成的项目：一定要已经完成并上线运行，并最好在三年内。

（3）纯建网站项目：如建设企业或政府门户网站，只有静态网页链接介绍，没有后台大型应用的。

（4）硬件项目：如综合布线、安防、视频会议等。

（5）纯技术项目：如数据升级迁移、内部技术研究等。

3. 建议

在推荐的范围内有限选择自己做的或熟悉的中、大型项目，如果是零基础没有做过项目，就参考后面的范文，用别人的项目来模仿。

## 22.2  提前准备论文摘要

（1）自己参考范文或者下面的格式，根据自己选择的项目准备一个就可以了。建议逻辑上分两段（但是实际写作不要写两段，因为格子可能不够），第一段是通用的介绍项目背景，第二段是根据不同的论文题目发挥的，简单回应子题目并介绍论文结构。

注意：论文摘要部分最多只有 330 个格子，千万不能超，建议写 310～320 个字即可。

**（2）包含内容：项目名称、项目金额、项目历时、项目简介、我的责任；本文讨论主题概括（具体可以参考后面的万能模板）。**

**（3）论文摘要格式：**

1）本文讨论……系统项目的……（指的是项目主题，例如进度管理等），该系统是由某单位建设的，投资多少，系统是用来做什么的（项目背景，简单功能等）。在本文中，首先讨论了……（过程、方法、措施），最后……（主要是不足之处/如何改进/特色之处/发展趋势等）。在本项目的开发过程中，我主要担任了……（在本项目中的角色）。

2）根据……需求（项目背景），我所在的……组织了……项目的开发。该项目……（项目背景、简单功能介绍）。在该项目中，我担任了……（角色）。我通过采取……（过程、方法、措施等），使项目圆满成功，得到了用户的一致好评。但通过项目的建设，我发现……（主要是不足之处/如何改进/特色之处/发展趋势等）。

3）……年……月，我参加了……项目的开发，担任……（角色）。该项目投资多少，建设工期是多少，该项目是为了（项目背景、功能介绍）。本文结合作者的实践，以……项目为例，讨论……（论文主题），包括……（过程、方法、措施）。

4）……是……（戴帽子，讲述论文主题的重要性，比如进度的重要性）。本文结合作者的实践，以……项目为例，讨论……（论文主题），包括……（过程、方法、措施）。在本项目的开发过程中，我担任了……（角色）。

## 22.3  提前准备项目背景

项目背景及过渡部分建议写 500～600 字左右，不能超过太多，需要提前准备好，尽量通用化，不要和论文主题相关，这样考试的时候无论什么论文主题都可以直接默写，只需要在最后写一段过渡语句，过渡到下一个论点。

包括内容：项目开发的原因、你的岗位职责、项目开发周期及规模、项目功能组成介绍、项目技术（可省略）。

**具体可以参考后面的万能模板来写。**

## 22.4　正文写作

正文应该按照论文题目和子题目的要求来写作，并且**一定要回应论文子题目**。

正文需要写 1200 字左右。正文部分不在万能模板里，需要根据不同的题目来准备，详细见本书第 3 章内容，本章可以先略过，先准备好自己的万能模板。

## 22.5　提前准备结尾

结尾是个非常有意思的部分，从其本身意义来说，是让你总结项目收获和不足的，然后另一方面，还是你整体补救论文的最后一步。如果你到最后发现字数不够，结尾就需要多写一些，如果你发现字数多了，结尾就要少写一点，如果你觉得前面写得很差，结尾就一定要重视。

结尾可以写 400～600 字左右，是对整体论文的总体概括。

包括内容：项目上线及运行效果、客户评价、项目收获、项目不足和解决思路。

**具体可以参考后面的万能模板来写。**

## 22.6　万能模板

按照上面提到的步骤，我们可以总结出如下的套路模板，大家可以参考，还要用自己的项目来模仿。

**摘要模板（时间+项目+项目简介+投入+历时+成功交付客户好评+结合具体题目说明本文结构）：**

2018 年 3 月，我参与了某航天研究所某型号卫星的全数字仿真验证平台项目的建设，并担任系统架构设计师，负责系统架构设计工作。该系统包括虚拟目标机仿真、动力学模型仿真、同步时序控制三大功能模块，能够模拟卫星在太空中运行所需的所有硬件及外部力学环境，从而可以在虚拟平台中充分测试卫星软件的功能及性能以提高卫星软件的可靠性。该项目总投入 565 万元人民币，历时 15 个月，于 2019 年 6 月正式交付运行至今，受到了客户的一致好评。本文结合笔者的实际工作经验就该项目的……（根据不同论文题目去简要概括本文内容）。

**项目背景模板（为什么要做这个项目+项目功能和技术介绍+回应子题目并过渡到主体）：**

在航天卫星的研制过程中，一颗航天卫星只有一套配套的硬件设备，无法满足一个开发团队的测试需求，同时因为航天卫星硬件设备造价十分昂贵，测试人员也无法进行一些非常规的极限测试，以防止损坏硬件设备，以上种种，将会造成对航天卫星软件的测试不充分和不彻底，有可能导致卫星研制失败。为了防止这种情况的发生，针对某重要型号的航天卫星的研制，该航天研究所领导决定使用技改经费投资建设一套全数字仿真验证平台，以纯软件的方式模拟卫星在太空中运行所需的全部硬件及外部力学环境，在虚拟平台中运行卫星软件和动力学模型并进行详细彻底的测试。

我所在的公司成功中标该项目，并于 2018 年 3 月正式启动该项目的建设工作，我被任命为该项目的系统架构设计师，负责系统架构设计工作。该项目总投入 565 万元人民币，建设周期从 2018 年 3 月 10 日至 2019 年 6 月 30 日止，历时 15 个月。系统采用两台联想 Think Station P510 搭载软件的运行，考虑到对于性能及执行效率方面的要求，使用 C 语言模拟 CPU 指令集及外部设备驱动，使用 Labview 图形化语言搭建地面遥测遥控终端界面。项目的主要建设内容包括三大模块：①虚拟目标机仿真，完成对卫星软件运行所需的全部硬件环境的模拟，包括内核模拟、片内外设模拟、板级外设模拟等子系统；②动力学模型仿真，完成对动力学模型运行所需的环境的模拟，包括动力学模型运行环境模拟、故障注入模拟、动力学同步数据控制与显示等子系统；③同步时序控制，控制卫星软件及动力学模型的启停以及二者之间的时序同步，包括总控台监控、同步时序控制、超实时运行控制等子系统。

笔者所在的公司虽然在其他型号航天卫星的全数字化仿真验证平台项目上取得成功，但由于卫星型号及用途不同，所涉及的硬件及使用标准也不同，对应的动力学模型也完全不同，而且由于严格的保密性要求，团队成员无法获取全部的卫星型号资料，这无疑加大了项目开发的难度和风险。于是笔者决定在……（**过渡段，可以自行参考论文来写，需要回应子题目并引出正文**）。

**项目总结模板（强调项目顺利交付运行反馈好+自己的收获或者不足之处）：**

经过近 15 个月的项目开发，该型号航天卫星的全数字仿真验证系统顺利投入使用，协助客户对卫星软件进行全面的功能和性能上的测试，运行至今客户反馈良好。该系统由于保密性高，性能要求高，技术实现难度高，项目建设周期长等原因，建设过程困难重重。但由于笔者及项目团队成员十分重视项目的……（**回应具体论文题目**），最终保证了该项目按质按量顺利交付。

当然，在本项目中，还有一些不足之处，比如：……（**自己去想一些小问题，切记，别出现什么大问题**），不过，经过我后期的纠偏，并没有对项目产生什么影响。在后续的学习和工作中，我将不断地和同行进行交流，提升自己的专业技术水平，更好地完成系统架构设计的工作。

准备好论文模板,明确了自己要写的项目和背景,接下来,就是该如何去填充正文部分了,正文部分需要写 1300 字左右,要完成两件事:

(1)按照论文题目写相关内容。这一块是自己要提前准备的重点,并且一定要针对自己的项目构造几个真实的例子,不能只列举理论。

(2)回应子题目。这一块一般是写过程,有可能会问其他的,需要针对性点题,但是不会影响大局,可以看看历年真题的子题目是怎么问的,一般可以直接按子题目顺序写论文正文。

本章针对常考的论文题目,给出了思路和范文,读者在学习本章内容的时候,一定要重点关注正文部分的写作,其他项目背景等模板部分用自己的万能模板。

特别注意:

(1)范文仅供参考,请勿照抄,一定要自己改写。

(2)范文可能会出现字数超标,大家重点要掌握写作的思路,然后自己写得规范点。

## 23.1　论软件系统架构风格

### 23.1.1　真题分析及理论素材

**论软件系统架构风格**

系统架构风格(System Architecture Style)是描述某一特定应用领域中系统组织方式的惯用模式。架构风格定义了一个词汇表和一组约束,词汇表中包含一些构件和连接件类型,而这组约束指出系统是如何将这些构件和连接件组合起来的。软件系统架构风格反映了领域中众多软件系统所共有的结构和语义特性,并指导如何将各个模块和子系统有效地组织成一个完整的系统。软件系统架构风格的共有部分可以使得不同系统共享同一个实现代码,系统能够按照常用的、规范化的方式来组织，便于不同设计者很容易地理解系统架构。

**请以"软件系统架构风格"论题，依次从以下三个方面进行论述：**

1．概要叙述你参与分析和开发的软件系统开发项目以及你所担任的主要工作。

2．分析软件系统开发中常用的软件系统架构风格有哪些。详细阐述每种风格的具体含义。

3．详细说明在你所参与的软件系统开发项目中，采用了哪种软件系统架构风格，具体实施效果如何。

论文解题思路如下。

**一、找准核心论点**

问题 1 要点：

　　软件系统的概要：系统的背景、发起单位、目的、开发周期、交付的产品等。

　　"我"的角色和担任的主要工作。

问题 2 要点：

　　常用的软件系统架构风格。

　　每种风格的具体含义。

问题 3 要点：

　　采用的是哪种软件系统架构风格。

　　具体实施效果如何。

**二、理论素材准备**

（1）架构设计的一个核心问题是能否达到架构级的软件复用。

（2）架构风格反映了领域中众多系统所共有的结构和语义特性，并指导如何将各个构件有效地组织成一个完整的系统。

（3）架构风格定义了用于描述系统的术语表和一组指导构建系统的规则。

（4）数据流风格：批处理序列、管道-过滤器。

（5）调用/返回风格：主程序/子程序、面向对象、层次结构。

（6）独立构件风格：进程通信、事件驱动系统（隐式调用）。

（7）虚拟机风格：解释器、基于规则的系统。

（8）仓库风格：数据库系统、超文本系统、黑板系统。

### 23.1.2　合格范文赏析

摘要：本人于 2016 年 1 月参与浙江省某市公交集团"公交车联网一体化"项目，该系统为新能源营运车辆补贴监管、安全监控等方面提供全方位的软件支撑，在该项目组中我担任系统架构师，主要负责整体架构设计与中间件选型。

本文以该车联网项目为例，主要讨论了软件架构风格在该项目中的具体应用。底层架构风格我们采用了虚拟机风格中的解释器，因该公交共有几十种不同的数据协议，使用解释器风格可以满足整车数据协议兼容性需求；中间层关于应用层的数据流转我们采用了独立构件风格中的隐式调用，这种风格主要用于减低系统间耦合度、简化软件架构，提高可修改性方面的架构属性；应用系统层我们采用了 B/S 的架构风格，统一解决公交行业性难题"实施推广难、维护难"问题。最终项目成功上线，获得用户一致好评。

正文：随着国家"十三五"计划中能源战略的深入和推广，该市公交集团自 2016 年 1 月起全面停止采购燃油机公交车，规划到 2020 年纯电公交车采购占比必须在 70% 以上，同时配套将车联网方面的系统建设被列为工作重点。不管从新能源营运车辆补贴监管、安全监控或者公交公司自身的营运和机护需求，都要求有新的车联网系统对它们进行全方位的支持，而我司是该公交的主要仪表与 can 模块产品的主要供应商，全市 4000 多台车中有 3000 多辆是我司的产品，我司不仅掌握、熟悉该公交整车数据，而且在车联网底层 can 数据有非常明显的领域知识优势，因此 2016 年 1 月我司被该市公交集团委托建设公交集团车联网一体化项目。本项目组全体成员共有 27 人（不含业主方），我在项目中担任系统架构师职务，架构小组共 4 人，我的主要职责是负责整体架构设计与中间件选型，4 月份完成架构工作，整个项目共耗时 7 个月，2016 年 8 月顺利通过验收。

在架构工作开始阶段，我们便意识到，架构风格是一组设计原则，是能够提供抽象框架模式，可以为我们的项目提供通用解决方案的，这种能够极大提高软件设计的重用方法可加快我们的建设进程，因此在我司总工程师的建议下，我们使用了虚拟机风格、独立构件风格以及 B/S 架构风格这三种较常用的风格。虚拟机风格中的解释器架构风格能够提供灵活的解析引擎，这类风格非常适用于复杂流程的处理。独立构件风格包括进程通信风格与隐式调用风格，我们为了简化架构复杂度采用了隐式调用风格，通过消息订阅和发布控制系统间信息交互，不仅能减低系统耦合度，而且还提高架构的可修改性。B/S 架构风格是基于浏览器和服务器的软件架构，它主要使用 HTTP 协议进行通信和交互，简化客户端的工作，最终减低了系统推广和维护的难度，以下正文将重点描述架构风格的实施过程和效果。

底层架构我们使用解释器风格来满足整车数据协议兼容性需求。解释器风格是虚拟机风格中的一种，具备良好的灵活性，在本项目中我们的架构设计需要兼容好 86 种不同 can 数据协议，一般来说这种软件编写难度非常高，代码维护难度压力也很大，因此这个解释器的设计任务便很明确了，软件设计需要高度抽象、协议的适配由配置文件来承担。具体的做法如下，我们对各个车厂的 can 数据结构进行了高度抽象，由于 can 数据由很多数据帧组成，每个数据帧容量固定并且标识和数据有明确规定，因此我们将 can 协议中的 ID 和数据进行关系建模，将整体协议标识做为一个根节点，以 canid 作为根节点下的叶子节点，使用 XML 的数据结构映像成了有整车协议链－数据帧－数据字节－数据位这 4 层的数据结构，核心的代码采用 jdom.jar 与 Java 的反射机制动态生成 Java 对象，搭建一套可以基于可变模板的解释器，协议模板的产生可以由公交公司提供的 Excel 协议文档进行转换得到，解释器支持协议模板热部署，这种可以将透传二进制数据直接映像成 Java 的可序列化对象，将数据协议的复杂度简化，后期数据协议更改不会对软件产生影响，仅仅更改协议模板文件即可，最终我们使用了 86 个协议描述文件便兼容了这些复杂的 can 数据协议，规避了 can 数据巨大差异带来的技术风险。

中间层我们使用独立构件风格中的隐式调用来简化构件间的交互复杂度，降低系统耦合度。主要的实现手段是，我们采用了一个开源的消息中间件作为连接构件，这个构件是 apache 基金会下的核心开源项目 activemq，它是一款消息服务器，其性能和稳定性久经考验。由上文提到的解释器解析出对象化数据经过 activemq 分发到各个订阅此消息的应用系统，这些应用系统包括运营指挥调度、自动化机护、新能源电池安全监控等，这种多 Web 应用的情况非常适合采用消息发布与消息订阅的机制，能够有效解决耦合问题，我们在编码的过程中发现只要采用这种风格的 Web 应用，整个迭代过程效率极高，错误率降低，而且我们使用的 spring 框架，消息队列的管理完全基于配置，清晰简单，维护性良好，例如整车安全主题、运营调度主题、机护维修主题等消息队列分类清晰，可以随时修改其结构，也能够随时增加其他主题的消息队列，不同的 Web 系统监听的队列也可以随时变换组合，基于消息中间件的架构设计能够让系统的构件化思路得到良好实施，总体来说，这种架构风格带来了非常清晰的数据流转架构，简化了编码难度，减低了本项目二次开发的难度。

应用系统层我们主要采用 B/S 的架构风格，主要用于解决公交推广难、维护难的问题。公交行业有一个明显的特点，公交子公司分布在全市各个地区，路途很远，且都是内网通信，车联网络也是走 APN 专网，一般是无法远程支持的，这给我们的系统推广以及后期维护带来了很大的难题，我们可以想象如果使用 C/S 架构更新客户端，一旦遇到问题很可能需要全市各个站点跑一遍。这让我们在系统推广和维护方面面临较大压力。我们采用的 B/S 架构风格能够解决这个难题，并充分考量现在可用的相关技术成熟度，例如现在的 HTML5 完全能够实现以前客户端的功能，项目中我们使用了大量的前端缓存技术与 Websocket 技术，能够满足公交用户实时性交互等需求。这种风格中页面和逻辑处理存储在 Web 服务器上，维护和软件升级只要更新服务器端即可，及时生效，用户体验较好，例如界面上需要优化，改一下 Javascript 脚本或者 CSS 文件就可以马上看到效果了。

项目于 2016 年 8 月完成验收，这 1 年内共经历了 2 次大批量新购公交车辆接入，这几次接入过程平稳顺利，其中协议解释器软件性能没有出现过问题，消息中间件的性能经过多次调优吞吐量也接近了硬盘 I/O 极限，满足当前的消息交互总量。另外，由于我们的项目多次紧急状态下能够快速适应 can 协议变动，得到过业主的邮件表扬。除了业主机房几次突发性的网络故障外，项目至今还未有重大的生产事故，项目组现在留 1 个开发人员和 1 个售后人员在维护，系统的维护量是可控的，系统运行也比较稳定。

不足之处有两个方面：第一，在架构设计的过程中我们忽略了 PC 配置，个别 PC 因为需要兼容老的应用软件不允许系统升级，这些电脑系统老旧，其浏览器不支持 HTML5，导致了系统推广障碍；第二，在系统容灾方面还有待改善。针对第一种情况，我们通过技术研讨会说服可业主新购 PC，采用两台机器同时使用的方式解决。针对第二种情况，我方采用了服务器冗余和心跳监测等策略，在一台服务器暂停的情况下，另外一台服务器接管，以增加可用性。

## 23.2　论面向服务架构设计及其应用

### 23.2.1　真题分析及理论素材

企业应用集成（Enterprise Application Integration，EAI）是每个企业都必须要面对的实际问题。面向服务的企业应用集成是一种基于面向服务体系结构（Service-Oriented Architecture，SOA）的新型企业应用集成技术，强调将企业和组织内部的资源和业务功能暴露为服务，实现资源共享和系统之间的互操作性，并支持快速地将新的应用以服务的形式加入到已有的集成环境中，增强企业 IT 环境的灵活性。

**请围绕"SOA 在企业集成架构设计中的应用"论题，依次从以下 3 个方面进行论述。**

1．概要叙述你参与管理和实施的企业应用集成项目及你在其中所担任的主要工作。

2．具体论述 SOA 架构的内容、特点，以及你熟悉的工具和环境对 SOA 的支持，在应用中重点解决了哪些问题。

3．通过你的切身实践详细论述 SOA 在企业应用集成中发挥的作用和优势。

**一、找准核心论点**

问题 1 要点：

软件系统的概要：系统的背景、发起单位、目的、开发周期、交付的产品等。

"我"的角色和担任的主要工作。

问题 2 要点：

SOA 架构的内容、特点，以及你熟悉的工具和环境对 SOA 的支持。

在应用中重点解决了哪些问题。

问题 3 要点：

SOA 在企业应用集成中发挥的作用和优势。

**二、理论素材准备**

1．SOA 概念

SOA 是一种粗粒度、松耦合服务架构，服务之间通过简单、精确定义接口进行通信，不涉及底层编程接口和通信模型。

在 SOA 中，服务是一种为了满足某项业务需求的操作、规则等的逻辑组合，它包含一系列有序活动的交互，为实现用户目标提供支持。

SOA 并不仅仅是一种开发方法，还具有管理上的优点，管理员可直接管理开发人员所构建的相同服务。多个服务通过企业服务总线提出服务请求，由应用管理来进行处理。

实施 SOA 的关键目标是实现企业 IT 资产重用的最大化，在实施 SOA 过程中要牢记以下特征：可从企业外部访问、随时可用（服务请求能被及时响应）、粗粒度接口（粗粒度提供一项特定的业务功能，而细粒度服务代表了技术构件方法）、服务分级、松散耦合（服务提供者和服务使用者分离）、可重用的服务及服务接口设计管理、标准化的接口（WSDL、SOAP、XML 是核心）、支持各种消息模式、精确定义的服务接口。

从基于对象到基于构件再到基于服务，架构越来越松散耦合，粒度越来越粗，接口越来越标准。

基于服务的构件与传统构件的区别有以下 4 点：

（1）服务构件粗粒度，传统构件细粒度居多。

（2）服务构件的接口是标准的，主要是 WSDL 接口，而传统构件常以具体 API 形式出现。

（3）服务构件的实现与语言是无关的，而传统构件常绑定某种特定的语言。

（4）服务构件可以通过构件容器提供 QoS 的服务，而传统构件完全由程序代码直接控制。

2. SOA 的实现方式

Web Service 由服务提供者、服务注册中心（中介，提供交易平台，可有可无）、服务请求者组成。服务提供者将服务描述发布到服务注册中心，供服务请求者查找，查找到后，服务请求者将绑定查找结果。

### 23.2.2　合格范文赏析

摘要：2016 年 8 月，我参与了胶凝砂砾石坝施工质量监控系统的开发工作，该系统旨在帮助水利工程建设法人单位、施工企业、监理机构及相关政府部门解决水利工程建设施工质量监控和工程项目管理等问题。我在该项目中担任系统分析师，主要负责该系统的系统分析及设计工作。本文以胶凝砂砾石坝施工质量监控系统为例，主要论述了 SOA 在企业集成架构设计中的具体应用。服务提供者主要完成服务的设计、描述、定义和发布等相关工作；服务注册中心保证该系统各个模块、服务的相互独立性与松耦合；服务请求者通过 Web Service 技术调用服务。实践证明，通过以上技术的应用有效实现了资源共享和系统间的互操作性，提高了系统的灵活性，最终系统顺利上线，获得用户一致好评。

胶凝砂砾石坝是在面板坝和碾压混凝土重力坝基础上发展起来的一种新坝型，其特点是采用胶凝砂砾石材料筑坝，使用高效率的土石方运输机械和压实机械施工。与常规坝型相比，胶凝砂砾石坝在适用性和经济性方面具有独特的优势，可以就地、就近取材，不需设置集料筛分，施工进度快，施工工序简单高效，因而要求施工过程紧凑，高峰期筑坝效率要求高，这给施工质量控制带来了一定的困难和风险，需要综合考虑影响施工质量的各方面因素，尽量采用自动化监控手段，加强实时质量监控力度，这使胶凝砂砾石坝施工质量监控系统应运而生。

正文：2016 年 8 月，我参与了胶凝砂砾石坝施工质量监控系统的开发工作，担任该系统的系统分析师，主要负责该系统的系统分析及设计工作。该系统的主要功能模块包括采料监控、运料监控、拌和监控、碾压监控和温湿度监控等。旨在帮助水利工程建设法人单位、施工企业、监理机构及相关政府部门，解决水利工程建设施工质量监控和工程项目管理等问题，通过信息技术和施工信息现场采集、实时传输、统一存储、科学分析和在线处理，及时生成质量监控报表和发布质量预警信息，提高水利工程建设管理的科学化、现代化和信息化，落实法人负责、监理控制、施工保证、政府监督等各项职能。因此，要满足该系统的需求，选择一种合适的架构技术至关重要。

SOA 是一种应用程序架构，在这种架构中，所有功能都定义为独立的服务，服务之间通过交互和协调完成业务的整体逻辑。SOA 指定了一组实体，包括服务提供者、服务消费者、服务注册表、服务条款、服务代理和服务契约，这些实体详细说明了如何提供和消费服务。服务提供者提供符合契约的服务，并将它们发布到服务代理。这些服务是自我包含的、无状态的实体，可以由多个组件组成。服务代理者作为存储库、目录库或票据交换所，产生由服务提供者发布的事先定义的标准化接口，使得服务可以提供给在任何异构平台和任何用户接口使用。这种松散耦合和跨技术实现，使各服务在交互过程中无需考虑双方的内部实现细节、实现技术以及部署在什么平台上，服务消费者只需要提出服务请求，就可以发现并调用其他的软件服务得到答案。SOA 作为一种粗粒度、松耦合的架构，具有松散耦合、粗粒度服务、标准化的接口、位置和传输协议透明、服务的封装和重用、服务的互操作等几个特点。

该系统要求开发周期短，系统灵活性高等，结合 SOA 的特点，我们最终采用了面向服务的、基于 SOA 的企业应用集成。下面具体论述其应用过程。

1. 服务提供者

服务提供者主要完成服务的设计、描述、定义和发布等相关工作。经过对水利行业施工工程及施工工艺的深入研究，通过查阅《胶凝砂砾石坝施工指南》等相关资料，根据企业应用集成的要求，对胶凝砂砾石坝施工质量监控系统的业务流程进行梳理；综合考虑服务粗粒度、松耦合、自包含和模块化等特点进行服务的设计。为了避免服务通信期间，信息量过大，服务之间交互过于频繁，尽量减少了服务的数量。同时，为了保证服务自身功能的完整性，尽可能地减少服务与系统之间的通信，在胶凝砂砾石坝施工质量监控系统的分析与开发过程中，先行设计，提取出了两个必要的、急需的服务便于日后集成使用，其中包括拌和监控中标准拌和比对比服务和碾压监控中的碾压轨迹生成服务。

在标准拌和比对比服务中主要实现针对现有拌和配比与标准拌和比的对比，以判断现有拌和配比是否符合标准的工作。由于胶凝砂砾石坝就地、就近取材的特性，因此在不同的水利施工工地所使用的材料也不尽相同，标准拌和比对比服务预留了标准拌和比的输入接口，以适应不同的需求。在碾压轨迹生成服务中主要实现读取定位信息绘制碾压轨迹，以监控是否存在漏碾和欠碾的情况。由于受到胶凝砂砾石坝选址和机密程度的限制，定位信息可以选择 GPS 或者超宽带技术，但是两种定位的方式的数据格式并不相同，因此碾压轨迹生成服务的开发中预留了两种数据格式的接口来读取定位信息。待完成服务设计之后，服务提供者采用 WSDL 进行服务描述，而后再利用 UDDI 技术将这些服务信息发布至服务注册中心，公布查找和定位服务的方法。

2. 服务注册中心和服务请求者

在胶凝砂砾石坝施工质量监控系统采用了服务注册中心。服务注册中心不是一个必选角色，但是为了保证该系统各个模块、服务的相互独立性与松耦合，在该系统中依然保留了服务注册中心。

同时，服务注册中心的存在也使得服务请求者与服务提供者之间进一步解耦。在服务注册中心包含已发布的标准拌和比对比服务与碾压监控中的碾压轨迹生成服务的描述信息，其描述信息主要包括服务功能描述、参数描述、接口定义、信息传递等相关信息。

服务请求者通过 Web Service 技术调用服务。当服务完成发布，在服务请求者要使用已发布的服务的时候，利用 Web Service 技术在拌和监控阶段，通过服务注册中心获取拌和监控中标准拌和比对比服务的相关功能、接口、参数及其返回值等相关服务信息；之后使用 Web Service 技术传递服务所需的标准拌和比等相关参数，进而调用该服务相关的运算、处理和分析。利用 Web Service 技术在拌和监控阶段，通过服务注册中心获取实时施工数据采集处理服务的服务定义和功能、接口、参数及其返回值等相关服务信息，之后根据施工工地的具体情况选择不同的定位方式，传递服务所需的相关参数，最后，实时施工数据采集处理服务运行结束返回的绘制碾压轨迹坐标点同样是利用 Web Service 技术传递至服务请求者。服务请求者接收到碾压轨迹的坐标点后最终完成碾压轨迹的绘制工作并在界面中将其呈现出来。在这期间服务请求者无需了解服务是如何对数据进行处理和分析的。

整个项目历时 10 个月开发，于 2017 年 6 月完成交付，到目前运行稳定。通过在水利施工工地等恶劣环境下的一段时间的使用，用户普遍反馈良好。总体来讲，选用 SOA 有如下优势：①系统更易维护。当需求发生变化时，不需要修改提供业务服务接口，只需要调整业务服务流程或者修改操作即可。②更高的可用性。该特点是在于服务提供者和服务请求者的松散耦合关系上得以发挥与体现。这种没有绑定在特定实现上、具有中立的接口定义的特征称为服务之间的松耦合。松耦合有两个明显的优势：一是它的灵活性，其独立于实现服务的硬件平台、操作系统和编程语言；二是当组成整个应用程序的每个服务的内部结构和实现逐渐地发生改变时，它能够继续存在。③更好的伸缩性，依靠业务服务设计、开发和部署等所采用的架构模型实现伸缩性。使得服务提供者可以互相彼此独立地进行调整，以满足新的服务需求。

实践证明，SOA 技术的使用大大提高了系统开发效率，节省了开发和维护成本，使得系统具有更好的开放性、易扩展性和可维护性，从项目完工后的使用效果来看，达到了预期目的。

# 23.3　论软件设计模式及其应用

### 23.3.1　真题分析及理论素材

软件设计模式（Software Design Pattern）是一套被反复使用的、多数人知晓的、经过分类编目的代码设计经验的总结。使用设计模式是为了重用代码以提高编码效率、增加代码的可理解性、保证代码的可靠性。软件设计模式是软件开发中的最佳实践之一，它经常被软件开发人员在面向对象软件开发过程中所采用。项目中合理地运用设计模式可以完美地解决很多问题，每种模式在实际应用中都有相应的原型与之相对，每种模式都描述了一个在软件开发中不断重复发生的问题，以及对应该原型问题的核心解决方案。

**请围绕"论软件设计模式及其应用"论题，依次从以下三个方面进行论述。**

1．概要叙述你参与分析和开发的软件系统，以及你在项目中所担任的主要工作。

2．说明常用的软件设计模式有哪几类，阐述每种类型特点及其所包含的设计模式。

3．详细说明你所参与的软件系统开发项目中，采用了哪些软件设计模式，具体实施效果如何。

## 一、找准核心论点

问题 1 要点：

　　软件系统的概要：系统的背景、发起单位、目的、开发周期、交付的产品等。

　　"我"的角色和担任的主要工作。

问题 2 要点：

　　常用的软件设计模式的分类。

　　说明每种类型的特点及其所包含的设计模式。

问题 3 要点：

　　采用了哪些软件设计模式，说明其具体实施步骤。

　　最终效果如何。

## 二、理论素材准备

设计模式主要用于得到简洁灵活的系统设计，按设计模式的目的划分，可分为创建型、结构型和行为型三种模式；按设计模式的范围划分，即根据设计模式是作用于类还是作用于对象来划分，可以把设计模式分为类设计模式和对象设计模式。

### 23.3.2　合格范文赏析

摘要：2014 年 3 月，本人所在的公司承担了一项农业系统平台的开发项目，该项目主要是实现农业系统各项内部业务，以及各项农业项目的审批工作，并提供外部用户通过 Web 服务进行信息访问。我在该项目中担任系统架构设计师一职，负责系统的架构设计和软件开发的部分设计工作。本文以该农业系统平台的开发项目为例，主要论述了软件设计模式在该系统开发中的具体应用。在农产品标准化模块中，针对不同的农产品质量指标我们采用了责任链模式；在数据访问中我们采用了工厂模式，以实现对不同数据格式的转换；在验证码生成中我们采用了策略模式，以实现算法的灵活替换。通过使用这些设计模式，提高了软件的设计质量和开发效率，最终项目顺利上线，并获得用户一致好评。

正文：2014 年 3 月，本人所在的公司承担了某市农委系统的系统平台开发项目，该项目是农业系统的工作平台，承担着农委系统的内部业务工作，包括：生产处、环能处、经管处、农村处、生态处等多个处室。通过实施该系统，可以实现不同处室的业务信息的共享和交流，消除信息孤岛，提高办事效率和质量。通过这个平台，可以为农产品加工企业、合作社农户等涉农群体，提供信息公开、在线审批、政策查询、留言信箱、技术推广等农业服务，实现与农产品加工企业、合作社农户等社会群体的网上在线交互，提高服务三农的质量和水平。在该项目中，本人担任系统架构设计师，负责项目的架构设计以及软件开发的部分工作。

由于传统的结构化的软件设计方法不符合面向对象的设计原则，无法很好地实现高内聚和低耦合的要求。模块之间过于紧密，给软件扩展和维护带来了很多困难。在这种情况下，设计模式的出现和广泛应用给问题的解决提供了一种有效方法。通过利用设计模式，可以帮助开发者复用已有的设计方法，设计出结构合理、易于复用和可维护的软件，当用户需要发生改变时，可以通过修改少量代码或不修改原有代码即可满足新的需求，增强了系统的可修改性和稳定性，降低了系统开发成本。

一般而言，一个设计模式具有模式名称、适应场景、解决方案和效果四个方面的基本要素。设计模式依据其目的可以分为创建型、结构型、行为型三种类型。创建型模式，主要负责对象的创建工作，程序在确定需要创建对象时，可以获得更大的灵活性。常用的创建型设计模式有：单例模式、工厂方法、原型、构造器、抽象工厂等 5 种模式。结构型模式，负责处理类或对象之间的关系，用于构件结构更加复杂庞大的系统。常用的结构型设计模式有适配器、桥接模式、享元模式、组合模式、外观模式、代理模式等 7 种模式。行为型模式，主要任务是对类或对象如何交互以及为类和对象分配具体职责进行描述。常用的行为型模式有观察者、状态、策略模式、备忘录、命令、责任链、中介者等 11 种模式。这些设计方法都是经过反复使用的成熟方法，对优化软件结构，提高软件质量具有重要的指导意义。

在农业信息平台的开发过程中，我们综合使用了多种设计模式，本文着重对责任链模式、工厂方法、策略模式等 3 种设计模式在该项目中的具体应用进行介绍。

1. 责任链模式

我们在信息平台的开发过程中，需要完成对农产品质量进行标准化评选，从低到高评选无公害农产品、绿色产品、有机食品、地理标志认证 4 种认证方式，其中，无公害农产品的认定数量较多，标准较低，由农业生产处进行认定。在认定过程中，我们采用了责任链的设计模式。首先，定义了农产品对象 fproducts，该对象中保存有农产品质量的各项指标，包括水、空气、土壤等环境质量指标，及耕地净化、品种优质高抗、投入品无害化等生产技术。能够全面反映农产品质量水平。其次，我们定义了接口类 deal，接口中持有一个农产品对象和自身的接口，以及处理函数processrequest。对外提供对农产品进行分类，并存入不同的信息数据库。随后，我们定义了无公害处理类、绿色食品、有机食品和地理标识 4 个实现类。对农产品对象 fproducts 的处理，按照由高到低的顺序，依次进行处理，直到符合某个标准为止，并完成信息处理，将对象信息按照审核的分档标准，存入信息库。通过这个方法，可以实现农产品对象与处理方法的分离。

2. 工厂方法

在农业产业化管理过程中，需要对各区（市）数据进行采集，由于不同类型的数据导入算法不同，在程序设计过程中，设计者需要定义若干类分别实现导入 Excel、XML、SQLdata 等类型的数据的算法，而且用户导入的数据类型存在不确定性，设计者无法确定应该实例化哪一个类。为解决这一问题，我们使用工厂方法模式。首先，定义一个数据访问接口类 import。同时，针对不同的数据类型，还定义了 ImportExcel、ImprotXML、ImportSQLdata 具体产品类，实现了 import 所声明的公共接口，其主要功能是封装了不同类型的数据导入到数据库的具体算法。ImportCreator 是抽象工厂类，持有一个接口产品类 import 的对象。ImportexcelCreator、importXMLCreator、importSQLdata 是具体工程类，主要功能是生产具体产品实体，直接在客户端的调用下创建产品实例。通过工厂方法模式的引入，可以有效解决客户需要变化对设计的影响，设计者无需知道哪个子类被实例化，子类会根据具体情况自己决定实例化哪一个类，而且创建具体产品的细节也有着很好的封装，符合高内聚、低耦合的设计原则。当需要在系统中添加新的产品时，也不需要修改抽象工厂和抽象产品的接口，以及其他具体工厂和具体产品，具有很好的可扩展性。

3. 策略模式

在系统的安全性方面，我们采用了用户名—密码—自动验证码相结合的办法，以保证系统访问安全性。根据验证码的使用环境，一般分为数字验证码、汉字验证码、英文验证码 3 种类型。而生成不同类型验证码的算法存在巨大差异，为此需要定义不同的生成验证码的算法。为了解决此问题，可以利用策略模式将不同的算法封装起来，并使它们可以相互替换，使得算法独立于使用它的客户而变化。在设计策略模式中，我们定义了 3 个角色。环境角色：持有一个抽象策略角色 StrategyVerifyCode 接口的引用，并通过 StrategyVerifyCode 接口，来实现一个具体的策略算法。抽象策略角色：定义所有的具体策略类所需的统一访问接口；具体策略角色：包装了相关的算法或行为；在该项目中，我们按照数字、文字、字符 3 种类型，分别定义了 shuzi_verify、zifu_verify、wenzi_verify 三个具体的策略类。通过使用策略算法，将生成验证码的算法封装在一个个独立的策略类中，用户可以根据自己的需求从不同策略中进行选择，有效地避免了使用条件转移语句不易维护的缺点。而且策略模式利用组合代替继承，将算法的实现与算法的选择分离开来，降低了程序之间的耦合度，增强了代码的可扩展性和可维护性。

以上设计模式的选用基本达到了预期的效果。首先，这些设计模式都是一些常用的设计方法，在架构设计师、系统架构设计师、开发人员之间，形成了良好的沟通桥梁，大家很容易进行交流和沟通。其次，在使用设计模式过程中，软件的开发效率较高，能够节省开发成本。最重要的是，这些模式都是一些经过反复使用的成熟设计方案，符合面向对象中的设计规范，比如：面向接口编程、里氏替换原则、单一职责原则、依赖倒转等设计原则，最大限度地提高软件的标准化，为日后的系统维护打下了很好的基础。

当然，我们在设计过程中，也存在一些问题和不足，不少开发人员在设计过程中，有时还是习惯于原有的设计方法，对模式的使用有些抵触。而且，这些设计模式在应用过程中，往往不是单独使用，需要对多个模式进行综合运用。这方面，我们还缺少相关的经验。所以，在以后的项目设计中，我们将继续应用各种设计模式，做到融会贯通，实现不拘一格的目标，争取能设计出更多的高质量软件项目。

# 23.4 论高可靠性系统中软件容错技术的应用

## 23.4.1 真题分析及理论素材

容错技术是当前计算机领域研究的热点之一，是提高整个系统可靠性的有效途径，许多重要行业（如航空、航天、电力、银行等）对计算机系统提出了高可靠、高可用、高安全的要求，用于保障系统的连续工作，当硬件或软件发生故障后，计算机系统能快速完成故障的定位与处理，确保系统正常工作。

对于可靠性要求高的系统，在系统设计中应充分考虑系统的容错能力，通常，在硬件配置上，采用了冗余备份的方法，以便在资源上保证系统的可靠性。在软件设计上，主要考虑对错误（故障）的过滤、定位和处理，软件的容错算法是软件系统需要解决的关键技术，也是充分发挥硬件资源效率，提高系统可靠性的关键。

**请围绕"高可靠性系统中软件容错技术的应用"论题，依次从以下三个方面进行论述。**

1. 简述你参与设计和开发的、与容错相关的软件项目以及你所承担的主要工作。
2. 具体论述你在设计软件时，如何考虑容错问题，采用了哪几种容错技术和方法。
3. 分析你所采用的容错方法是否达到系统的可靠性和实时性要求。

**一、找准核心论点**

问题 1 要点：

软件系统的概要：系统的背景、发起单位、目的、开发周期、交付的产品等。

"我"的角色和担任的主要工作。

问题 2 要点：

如何考虑容错问题。

采用的哪几种容错技术和方法。

问题 3 要点：

采用的容错方法是否达到系统的可靠性和实时性要求。

**二、理论素材准备**

系统可靠性是系统在规定的时间内及规定的环境条件下，完成规定功能的能力，也就是系统无故障运行的概率。

系统可用性是指在某个给定时间点上系统能够按照需求执行的概率。

可靠度就是系统在规定的条件下、规定的时间内不发生失效的概率。

失效率又称风险函数，也可以称为条件失效强度，是指运行至此刻系统未出现失效的情况下，单位时间系统出现失效的概率。

**冗余技术**：提高系统可靠性的技术可以分为避错（排错）技术和容错技术。避错是通过技术评审、系统测试和正确性证明等技术，在系统正式运行之前避免、发现和改正错误。

容错是指系统在运行过程中发生一定的硬件故障或软件错误时，仍能保持正常工作而不影响正确结果的一种性能或措施。容错技术主要是采用冗余方法来消除故障的影响。

冗余是指在正常系统运行所需的基础上加上一定数量的资源，包括信息、时间、硬件和软件。冗余是容错技术的基础，通过冗余资源的加入，可以使系统的可靠性得到较大的提高。主要的冗余技术有结构冗余（硬件冗余和软件冗余）、信息冗余、时间冗余和冗余附加4种。

**软件容错**的主要方法是提供足够的冗余信息和算法程序，使系统在实际运行时能够及时发现程序设计错误，采取补救措施，以提高系统可靠性，保证整个系统的正常运行。软件容错技术主要有 N 版本程序设计、恢复块设计和防卫式程序设计等。

**N 版本程序设计：** 是一种静态的故障屏蔽技术，其设计思想是用 N 个具有相同功能的程序同时执行一项计算，结果通过多数表决来选择。其中 N 个版本的程序必须由不同的人独立设计，使用不同的方法、设计语言、开发环境和工具来实现，目的是减少 N 个版本的程序在表决点上相关错误的概率。

**恢复块设计（动态冗余）：** 动态冗余又称为主动冗余，它是通过故障检测、故障定位及故障恢复等手段达到容错的目的。其主要方式是多重模块待机储备，当系统检测到某工作模块出现错误时，就用一个备用的模块来替代它并重新运行。各备用模块在其待机时，可与主模块一样工作，也可以不工作。前者叫热备份系统（双重系统），后者叫冷备份系统（双工系统、双份系统）。

**防卫式程序设计：** 是一种不采用任何传统的容错技术就能实现软件容错的方法，对于程序中存在的错误和不一致性，防卫式程序设计的基本思想是通过在程序中包含错误检查代码和错误恢复代码，使得一旦发生错误，程序就能撤销错误状态，恢复到一个已知的正确状态中去。其实现策略包括错误检测、破坏估计和错误恢复 3 个方面。

**双机容错技术：** 是一种软硬件结合的容错应用方案。该方案由两台服务器和一个外接共享磁盘阵列及相应的双机软件组成。

双机容错系统采用"心跳"方法保证主系统与备用系统的联系。所谓心跳，是指主从系统之间相互按照一定的时间间隔发送通信信号，表明各自系统当前的运行状态。一旦心跳信号表明主机系统发生故障，或者备用系统无法收到主系统的心跳信号，则系统的高可用性管理软件认为主系统发生故障，立即将系统资源转移到备用系统上，备用系统替代主系统工作，以保证系统正常运行和网络服务不间断。

工作模式：双机热备模式；双机互备模式；双机双工模式。

## 23.4.2 合格范文赏析

摘要：2016 年 3 月，我所就职的国内某知名互联网公司组织研发了一套分布式支付平台，该支付平台主要满足公司快速发展和各业务线业务流量日益增加的支付需求，用于支撑各业务线的支付功能，我有幸被定为该平台的架构设计师，主要负责架构设计工作。本文以该支付平台为例，主要论述了软件容错技术和方法在该系统中的具体应用。通过采用以集群化的形式进行应用部署；通过主备形式的数据库部署进行软件容错；通过程序设计方面进行软件的容错与避错。事实证明，以上软件容错技术的应用对于系统的可用性、安全性和可扩展性方面起到了很好的效果，满足了该系统的性能需求，并且该平台从上线到目前一直稳定运行，得到了各业务线负责人和公司高层领导的认可和赞赏。

正文：2016 年 3 月，我所就职的国内某知名互联网公司组织研发了一套分布式支付平台，由于公司快速发展和各业务线业务流量的日益增加，各业务线迫切需要一个稳定健壮的支付平台，以下简称为平台，用于支撑各业务线的支付功能，公司的业务流量入口分为 PC 端、移动端、微信端和其他渠道等。我作为该平台的架构设计师，主要负责该平台的架构设计工作。

平台采用的核心架构风格为微服务的架构风格，采用 Java 语言为核心开发语言，将平台服务划分为 3 类服务：核心服务，平台 Web 服务、平台保障服务。其中，核心服务主要分为订单服务、账户服务、网关服务、清结算对账服务、一键支付聚合服务等；平台 Web 服务主要提供与用户对接的界面等；平台保障服务主要包括例如 JOB 框架，平台报警服务，MQ 服务等。对这些服务中的核心服务、平台 Web 相关的服务必须要能满足 7×24 小时的稳定运行，对软件的可靠性要求非常高，所以在该平台中的这些核心服务就必须具备一定的容错能力，在某个服务运行出错的情况下不能影响到整个集群中的服务，这就要求在软件架构设计中必须考虑到软件容错技术的应用。

提高软件系统可靠性技术主要分为容错技术和避错技术，容错技术的主要方式为冗余，冗余又分为结构冗余、时间冗余、信息冗余、冗余附加。结构冗余又分为静态冗余、动态冗余和混合冗余。软件容错技术主要有 N 版本程序设计，恢复块设计和防卫式程序设计。结合互联网软件的性质，我主要采用了集群技术、数据库主从方式和程序设计方面来进行软件的容错与避错处理。下面就从以上三方面详细讨论我所采用的容错技术和方法。

1. 通过集群技术来容错

平台中的各服务如果在运行时部署在一台服务器上，那么当服务器发生故障，整个平台将不能再提供任何服务。所以一般非常小规模的应用才会采取这样的部署方式，像互联网应用这样的支付平台来说必须采用多机同时部署的方式，防止单台服务器宕机或者服务进程 Crash 导致整个平台不能提供服务的问题。通过多机同时部署，当一台服务出现问题时，可以很容易替换一台新服务器进行重新部署生效，通过服务客户端的软负载均衡功能，可动态剔除不可用服务机器，动态发现新加入集群的服务机器，使平台在出现故障时可平滑过渡，达到容错的目的。另外，平台中各服务当首次获取到的不易变的静态数据会将其存入非本地缓存中，例如采用了 rediscluster 技术，可以很好地保证写入缓存中的数据获取的高可靠性，恰当使用缓存不但会提升平台性能，同时还可以起到容错的效果，例如当某个服务所依赖的后端存储发生了短时的故障或者网络抖动，在这个时候大量的并发请求发现存储获取失败直接从缓存中获取，将数据返回给调用方，起到了很好的容错效果。

2. 通过数据库主从部署方式来容错

对于该平台来说，所依赖的后端数据库存储的稳定性是非常重要的，所有的订单，交易、账户等数据将直接存储到数据库中。如果数据库在运行过程中频繁宕机，那么带来的问题将是不能容忍的，因为会造成订单丢失、交易丢失、账户余额出错等问题，所以在这里就要求数据库存储要具有非常高的可靠性，同时具有很强的容错性，在这里我主要采用了数据库的部署结构为主从式方式，要求部署在不同服务器上，在不出问题的情况下对于一些时效性要求不是很高的场合从库可以负责承担一部分读流量，当主库发生读写问题时，可快速由其他的从库升级为主库继续服务，达到容错的效果。在这里我还采用了要求数据库宕机加报警的方式来防止宕机的主从数据库实例过多，导致在并发高的情况下没有可用的从库升级为主库提供服务，通过这样的方式也提高了整个平台的高可靠性。数据库的数据文件存储这里我也要求采用了 RAID 磁盘容错技术来防止单块磁盘损坏导致的数据文件丢失问题。

3. 通过程序设计方面进行软件的容错与避错

根据以往的架构经验，系统的不可靠大部分是由于程序内部的设计或者网络请求参数的配置或者连接池参数的配置不当所导致的。所以通过程序设计方面进行软件的容错是非常重要的。在程序设计方面的容错用得最普遍的就是防卫式程序设计，例如平台中的一键支付聚合服务，当在支付的过程中调用账户服务来进行账户金额扣减的时候，势必会调用账户服务传递请求对象来处理，如果说账户服务在被调用的这一刻网络抖动或者丢包的情况下，这个时候一键支付聚合服务必然会收到抛出的错误信息，如果没有通过恰当的容错处理，那么这次一键支付必然会给用户显示支付失败，不太友好，在这里我采用了 TRYCATCH 机制加 3 次重试的容错处理机制，解决了该次支付因网络抖动导致的支付失败问题。平台采用的是微服务的架构风格，那么在服务之间的通信过程中就涉及到数据的传递，这里我采用了在数据传输协议的头部加 CRC 码来做到对错误数据处理的避错。

通过采用以上容错技术的方法和措施后，平台从上线运行到目前为止，各服务运行状态良好，通过日志分析来看，支付成功率很高，得到了公司高层领导和各业务线负责人的赞赏和认可。但在我看来还有如下两点不足：①各服务间调用事物一致性问题的容错处理。针对该问题，目前只能保证事物的最终一致性，因为根据 CAP 理论，要解决该问题确实存在一定的难度，后面我准备研究 TCC 事物处理方式，尤其适合支付平台场景，争取在不损失性能的前提下最大限度地解决分布式事务的一致性问题；②目前所采用的最大努力推送型事务服务依赖 MQ 重复消息的问题。针对该问题我采用加了一张消息处理表的方式来解决，当收到消息的时候，先查询该条消息是否已经处理，如果没有处理直接进行处理并将其进行记录，防止重复处理导致支付数据出错。

软件容错技术对软件的稳定性起着至关重要的作用，尤其是针对互联网性质的软件并发高存在流量峰值等问题，软件容错技术的应用的重要性就不言而喻了。经过这次我所采用的软件容错技术的方法和措施的实施效果，使我也看到了自己身上的不足之处，我会在今后的架构设计过程中，不断更新自己的知识，不断完善自己的架构设计领域，设计出更好的软件架构，更好地支撑业务平台的运行，提高公司的竞争力，为公司、为社会尽一份绵薄之力。

## 23.5 论软件架构评估

### 23.5.1 真题分析及理论素材

对于软件系统，尤其是大规模的复杂软件系统来说，软件的系统架构对于确保最终系统的质量具有十分重要的意义，不恰当的系统架构将给项目开发带来很大的代价和难以避免的灾难。对一个系统架构进行评估，是为了：分析现有架构存在的潜在风险，检验设计中提出的质量需求，在系统被构建之前分析现有系统架构对于系统质量的影响，提出系统架构的改进方案。架构评估是软件开发过程中的重要环节。请围绕"论软件系统架构评估"论题，依次从以下三个方面进行论述。

1．概要叙述你所参与架构评估的软件系统，以及在评估过程中所担任的主要工作。

2．分析软件系统架构评估中所普遍关注的质量属性有哪些。详细阐述每种质量属性的具体含义。

3．详细说明你所参与的软件系统架构评估中，采用了哪种评估方法，具体实施过程和效果如何。

**一、理论素材准备**

（1）质量属性。

1）性能：指系统的响应能力，即要经过多长时间才能对某个事件作出响应，或者在某段时间内系统所能处理的事件的个数，如响应时间、吞吐量。设计策略：优先级队列、增加计算资源、减少计算开销、引入并发机制、采用资源调度等。

2）可靠性：是软件系统在应用或系统错误面前，在意外或错误使用的情况下维持软件系统的功能特性的基本能力，如 MTTF、MTBF。设计策略：心跳、Ping/Echo、冗余、选举。

3）可用性：是系统能够正常运行的时间比例，经常用两次故障之间的时间长度或在出现故障时系统能够恢复正常的速度来表示，如故障间隔时间。设计策略：心跳、Ping/Echo、冗余、选举。

4）安全性：是指系统在向合法用户提供服务的同时能够阻止非授权用户使用的企图或拒绝服务的能力。如保密性、完整性、不可抵赖性、可控性。设计策略：入侵检测、用户认证、用户授权、追踪审计。

5）可修改性：指能够快速地以较高的性价比对系统进行变更的能力。通常以某些具体的变更为基准，通过考查这些变更的代价衡量。设计策略：接口－实现分类、抽象、信息隐藏。

6）功能性：是系统所能完成所期望的工作的能力。一项任务的完成需要系统中许多或大多数构件的相互协作。

7）可变性：指体系结构经扩充或变更而成为新体系结构的能力。这种新体系结构应该符合预先定义的规则，在某些具体方面不同于原有的体系结构。当要将某个体系结构作为一系列相关产品的基础时，可变性是很重要的。

8）互操作性：作为系统组成部分的软件不是独立存在的，经常与其他系统或自身环境相互作用。为了支持互操作性，软件体系结构必须为外部可视的功能特性和数据结构提供精心设计的软件入口。程序和用其他编程语言编写的软件系统的交互作用就是互操作性的问题，也影响应用的软件体系结构。

（2）敏感点：是指为了实现某种特定的质量属性，一个或多个构件所具有的特性。

（3）权衡点：是影响多个质量属性的特性，是多个质量属性的敏感点。

风险点与非风险点不是以标准专业术语形式出现的，只是一个常规概念，即可能引起风险的因素，可称为风险点。某个做法如果有隐患，有可能导致一些问题，则为风险点；而如果某件事是可行的、可接受的，则为非风险点。

## 二、体系架构权衡分析法（ATAM）

体系架构权衡分析方法（Architecture Tradeoff Analysis Method，ATAM）是在 SAAM 的基础上发展起来的，主要针对性能、实用性、安全性和可修改性，在系统开发之前，对这些质量属性进行评价和折中。

（1）特定目标：ATAM 的目标是在考虑多个相互影响的质量属性的情况下，从原则上提供一种理解软件体系结构的能力的方法。对于特定的软件体系结构，在系统开发之前，可以使用 ATAM 方法确定在多个质量属性之间折中的必要性。

（2）质量属性：ATAM 方法分析多个相互竞争的质量属性。开始时考虑的是系统的可修改性、安全性、性能和可用性。

（3）风险承担者：在场景、需求收集有关的活动中，ATAM 方法需要所有系统相关人员的参与。

（4）体系架构描述：体系结构空间受到历史遗留系统、互操作性和以前失败的项目约束。在 5 个基本架构的基础上进行体系架构描述，这 5 个结构是从 Kruchten 的 4+1 视图派生而来的。其中逻辑视图被分为功能结构和代码结构。这些结构加上它们之间适当的映射可以完整地描述一个体系结构。用一组消息顺序图显示运行时的交互和场景，对体系结构描述加以注解。ATAM 方法被用于体系架构设计中，或被另一组分析人员用于检查最终版本的体系结构。

（5）评估技术：可以把 ATAM 方法视为一个框架，该框架依赖于质量属性，可以使用不同的分析技术。它集成了多个优秀的单一理论模型，其中每一个都能够高效、实用地处理属性。该方法使用了场景技术。从不同的体系结构角度，有三种不同类型的场景，分别是用例（包括对系统典型的使用，还用于引出信息）、增长场景（用于涵盖与它的系统修改）、探测场景（用于涵盖那些可能会对系统造成压迫的极端修改）。ATAM 还使用定性的启发式分析方法，在对一个质量属性构造了一个精确分析模型时要进行分析，定性的启发式分析方法就是这种分析的粗粒度版本。

（6）方法的活动：ATAM 被分为 4 个主要的活动领域（或阶段），分别是场景和需求收集、体系结构视图和场景实现、属性模型构造和分析、折中。

（7）领域知识库的可重用性：领域知识库通过基于属性的体系结构风格维护。

**（8）方法验证：该方法已经应用到多个软件系统，但仍处在研究之中。虽然软件体系结构分**

析与评价已经取得了很大的进步，但是在某些方面也存在一些问题。

## 23.5.2　合格范文赏析

摘要：2016 年 3 月，我公司承担了国家某安全中心漏洞挖掘系统的开发工作，我在该项目中担任系统架构设计师的职务，主要负责系统的架构设计。该项目的主要目的是依托大数据平台从互联网流量中挖掘未知漏洞。本文以漏洞挖掘系统为例，论述了软件系统的架构评估。首先分析了软件架构评估所普遍关注的质量属性并阐述了其性能、可用性、可修改性和安全性的具体含义。整个系统采用了面向服务（SOA）的架构设计方法。在架构设计完成之后，对 SA 评估采用了基于场景的评估方式中的体系结构权衡分析方法（ATAM），并详细描述了其评估过程，项目评估小组经过对项目的风险点、敏感点和权衡点的讨论后生成了质量效应树。目前系统已稳定运行一年多，从而验证了该项目采用 ATAM 架构评估保证了系统的顺利完成。

正文：随着互联网的快速发展，网络上出现的安全问题越来越多，从互联网发展至今，已经爆发了众多的网络攻击事件，如网络蠕虫病毒感染、主机被控制、数据库被非法访问、非法电子银行转账等。针对这些安全问题，很有必要开发一种 Web 漏洞的发现和利用技术。2016 年 3 月我公司承接了国家某安全中心漏洞挖掘系统的开发工作。该项目通过对互联网中的流量进行特征分析，从中提取出相关的攻击内容，并将这些内容存储到大数据平台，结合大数据分析技术，对攻击者进行跟踪分析，从而捕获出未知漏洞。通过这种漏洞挖掘技术可以极大地解决大数据、大流量背景下 Web 攻击入侵，帮助用户做好"事中"的安全工作，协助安全厂商对互联网攻击进行针对性过滤。

系统在整体架构上采用了面向服务的架构。前端采用了 PHP 进行开发，后台流量分析工作采用运行性较高的 C 语言在 Linux 服务器上开发，流量包存储使用了企业磁盘阵列，数据存储采用了 MySQL。通过将系统拆分为多个子模块，在各个子模块的构建上用服务进行了封装，它们之间通过消息进行通信。经过对客户需求的分析，我将该系统拆分为了流量捕获模块（负责从互联网中捕获流量）、PCAP 文件存储模块（负责将互联网中的流量存储到大数据平台）、流量分析模块（负责对流量进行分析验证）、数据库模块（负责漏洞数据的存储）和 Web 管理模块（负责下发漏洞规则和查看漏洞信息）。下面先介绍软件架构评估的质量属性。

架构评估是软件开发过程中的重要环节，在软件架构评估中的质量属性有：性能、可用性、可修改性、安全性、可测试性、可靠性和易用性等。其中前四个质量属性是质量效应树的重要组成部分。性能是指系统的响应能力，即经过多长时间对事件作出响应。可用性是指系统能够正常运行的比例，通过用两次故障之间的时间长度或出现故障时系统能够恢复的速度来表示。可修改性是指系统能以较高的性价比对系统作出变更的能力。安全性是指系统能够向合法用户提供服务，同时拒绝非授权用户使用或拒绝服务的能力。

常用的架构评估方法有：基于问卷调查的评估方式、基于场景的评估方式和基于度量的评估方式。基于问卷调查的评估方式是由多个评估专家通过调查问卷的方式回答问卷中的问题，对多个评估结果进行综合，得到最终结果，其评价得具有主观性不太适合本项目。基于度量的评估方式虽然评价比较客观，但是需要评估者对系统的架构有精确的了解，也不太适合本项目。而基于场景的评估要求评估者对系统中等了解，评价比较主观，故本项目采用了基于场景的评估方式。基于场景的评估方式又分为架构权衡分析法（ATAM）、软件架构分析法（SAAM）和成本效益分析法（CBAM）。本项目中根据不同质量属性使用了 ATAM 作为系统架构评估的方法。

在使用 ATAM 进行架构评估时，我们根据项目需要成立了项目评估小组。其主要成员包括：评估小组负责人、项目决策者、架构设计师、用户、开发人员、测试人员、系统部署人员等项目干系人。我在这里的身份是项目的评估小组负责人和首席架构师。架构的评估经历了描述和介绍阶段、调查和分析阶段、测试阶段和报告阶段四个阶段。下面我分别从这四个阶段进行介绍。

在描述和介绍阶段，由于项目评估成员有部分人员对 ATAM 并不熟悉，我首先介绍 ATAM 的方法。它是一种基于场景的软件架构评估方法，对系统的多个质量属性基于场景进行评估。通过该评估确认系统存在的风险，并检查各自的非功能性需求是否满足需求。客户也阐述了系统的目的和商业动机。项目是为了通过捕获互联网流量从而挖掘出有价值的漏洞信息。通过实时获取漏洞可以有效地展开防御，保证网站的安全性。客户关注系统的性能及系统能否获取高质量的漏洞信息。最后作为架构设计师的我描述了系统将要采用的 SOA 架构，并将系统进行了拆分，讲解了各个子模块的功能，初步决定系统服务端在 Linux 下使用 C 语言进行开发。

在调查和分析阶段，不同的需求方基于各自的考虑都提出了各自的要求。其中客户方提出：系统要保证其可靠性，特别是针对黑客 IP 进行跟踪时，系统发生故障必须在 1 分钟内恢复，此优先级最高。经过自动化分析，系统对漏洞的自动识别率必须达到 90%以上，此优先级较高。系统可以对规则模块实时进行修改，其修改工作必须在 1 人天完成，以便可以根据最新的规则进行漏洞捕获。系统要确保一定的安全性。安全分析人员提出：系统需要过滤大部分正常的流量，以减轻安全分析人员的分析难度。系统必须提取出有价值的高风险 IP，无效的流量跟踪将会带来产出的低下。开发人员提出为了保证系统的开发效率及系统修改性，可以进行并行开发。经过总结我们获得了系统的质量效应树如下（考试时绘简要图）。

针对这些场景我们分析了项目开发过程中的风险点、敏感点和权衡点。经过分析，该项目中存在以下风险点：黑客的 IP 如果不能实时捕获，将会丢失重要漏洞信息；系统中对消息的处理如果超过 12 小时，将会产生大量的消息积压。敏感点有：用户的加密级别、漏洞规则的修改。权衡点有：改变漏洞规则的严格程度会提升漏洞的准确率，同时带来系统性能的下降。改变系统的加密级别对系统的安全性和性能都会产生影响。

在测试阶段：经过评估小组集体讨论，确定了不同场景的优先级。系统的可用性最高，性能其次，可修改性及安全性优先级较低。在保证系统可用性方面，在流量捕获部分使用双机热备技术，在两个捕获系统之间设置心跳，当一台捕获系统出问题时，另一台捕获设备接管。在流量自动化分析部分，采用了集群部署技术，一台分析设备出问题，不会影响整个分析系统。在保证数据安全性方面，磁盘采用企业磁盘阵列 RAID5 机制。在用户数据安全性方面，采用了非对称加密及信息摘要技术。

最后形成了评估报告，经过对架构的评估，确定了系统的风险点、敏感点、权衡点和非风险点，最后以文档的形式表现。其包括的内容有：架构分析方法文档、架构的不同场景及各自的优先级、质量效应树、风险点决策、非风险点决策及每次的评估会议记录。

该项目开发工作于 2016 年 8 月完工，系统上线后，我们的安全分析人员和客户使用该系统对互联网流量进行漏洞挖掘，一共产生了 150 种以上的 Web 流量攻击、流量特征和 5 个未知 Web 漏洞。在国家某安全中心网研室的其他项目中起到了支撑作用，尤其是某变量覆盖漏洞、某文件写入漏洞，某 SQL 注入漏洞在项目使用过程中取得了一定的效果，得到了好评。为开展互联网安全事件的防御、发现、预警和协调处置等工作提供了数据依据，更好地维护了国家公共互联网安全，保障了基础信息网络和重要信息系统的安全运行。

# 23.6　论信息系统的安全性与保密性设计

## 23.6.1　真题分析及理论素材

在企业信息化推进的过程中，需要建设许多的信息系统，这些系统能够实现高效率、低成本的运行，为企业提升竞争力。但在设计和实现这些信息系统时，除了针对具体业务需求进行详细的分析，保证满足具体的业务需求之外，还要加强信息系统安全方面的考虑。因为如果一个系统的安全措施没有做好，那么系统功能越强大，系统出安全事故时的危害与损失也就越大。

**请围绕"信息系统的安全性与保密性"论题，依次从以下三个方面进行论述：**

1．概要叙述你参与分析设计的信息系统及你所担任的主要工作。

2．深入讨论作者参与建设的信息系统中，面临的安全及保密性问题，以及解决该问题采用的技术方案。

3．经过系统运行实践，客观地评价你的技术方案，并指出不足，以及解决方案。

**一、找准核心论点**

问题 1 要点：

　　软件系统的概要：系统的背景、发起单位、目的、开发周期、交付的产品等。

　　"我"的角色和担任的主要工作。

问题 2 要点：

　　参与建设的信息系统中面临的安全及保密性问题。

　　采用的技术方案。

问题 3 要点：

　　评价该技术方案。

　　指出该方案的不足并提出解决方案。

二、理论素材准备

信息安全技术：对称加密，非对称加密，数字信封，信息摘要，数字签名，数字证书。

网络安全技术：防火墙、入侵检测、计算机病毒和木马的防护。

### 23.6.2　合格范文赏析

摘要：2015 年 3 月，我所在的公司承接了一款养老管理信息平台，该平台以养老为主线，其中包括养老档案、照护计划、服务审计、状况跟踪、费用管理等方面的 60 多个业务功能模块，我在项目中担任系统架构设计师，主要负责整个系统的架构设计。本文以该养老管理信息平台为例，主要论述了针对该系统的安全及保密性问题，我们所采用的技术手段及解决方案。在网络硬件层通过设置硬件防火墙，来保证内部网络安全性；在数据层通过设置数据加密及容灾备份机制，以此保证数据抗突发风险的安全；在应用层统一采用 RBAC 的授权机制，来保证整个系统认证环节的安全性。事实证明，以上技术方案的实现对整个系统的安全和保密性方面起到了很好的效果，最终项目顺利上线，运行稳定，受到了广大用户的一致好评。

正文：目前我国已经进入到老龄化社会，老龄人口逐年增长，按照老龄办提供的数字，预计到 2020 年中国的老年人口将要达到 2.48 亿，从整个养老产业的规模来看，估算在 2025 年要增加到 5 万亿规模，市场前景巨大。随着互联网的迅猛发展，各行各业都在进行着互联网+的尝试，希望搭上这个发展契机。其中，养老领域更迫切需要解决养老专业化程度低，信息化不足，健康照护水平滞后等一系列亟待解决的问题。

2015 年 3 月，我所在的公司承担了全国老龄办及全国几十家养老和医疗机构合作进行的养老管理信息平台的开发工作，我在该项目中担任系统架构设计师，主要负责应用系统的软件架构设计。由于我们公司在医疗行业领域有着丰富的成功经验，同时，近些年在养老领域也成功实施过很多成熟的案例，所以，一期投资方出资 3000 万元，委托我们进行这项综合性养老管理平台的开发工作。该平台以养老为主线，其中包括养老档案，照护计划，服务审计，状况跟踪，费用管理，决策支持等方面的 60 多个业务功能模块，系统功能相当完备。

经过前期对全国几十家养老机构和相关合作的医疗单位的调研分析，结合原有的经验，对整个系统业务进行详细规划和相关设备的初步选型，即我们内部所说的"两版三端"的方案，机构养老和社区养老两个子系统，同时能够在 PC 端、PAD 端、手机端三端进行呈现和交互。整个养老管理信息平台基于 B/A/S 模式的分层架构风格设计。当前信息安全问题严重，而养老云平台是一个养老大型综合管理平台，确保系统的安全性和保密性显得尤为重要，让使用我们平台的每一家机构、社区、老人及相关亲人都能够安心和放心。这样，只有最终得道了用户的信赖，系统的前景才会发展得更好。所以，我在系统的安全性和保密性方面做了充分的设计。

1. 网络硬件层安全方案

因为网络和硬件是整个系统运行的基础，也是很多外部攻击的主要途径，所以，需要进行合理规划。我把网络拓扑结构划分为外部网络、内部网络和 DMZ 三部分。在外部网络和内部网络之间设置了硬件防火墙，主要是防止外部的恶意攻击。在防火墙后，为了加强对病毒入侵的防范，又设置了硬件的防毒墙。为了防止外部客户通过 DNS 服务直接访问到我们服务器的目标地址，在内部网络中又增加了反向代理服务器，对外只暴露代理服务器的虚拟 IP，更好地保护了应用服务器被攻击的可能性。应用服务器和数据库服务器做了物理隔离，内部人员也无法通过 IP 直接访问，只能通过跳板机由服务器管理员进行操作，阻断了外界通过内部客户端代理的访问对服务器造成攻击。对于一些核心的 FTP 服务器，DNS 服务器，Web 服务器都规划到 DMZ 中。

2. 数据层安全方案

数据是整个系统平台的核心，其中涉及大量个人隐私数据和重要信息资产，安全不容忽视。我主要从数据存储，数据访问和数据容灾几个方面进行了规划。由于系统主要存放的养老档案数据，其中涉及很多个人隐私，为了防止数据泄露，我们在存储时进行了加密处理。虽然在处理中损失些性能，但是，提高了数据的安全性和保密性。我们采购了商业数据库 Oracle 作为后台存储，由于其极佳的商业口碑，可对数据存储的安全提供强大保证。我还加强了访问权限的限制，在数据库的访问权限上，都根据不同角色进行了详细划分，包括对数据库、表、索、记录等的增、删、改、查进行了限制，严格防止非法用户对数据库的恶意破坏。同时，在数据库本身，也制订了基于全量、增量、差量的按周备份计划，保证每时每刻的数据都可以及时恢复。在物理存储上也做了本地多机房的容灾备份，充分保证数据抗突发风险的安全。

3. 应用层安全方案

由于我们的系统架构采用的是分层架构风格，同时，又是采用"三端"的形式，所以，在用户认证、接口传输等方面做了充分设计。由于系统涉及养老机构工作人员，老人及家属等，角色众多，统一采用 RBAC 的授权机制，既增强了系统安全性满足业务需求，同时，也减轻了由于权限信息维护的负担。在登录界面设计上，不仅仅需要提供用户名+口令，同时设置了校验码，而且还增加了动态口令，通过短信接收验证码，以此来防止暴露非法破解登录，保证整个系统认证环节的安全性。密码提交和存储过程中，一律通过 MD5+salt 加密，即使密码泄露也不会被解密。接口设计是整个系统通信的安全保障，为了防止外部人员恶意调用和窃取信息，我们采用了令牌机制保障每次通信的安全性，即在登录后，通过加密传输的用户信息和时间戳获取到 token 令牌，然后在后续每次通信传输过程服务端对 token 进行校验，充分保障了接口调用的安全。

整个项目历时 10 个月开发完成，到目前运行稳定。通过用户一段时间的使用反馈，不论是 PC 端，还是 PAD 端和手机端，在任何环境下使用系统，基本没有信息泄露的情况发生。但是，一些用户反馈，手机登录需要时间较长，查询和保存老人档案信息有时候需要等待，经过分析，是由于登录需要对用户和密码信息进行客户端加密处理，加密算法耗费了移动端 CPU 资源，同时在服务端也对数据进行加密处理，返回客户端 token 也消耗了不少时间。老人档案也是由于敏感信息加密的问题，耗费了 CPU 的处理时间，我们后面通过选择效率更高的加密算法改善了这个问题。

实践证明，项目能够顺利上线，并运行稳定，使用良好，与系统在安全性和保密性方面的设计密不可分。系统安全是一个永久的话题，我们对系统安全性的完善是一个持续的过程，接下来，我们还会继续不断完善系统安全方面的设计缺陷和不足，使整个养老平台更加安全、好用。

## 23.7　基于构件的软件开发

软件系统的复杂性不断增长、软件人员的频繁流动和软件行业的激烈竞争迫使软件企业提高软件质量、积累和固化知识财富，并尽可能地缩短软件产品的开发周期。

集软件复用、分布式对象计算、企业级应用开发等技术于一体的"基于构件的软件开发"应运而生，这种技术以软件架构为组装蓝图，以可复用软件构件为组装模块，支持组装式软件的复用，大大提高了软件生产效率和软件质量。

**请围绕"基于构件的软件开发"论题，依次从以下三个方面进行论述。**

1．简述你所参与开发的运用了构件技术的项目，以及你所担任的工作。

2．论述你在项目中如何运用构件技术来进行软件开发。

3．分析并讨论各种构件技术的优点、缺点，并展望构件技术的发展趋势。

**一、找准核心论点**

问题 1 要点：

　软件系统的概要：系统的背景、发起单位、目的、开发周期、交付的产品等。

　"我"的角色和担任的主要工作。

问题 2 要点：

　如何运用构件技术来进行软件开发。

　具体实施过程。

问题 3 要点：

　各种构件技术的优点、缺点。

　展望构件技术的发展趋势。

**二、理论素材准备**

（1）构件的概念。构件是一个独立可交付的功能单元，外界通过接口访问其提供的服务。构件由一组通常需要同时部署的原子构件组成。一个原子构件是一个模块和一组资源。原子构件是部署、版本控制和替换的基本单位。原子构件通常成组地部署，但是它也能够被单独部署。

构件和原子构件之间的区别在于，大多数原子构件永远都不会被单独部署，尽管它们可以被单独部署。相反，大多数原子构件都属于一个构件家族，一次部署往往涉及整个家族。

一个模块是不带单独资源的原子构件（在这个严格定义下，Java 包不是模块——在 Java 中部署的原子单元是类文件。一个单独的包被编译成多个单独的类文件——每个公共类都有一个）。

模块是一组类和可能的非面向对象的结构体，比如过程或者函数。

（2）构件和对象。构件的特性：①独立部署单元；②作为第三方的组装单元；③没有（外部的）可见状态。一个构件可以包含多个类元素，但是一个类元素只能属于一个构件。将一个类拆分进行部署通常没什么意义。

对象的特性：①一个实例单元，具有唯一的标志；②可能具有状态，此状态外部可见；③封装了自己的状态和行为。

（3）构件接口。接口标准化是对接口中消息的格式、模式和协议的标准化。它不是要将接口格式化为参数化操作的集合，而是关注输入输出的消息的标准化，它强调当机器在网络中互连时，标准的消息模式、格式、协议的重要性。

（4）面向构件的编程（COP）。COP 关注于如何支持建立面向构件的解决方案。面向构件的编程需要下列基本支持：

——多态性（可替代性）；

——模块封装性（高层次信息的隐藏）；

——后期的绑定和装载（部署独立性）；

——安全性（类型和模块安全性）。

构件技术就是利用某种编程手段，将一些人们所关心的，但又不便于让最终用户去直接操作的细节进行了封装，同时对各种业务逻辑规则进行了实现，用于处理用户的内部操作细节。

（5）目前，国际上常用的构件标准主要有三大流派，分别是 COM/DCOM/COM+、CORBA 和 EJB。

1）EJB（Enterprise Java Bean）规范由 Sun 公司制定，有 3 种类型的 EJB，分别是会话 Bean（Session Bean）、实体 Bean（Entity Bean）和消息驱动 Bean（Message-Driven Bean）。

EJB 实现应用中关键的业务逻辑，创建基于构件的企业级应用程序。EJB 在应用服务器的 EJB 容器内运行，由容器提供所有基本的中间层服务，如事务管理、安全、远程客户连接、生命周期管理和数据库连接缓冲等。

2）COM、DCOM、COM+ ：COM 是微软公司的。DCOM 是 COM 的进一步扩展，具有位置独立性和语言无关性。COM+并不是 COM 的新版本，是 COM 的新发展或是更高层次的应用。

3）COBRA 标准主要分为 3 个层次：对象请求代理、公共对象服务和公共设施。

最底层是对象请求代理（ORB），规定了分布对象的定义（接口）和语言映像，实现对象间的通信和互操作，是分布对象系统中的"软总线"。

在 ORB 之上定义了很多公共服务，可以提供诸如并发服务、名字服务、事务（交易）服务、安全服务等各种各样的服务。

最上层的公共设施则定义了组件框架，提供可直接为业务对象使用的服务，规定业务对象有效协作所需的协定规则。

### 23.7.2　合格范文赏析

摘要：本文以我主持开发的某公司生产经营管理系统为例，探讨了基于构件的软件开发问题。该系统是一个集原料采购、生产管理、物流管控等七大功能于一体的综合信息系统，在该系统的开发过程中，我担任系统架构师角色，主要负责需求分析、系统建模和方案设计三个方面的工作。本文首先简要分析了 CORBA、EJB、COM/DCOM 三种构件技术的特点，然后着重论述了采用构件技术进行软件开发的过程。在构件的获取阶段，我们采用了 3 种构件获取方式来解决用户提出的 3 类不同的需求；在构件的开发阶段，我们统一采用一个查询构件进行了封装，以实现将同一功能的不同表现封装到一个独立的构件中；在构件组装阶段，采用了 3 种构件组装方式完成了构件的组装。最终项目顺利上线并运行稳定，获得用户一致好评。

正文：2013 年 5 月，我所在的公司承接了某大型粮食加工企业某公司生产经营综合管理系统的开发工作。该系统是某公司在国家粮食案例政策的指导下，结合自身经营管理需求提出建设的。其目的是对内加强管理，对外提升服务，以实现提升品牌形象、保护消费者利益的战略目标。系统整体上分为两个部分：一是经营管理 Web 平台；二是手机 App 应用。系统采用了基于服务的层次架构，共分为三层。其中用户界面层使用 Extjs、senchatouch 和 phonegap 框架实现，业务服务层使用.Net 平台实现，数据层使用 IBMDB2V9.5。该系统于 2013 年 5 月开始建设，2014 年 6 月上线运行，历时一年。在系统的开发过程中，我担任系统架构师角色，负责需求的获取和分析、系统建模和总体方案设计工作。在系统的实现过程中，我和我的团队使用了基于构件的软件开发技术，收到了很好的效果。

基于构件的软件开发是在面向对象技术的基础上发展起来的，它是软件危机问题日益突出形势下的产物，它有效地解决了软件系统复杂度、成本、质量、效率等难以控制的问题，受到业界的广泛推崇。当前主流的软件构件技术有三大流派，分别是 OMG 的 CORBA、Sun 的 EJB 和微软的 COM 技术。上述 3 种技术中，CORBA 实现的是最为典型的，它分为对象请示代理、公共对象服务和公共设施 3 个层次，其特点是大而全，互操作性和开放性特别好，其缺点是庞大且复杂，相关技术和标准更新缓慢。相比之下，EJB 的发展要更加迅速，它是在 Java 语言基础上建立的服务器端组件模型，具有优秀的跨平台性。EJB 框架提供了远程访问、安全、持久化和生命周期等多种支持分布式计算的服务，目前 Java 和 CORBA 有融合的趋势。最后是 COM 技术，它是微软公司的独家产品，基于 Windows 平台，功能强大、效率很高，且有一系列相应的开发工具支持，其最大的弱点是跨平台性较差，很多人认为 CORBA 将比 COM 技术走得更远。基于构件的软件开发技术能有效地简化设计、提高效率、保证质量，某公司生产经营管理系统的开发项目时间紧、任务重，我们使用基于构件的软件开发技术解决了软件开发中的各种问题，取得了很好的效果。

具体在实践过程中，我们开展了模块划分、构件标识、构件获取、构件组装与测试、构件管理等活动，这里重点谈一下"构件获取""构件开发"和"构件组装"3 个方面的问题。

### 1. 构件获取

在本系统的开发过程中，用户提出的需求从实现方式上可分为三类。第一类需要修改当前的系统来实现，比如用户提出，需要将某公司当前在用的两套生产控制系统的支行状态集成到目标系统中。第二类是直接使用我公司现成的构件来实现。比如用户登录、角色权限管理、日志记录、数据库访问等基本功能。第三类需要集成第三方的服务来实现，比如用户要求 App 软件需要具有消息推送、GPS 定位功能，可通过集成第三方运营商的产品来实现，无需另行开发。针对上述 3 种类型的需求，我们采用了 3 种构件获取方式。首先是通过改造现有系统获得构件，我们与生产控制系统的开发商联系，请他们使用 COM 技术对软件的工作状态进行封装，并开放接口。其次是使用构件库中现成的构件，我公司在长期的软件项目建设过程中，积累了大量可重用的软件构件，如文件序列化、数据库连接等模块，这些构件可直接在新项目中使用。最后是集成第三方的构件，针对用户提出的消息推送和 GPS 定位功能，我们经过对比和测试，选择了一个百度的产品进行集成。此外我们还根据需求，重新开发了一些功能构件，以支撑用户的需求。

### 2. 构件开发

构件的优势体现在其粗粒度的重用性，因此在构件的设计过程中，应尽可能将同一功能的不同表现封装到一个独立的构件中，以保持其高内聚、低耦合的特性，本系统的构件设计就很好地遵循了这一原则。以数据查询构件为例，整个系统中用户需要查询的数据多种多样，对分页显示的要求不尽相同，数据返回格式也不完全一致，可能是 XML，也可能是 JSON，针对所有这些查询需求，我们统一用一个查询构件进行了封装，开发人员只需要构造好 SQL 语句，再配合一些特定的参数，就能得到自己想要的结果，这样最大限度地保证了构件的可重用性和重用粒度。为了实现这一目标，有时还需要用到一些经典的设计模式。比如我们使用的数据库连接构件，就用到了抽象工作方法，构件可根据配置文件的内容，在运行过程中建立对不同数据库、不同方式的连接，很好地体现了构件的优势。

### 3. 构件组装

不同的构件类型，需要采用不同的组装方式。在本系统的开发过程中，我们用到了以下 3 种方式。首先是 DCOM 构件的组装，采用了远程调用方式，该方式主要用于对生产控制系统构件的组装。其实现比较复杂，需要在控制系统上部署 DCOM 服务，还得在 Web 平台的 IIS 上配置相应的权限。其次是构件库中构件的组装，该方式比较简单，直接引用构件库中的产品文件，可能是 DLL 格式，或者是 C#的源码文件。最后是 SOA 服务调用组装，主要针对第三方的软件服务，其实现也很简单，使用基于 HTTP 的 Web Service 访问即可。需要注意的是在这种组装方式中，由于数据需要经过第三方的软件平台进行传输，需要采用一定的数据加密措施提高系统的安全性。

由于使用了基于构件的软件开发方式，某公司生产经营管理系统的开发工作进行得十分顺利，系统按期上线，并得到了用户的肯定。该项目的成功让我认识到好的软件设计思想和技术在软件开发过程中的作用和价值，坚定了我对基于构件的软件开发技术的信心。从软件行业的发展来看，从汇编语言、基于过程的软件开发、面向对象的软件开发，直到现在基于构件、面向服务的软件开发，我们可以认识到软件元素在两个维度上的进化趋势，即内部功能越来越强大、全面，对外的接口却越来越简单、标准，终有一日各领域的软件必将能在一个统一的标准下进行无缝组装，届时面向协作的软件开发、基于职能的软件开发等新技术都可能会出现，上层应用功能的实现也将变得异常简单，计算机软件可能会变得无所不在，数字化生活、智能地球等现在还比较超前的概念，将在那里得以实现。我想这一天值得每一位软件从业人员为之努力、期待。

## 23.8　论企业集成平台的技术与应用

### 23.8.1　真题分析及理论素材

企业集成平台是一个支持复杂信息环境下信息系统开发、集成和协同运行的软件支撑环境。它基于各种企业经营业务的信息特征，在异构分布环境（操作系统、网络、数据库）下为应用提供一致的信息访问和交互手段，对其上运行的应用进行管理，为应用提供服务，并支持企业信息环境下各特定领域的应用系统的集成。企业集成平台的核心是企业集成架构，包括信息、过程、应用集成的架构。

**请以"企业集成平台的技术与应用"为题，依次从以下三个方面进行论述：**

1．概要叙述你参与管理和开发的企业集成平台相关的软件项目以及你在其中所担任的主要工作。

2．简要说明企业集成平台的基本功能及企业集成的关键技术，并结合项目实际情况，阐述该项目所选择的关键技术及其原因。

3．结合你具体参与管理和开发的实际项目，举例说明所采用的企业集成架构设计技术的具体实施方式及过程，并详细分析其实现效果。

**一、找准核心论点**

问题 1 要点：

软件系统的概要：系统的背景、发起单位、目的、开发周期、交付的产品等。

"我"的角色和担任的主要工作。

问题 2 要点：

企业集成平台的基本功能及企业集成的关键技术。

结合项目实际情况，阐述该项目所选择的关键技术及其原因。

问题 3 要点：

采用的企业集成架构设计技术的具体实施方式及过程。

详细分析其实现效果。

## 二、理论素材准备

### 1. 企业集成分类

（1）表示集成：即界面集成，是最原始的集成，黑盒集成。将多个信息系统的界面集成在一起，统一入口，为用户提供一个看上去统一，但是由多个系统组成的应用系统的集成，例如桌面。

（2）数据集成：白盒集成，把不同来源、格式、特点性质的数据在逻辑上或者物理上有机地集中，从而为企业提供全面的数据共享，如数据仓库。

（3）控制集成（功能集成、应用集成）：黑盒集成，业务逻辑层次的集成，可以借助于远程过程调用或远程方法调用、面向消息的中间件等技术，将多个应用系统功能进行绑定，使之像一个实时运行的系统一样接受信息输入和产生数据输出，实现多个系统功能的叠加，如钉钉。

（4）业务流程集成：即过程集成，最彻底的、综合的集成，这种集成超越了数据和系统，由一系列基于标准的、统一数据格式的工作流组成。当进行业务流程集成时，企业必须对各种业务信息的交换进行定义、授权和管理，以便于改进操作、减少成本、提高响应速度。它包括应用集成、B2B 集成、自动化业务流程管理、人工流程管理、企业门户，以及对所有应用系统和流程的管理和监控等。如电子购物网站－第三方支付平台－银行－物流等流程集成。

### 2. 应用集成数据交换方式

共享数据库：在应用集成时，让多个应用系统通过直接共享数据库的方式，来进行数据交换，实时性强，可以频繁交互，属于同步方式；但是安全性、并发控制、死锁等问题突出。

消息传递：消息是软件对象之间进行交互和通信时所使用的一种数据结构，可以独立于软件平台而存在，适用于数据量小、但要求频繁、立即、可靠、异步地数据交换场合。

文件传输：是指在进行数据交换时，直接将数据文件传送到相应位置，让目标系统直接读取数据，可以一次性传送大量信息，但不适合频繁进行数据传送。适用于数据量大、交换频度小、即时性要求低的情况。

### 3. 企业集成平台

集成平台是支持企业集成的支撑环境，包括硬件、软件、软件工具和系统，通过集成各种企业应用软件形成企业集成系统。由于硬件环境和应用软件的多样性，企业信息系统的功能和环境都非常复杂，因此，为了能够较好地满足企业的应用需求，作为企业集成系统支持环境的集成平台，其基本功能主要有：

（1）通信服务。它提供分布环境下透明的同步/异步通信服务功能，使用户和应用程序无需关心具体的操作系统和应用程序所处的网络物理位置，而以透明的函数调用或对象服务方式完成它们所需的通信服务要求。

（2）信息集成服务。它为应用提供透明的信息访问服务，通过实现异种数据库系统之间数据的交换、互操作、分布数据据管理和共享信息模型定义（或共享信息数据库的建立），使集成平台上运行的应用、服务或用户端能够以一致的语义和接口实现对数据（数据库、数据文件、应用交互信息）的访问与控制。

（3）应用集成服务。它通过高层应用编程接口来实现对相应应用程序的访问，这些高层应用编程接口包含在不同的适配器或代理中，它们被用来连接不同的应用程序。这些接口以函数或对象服务的方式向平台的组件模型提供信息，使用户在无需对原有系统进行修改（不会影响原有系统的功能）的情况下，只要在原有系统的基础上加上相应的访问接口就可以将现有的、用不同的技术实现的系统互联起来、通过为应用提供数据交换和访问操作，使各种不同的系统能够相互协作。

（4）二次开发工具。二次开发工具是集成平台提供的一组帮助用户开发特定应用程序（如实现数据转换的适配器或应用封装服务等）的支持工具，其目的是简化用户在企业集成平台实施过程中（特定应用程序接口）的开发工作。

（5）平台运行管理工具。它是企业集成平台的运行管理和控制模块，负责企业集成平台系统的静态和动态配置、集成平台应用运行管理和维护、事件管理和出错管理等。通过命名服务、目录服务、平台的动态静态配置，以及其中的关键数据的定期备份等功能来维护整个服务平台的系统配置及稳定运行。

### 23.8.2　合格范文赏析

摘要：2015 年 2 月，本人所在的某家商业银行启动了零售 CRM 项目建设，该项目主要实现客户管理、客户分析、营销管理、绩效管理、数据 ETL 处理、多渠道数据服务等功能，在此项目中，我担任架构师，负责项目总体架构设计工作。本文以该零售 CRM 项目建设为例，主要论述了企业集成架构设计技术在该系统中的具体应用。操作型 CRM 和分析型 CRM 两个子系统通过零售 CRM 门户实现界面集成；数据服务系统通过银行已有 ESB 与各请求系统实现应用集成；利用数据总线和数据仓库实现数据集成，建立仓内零售 CRM 数据集市，为客户分析、绩效管理、数据服务提供数据支持。通过以上集成架构技术将项目中多个子系统进行整合，形成有机整体，最终项目顺利上线，至今系统运行稳定，受到用户一致好评。

正文：本人所在的某家商业银行分支机构遍布全国省会和重点城市，零售客户数量近 6000 万，客户经理数量约 5000。客户经营维系情况参差不齐，客户经理经营维系客户的策略、方法、工具缺乏统一，抬高了经营成本，降低了客户体验。营销活动的有效性和目标性不强，往往营销成本较大但效果不明显，针对这些问题，同时为了适应竞争激烈的市场环境，该银行制定了零售 CRM 业务战略，并于 2015 年 2 月启动了零售 CRM 项目建设，主要实现客户管理、客户分析、营销管理、绩效管理、数据 ETL 处理、多渠道数据服务等功能，该项目旨在建立全行统一的零售客户经营管理体系和零售数据分析环境，充分发挥长期积累数据的业务价值，科学、有效地指导客户获取、营销、服务、挽留等全生命周期活动，提高客户经营和服务水平，增强客户体验，提升客户价值，从而提高零售业务的利润回报。

在此项目中，我担任架构师，负责项目总体架构设计。项目涉及范围广泛，我采用"分而治之"

策略，根据应用类型、用户角色、数据处理特征的不同，将项目分为多个（子）系统，并研究企业集成的关键技术，根据项目实际情况，选择合适的集成技术并进行架构设计。

企业集成是指使用应用服务器、中间件等平台和技术，连接企业内的各应用系统，实现异构系统之间的交互和协作，以及数据交换和共享。企业集成模式与技术主要有以下四种：①界面集成，把各个应用系统的界面集中在一个界面之中，常用技术为企业门户；②过程集成，使各个应用系统连接起来支持完整的业务流程，常用技术为工作流、企业门户；③应用集成，为两个以上应用系统中的数据和程序提供接近实时的集成，常用技术为远程过程调用、消息中间件、服务总线（ESB）、Web 服务等；④数据集成，解决的是信息系统之间数据同步（包括主数据系统向副本系统同步，源系统向数据仓库同步）和时效性（包括实时、批量）问题，常用技术为适配器、消息中间件、数据总线、数据仓库。下面我将以通过企业门户、服务总线、数据总线、数据仓库等技术或平台，来实现界面、应用、数据集成来具体论述其实现过程。

（1）操作型 CRM 和分析型 CRM 两个子系统通过零售 CRM 门户实现界面集成。

客户管理、营销管理、客户分析、绩效管理四部分功能，属于面向银行内部用户的管理分析类需求，适宜采用 B/S 架构搭建零售 CRM 系统。为了降低耦合，将零售 CRM 系统划分为操作型 CRM（实现客户管理和营销管理功能）和分析型 CRM（实现客户分析、绩效管理功能）两个子系统。但对于用户使用便捷性却不能降低，需要将两个子系统的界面集中在一起，这要使用界面集成技术，于是开发零售 CRM 门户进行界面集成。零售 CRM 门户作为零售用户的统一工作台，为两个子系统提供统一登录界面和访问入口、统一用户认证和授权、统一界面风格、统一功能菜单和待办事项，使用代理技术实现门户系统向两个子系统页面的路由和跳转，提高了用户体验，使得子系统划分对于用户透明。门户系统采用 J2EE 开源框架（Spring、MyBatis）进行开发，技术架构分为页面展现、接入控制、业务逻辑、数据访问四层。

（2）数据服务系统通过银行已有 ESB 与各请求系统实现应用集成。

多渠道数据服务功能，既面向客户经理通过零售 CRM 系统 Web 界面查询客户交易数据，也面向客户通过网上银行和手机银行系统查询交易数据。经分析，查询功能可以定义为标准的服务，支持复用且面向多个请求系统提供接口访问，各系统技术异构，适宜采用 SOA 架构风格搭建数据服务系统，并使用应用集成技术，利用银行已有服务总线（ESB）向多个系统提供查询服务。ESB包括服务管理、协议转换、格式转换、服务路由、消息处理等功能。将数据服务系统的查询服务在 ESB 中注册并发布，各请求系统向 ESB 发起服务请求，ESB 接入请求，通过适配器技术进行通信协议和报文格式的转换，经服务路由，向数据服务系统提交查询请求。

（3）利用数据总线和数据仓库实现数据集成。

数据 ETL 处理指将银行前台存款、贷款、信用卡、理财等上百个技术异构、数据标准不统一的交易系统的数据进行采集、转换、清洗、存储、整合、加工，为客户分析、绩效管理、数据服务提供数据支持，这正是数据总线和数据仓库要解决的问题，属于数据集成范畴。数据总线设计过程为：通过数据采集器（IBMII 产品），每日日终自动从源系统采集数据并将编码转换为文本格式，通过数据处理器（IBMDataStage 产品），进行数据质量检查（要定义检查规则）、增量数据生成、数据标准转换等（要定义数据标准）处理，通过数据传输器，将数据文件传输给目标系统（包括数据仓库）。数据仓库设计过程为：接收数据总线传输来的数据，加载至数据仓库系统（要选择具有海量数据处理能力且能水平扩展的产品），对数据按照主题模型（比如客户、产品、账户、交易、渠道等）进行归类、整合，并存放长期历史数据，之上建立零售 CRM 数据集市，根据本次需求的数据加工规则，对数据进行关联、聚合等加工处理，生成数据文件，传输并加载至分析型 CRM 子系统、数据服务系统，为客户分析、绩效管理、交易查询提供数据支持。

项目经过一年时间的开发测试，于 2016 年 2 月上线运行，至今系统运行稳定，使用效果良好，有力地支持了零售数据分析和客户经营管理。项目总结会上，领导对于系统划分方法及采用的界面、应用、数据集成方式表示高度认同。

近来，业务提出呼叫中心客服座席要查询客户历史交易明细，由于采用了 ESB 应用集成技术，所以可以方便接入呼叫中心系统。面对客户分析和绩效管理的数据维度和指标经常发生变化且要重算，由于数据仓库积累了长期历史数据，所以方便应对数据变更需求。但面对客户提出通过网上银行和手机银行系统查询当日发生的交易明细需求，由于目前数据总线只支持数据 T+1 时效，所以要在数据总线中增加实现数据准实时采集机制，将交易数据准实时同步至数据服务系统，以提高数据服务时效性。

## 23.9 论软件多层架构的设计

### 23.9.1 真题分析及理论素材

目前，三层架构或多层架构已经成为软件开发的主流，采用多层架构有很多好处，例如，能有效降低建设和维护成本，简化管理，适应大规模和复杂的应用需求，可适应不断的变化和新的业务需求等。在多层架构的开发中，中间件的设计占重要地位。

**请围绕"软件多层架构的设计"论题，依次对以下三个方面进行论述。**

1. 概要叙述你参与设计和开发的软件项目，以及你所担任的主要工作。

2. 具体讨论你是如何设计多层架构的，详细描述其设计过程，遇到过的问题，以及解决的办法。

3. 分析你采用多层架构所带来的效果如何，以及有哪些还需要进一步改进的地方，如何改进？

### 23.9.2 合格范文赏析

摘要：我所在的单位是国内主要的商业银行之一，作为单位的主要技术骨干，2009 年 1 月，我主持了远期结售汇系统的开发，该系统是我行综合业务系统的一个子系统，由于银行系统对安全性、可靠性、可用性和响应速度要求很高，我选择了三层 C/S 结构作为该系统的软件体系结构，在详细的设计三层结构的过程中，我采用了字符终端为表示层，CICS TRANSATION SERVER 为中间层，DB2 UDB 7.1 为数据库层，并采用了 CICS SWITCH 组，并行批量的办法来解决设计中遇到的问题，保证了远期结售汇系统按计划完成并顺利投产，我设计的软件三层结构得到了同事和领导的一致认同和称赞。但是，我也看到在三层结构设计中存在一些不足之处：比如中间层的负载均衡算法过于简单，容易造成系统负荷不均衡，并行批量设计不够严谨，容易造成资源冲突等。

正文：我所在的单位是国内主要的商业银行之一。众所周知，银行的业务存在一个"二八定理"：即银行的百分之八十的利润是由百分之二十的客户所创造。为了更好地服务大客户，适应我国对外贸易的蓬勃发展态势，促进我国对外贸易的发展，2009 年 1 月，我行开展了远期结售汇业务。所谓的远期结售汇就是企业在取得中国外汇管理局的批准后，根据对外贸易的合同等凭证与银行制定合约，银行根据制定合约当天的外汇汇率，通过远期汇率公式，计算出交割当天的外汇汇率，并在那天以该汇率进行成交的外汇买卖业务。远期结售汇系统是我行综合业务系统的一个子系统，它主要包括了联机部分、批量部分、清算部分和通兑部分，具有协议管理、合约管理、报价管理、外汇敞口管理、账务管理、数据拆分管理、报表管理、业务缩微和事后监督等功能。我作为单位的主要技术骨干之一，主持并参与了远期结售汇系统的项目计划、需求分析、设计、编码和测试阶段的工作。

由于银行系统对安全性、可靠性、可用性和响应速度要求很高，我选择了三层 C/S 结构作为该系统的软件体系结构。下面，我将分层次详细介绍三层 C/S 软件体系结构的设计过程。

（1）表示层为字符终端。我行以前一直使用 IBM 的 VISUALGEN 2.0 附带的图形用户终端来开发终端程序，但在使用的过程中，分行的业务人员反映响应速度比较慢，特别是业务量比较大的时候，速度更是难以忍受。为此，我行最近自行开发了一套字符终端 CITE，它采用 VISUAL BASIC 作为开发语言，具有响应速度快、交互能力强、易学、编码快和功能强大的特点，在权衡了两者的优点和缺点之后，我决定选择字符终端 CITE 作为表示层。

（2）中间层为 CICS TRANSATION SERVER（CTS）。首先，我行与 IBM 公司一直保持着良好的合作关系，而我行的大部分技术和设备都采用了 IBM 公司的产品，其中包括了大型机，由于 CICS 在 IBM 的大型机上得到了广泛的应用，并在我行取得了很大的成功，为了保证与原来系统的兼容和互用性，我采用了 IBM 的 CTS 作为中间层，连接表示层和数据库层，简化系统的设计，使开发人员可以专注于表示逻辑和业务逻辑的开发工作，缩短了开发周期，减少开发费用和维护费用，提高了开发的成功率；其次，对于中间层的业务逻辑，我采用了我行一直使用的 VISUALAGE FOR Java 作为开发平台，它具有简单易用的特点，特别适合开发业务逻辑，可以使开发人员快速而准确地开发出业务逻辑，确保了远期结售汇系统的顺利完成；最后，由于采用了 CTS，确保了系统的开放性和互操作性，保证了与我行原来的联机系统和其他系统的兼容，保护了我行的原有投资。

（3）数据层为 DB2 UDB7.1。由于 DB2 在大型事务处理系统中表现出色，我行一直使用 DB2 作为事务处理的数据库，并取得了很大的成功，在 DB2 数据库的使用方面积累了自己独到的经验和大量的人才，为了延续技术的连续性和保护原有投资，我选择了 DB2 UDB7.1 作为数据层。

但是，在设计的过程中我也遇到了一些困难，我主要采取了以下的办法来解决：

（1）CICS SWITCH 组。众所周知，银行系统对于安全性、可靠性、可用性和响应速度要求很高，特别是我行最近进行了数据集中，全国只设两个数据中心，分别在 XX 和 YY 两个地方，这样对以上的要求就更高了，为了保障我行的安全生产，我采用了 CTS SWITCH 组技术，所谓的 CICS SWITCH 组，就是一组相同的 CTS，每个 CTS 上都有相同的业务逻辑，共同作为中间层，消除了单点故障，确保了系统的高度可用性。为了简化系统的设计和缩短通信时间，我采用了简单的负载均衡算法，比如这次分配给第 N 个 CTS，下次则分配给第 N+1 个 CTS，当到了最后一个，就从第一个开始；为了更好地实现容错，我采用了当第 N 个 CTS 失效的时候，把它正在处理的业务转到第 N+1 个上面继续处理，这样大大增加了系统的可用性，可以为客户提供更好的服务；此外，我还采用了数据库连接池的技术，大大缩短了数据库处理速度，提高了系统运行速度。

（2）并行批量。银行系统每天都要处理大量的数据，为了确保白天的业务能顺利进行，有一部分的账务处理，比如一部分内部户账务处理，或者代理收费业务和总账与分户账核对等功能就要到晚上批量地去处理，但是，这部分数据在数据集中之后就显得更加庞大，我行以前采用串行提交批量作业的办法，远远不能适应数据中心亿万级的数据处理要求，在与其他技术骨干讨论之后，并经过充分的论证和试验，我决定采用并行批量的技术，所谓的并行批量，就是在利用 IBM 的 OPC（Operations，Planning and Control）技术，把批量作业按时间和业务处理先后顺序由操作员统一提交的基础上，再利用 DB2 的 PARTITION 技术，把几个地区分到一个 PARTITION 里面分别处理，大大提高了银行系统的数据处理速度，确保了远期结售汇系统三层结构的先进性。在并行批量的设计过程中，我考虑到批量作业有可能因为网络错误或者资源冲突等原因而中断，这样在编写批量程序和作业的时候必须支持断点重提，以确保生产的顺利进行。

由于我的软件三层结构设计得当，并采取了有效的措施去解决设计中遇到的问题，远期结售汇系统最后按照计划完成并顺利投产，不但保证了系统的开放性、可用性和互用性，取得了良好的社会效益和经济效益，而且我的软件三层结构设计得到了同事和领导的一致认同与称赞，为我行以后系统地开发打下了良好的基础。

在总结经验的同时，我也看到了我在软件三层结构设计中的不足之处：首先，负载算法过于简单，容易造成系统的负荷不均衡。由于每个业务的处理时间不一样，有的可能差距很远，简单的顺序加一负载分配算法就容易造成负载不均衡，但是如果专门设置一个分配器，则增加了一次网络通信，使得系统的速度变慢，这样对响应速度要求很高的银行系统来说也是不可行的，于是我决定采用基于统计的分配算法，即在收到请求的时候，根据预先设定的权值，按概率直接分配给 CTS。

其次，由于批量作业顺序设计得不够严谨等各种原因，容易造成资源冲突。在远期结售汇系统运行了一段时间之后，数据中心的维护人员发现了，系统有的时候会出现资源冲突现象，在经过仔细地分析之后，我发现，由于每天各个业务的业务量大小不一样，顺序的两个作业之间访问同一个表的时候便会资源冲突，另外，在 OPC 作业运行的过程中，操作员提交的其他作业与这个时间的 OPC 作业也有可能产生资源冲突。对于第一种情况，可以在不影响业务的情况下调整作业顺序或者对于查询作业运用 DB2 的共享锁的技术，而第二种情况则要制定规范，用规定在某时间段内不允许提交某些作业来解决。为了更好地开展系统分析工作，我将在以后的工作实践中不断地学习，提高自身素质和能力，为我国的软件事业贡献自己的微薄力量。

# 第4篇　模拟试卷

# 第24章
# 综合知识模拟卷

- 某计算机系统采用 5 级流水线结构执行指令，设每条指令的执行由取指令（$2\Delta t$）、分析指令（$1\Delta t$）、取操作数（$3\Delta t$）、运算（$1\Delta t$）和写回结果（$2\Delta t$）组成，并分别用 5 个子部件完成，该流水线的最大吞吐率为___(1)___；若连续向流水线输入 10 条指令，则该流水线的加速比为___(2)___。

  （1）A. $\dfrac{1}{9\Delta t}$　　　　B. $\dfrac{1}{3\Delta t}$　　　　C. $\dfrac{1}{2\Delta t}$　　　　D. $\dfrac{1}{1\Delta t}$

  （2）A. 1:10　　　　B. 2:1　　　　C. 5:2　　　　D. 3:1

- RISC（精简指令系统计算机）的特点不包括___(3)___。

  （3）A. 指令长度固定，指令种类尽量少

  　　　B. 寻址方式尽量丰富，指令功能尽可能强

  　　　C. 增加寄存器数目，以减少访存次数

  　　　D. 用硬布线电路实现指令解码，以尽快完成指令译码

- 把应用程序中应用最频繁的那部分核心程序作为评价计算机性能的标准程序，称为___(4)___程序。___(5)___不是对 Web 服务器进行性能评估的主要指标。

  （4）A. 仿真测试　　B. 核心测试　　C. 基准测试　　D. 标准测试

  （5）A. 丢包率　　　B. 最大并发连接数　C. 响应延迟　　D. 吞吐量

- 某航空公司机票销售系统有 n 个售票点，该系统为每个售票点创建一个进程 Pi（i=1,2,…,n）管理机票销售。假设 Tj（j=1,2,…,m）单元存放某日某航班的机票剩余票数，Temp 为 Pi 进程的临时工作单元，x 为某用户的订票张数。初始化时系统应将信号量 S 赋值为___(6)___。Pi 进程的工作流程如下图所示，若用 P 操作和 V 操作实现进程间的同步与互斥，则图中空（a），空（b）和空（c）处应分别填入___(7)___。

（6）A．0　　　　　　　　B．1　　　　　　　　C．2　　　　　　　D．3

（7）A．P(S)，V(S)和 V(S)　　　　　　　B．P(S)，P(S)和 V(S)

　　　C．V(S)，P(S)和 P(S)　　　　　　　D．V(S)，V(S)和 P(S)

● 假设系统采用段式存储管理方法，进程 P 的段表如下所示。逻辑地址　(8)　不能转换为对应的物理地址；不能转换为对应的物理地址的原因是进行　(9)　。

| 段号 | 基地址 | 段长 |
| --- | --- | --- |
| 0 | 1100 | 800 |
| 1 | 3310 | 50 |
| 2 | 5000 | 200 |
| 3 | 4100 | 580 |
| 4 | 2000 | 100 |

（8）A．(0,790)和(2,88)　　　　　　　B．(1,30)和(3,290)

　　　C．(2,88)和(4,98)　　　　　　　D．(0,810)和(4,120)

（9）A．除法运算时除数为零　　　　　　B．算术运算时有溢出

　　　C．逻辑地址到物理地址转换时地址越界　D．物理地址到逻辑地址转换时地址越界

- 在嵌入式系统设计中，用来进行 CPU 调试的常用接口是 （10） 。

  （10）A．PCI 接口　　　　B．USB 接口　　　　C．网络接口　　　　D．JTAG 接口

- 以下关于嵌入式系统开发的叙述，正确的是 （11） 。

  （11）A．宿主机与目标机之间只需要建立逻辑连接

  　　　B．宿主机与目标机之间只能采用串口通信方式

  　　　C．在宿主机上必须采用交叉编译器来生成目标机的可执行代码

  　　　D．调试器与被调试程序必须安装在同一台机器上

- 以下关于嵌入式系统硬件抽象层的叙述，错误的是 （12） 。

  （12）A．硬件抽象层与硬件密切相关，可对操作系统隐藏硬件的多样性

  　　　B．硬件抽象层将操作系统与硬件平台隔开

  　　　C．硬件抽象层使软硬件的设计与调试可以并行

  　　　D．硬件抽象层应包括设备驱动程序和任务调度

- 若关系 R、S 如下图所示，则关系 R 与 S 进行自然连接运算后的元组个数和属性列数分别为 （13） ；关系代数表达式 $\pi_{1,4}(\sigma_{3=6}(R \times S))$ 与关系代数表达式 （14） 等价。

| R | | | | | S | |
|---|---|---|---|---|---|---|
| A | B | C | D | | C | D |
| 6 | 3 | 1 | 5 | | 1 | 5 |
| 6 | 1 | 5 | 1 | | 7 | 4 |
| 6 | 5 | 7 | 4 | | | |
| 6 | 3 | 7 | 4 | | | |

　（13）A．6 和 6　　　　B．4 和 6　　　　C．3 和 6　　　　D．3 和 4

　（14）A．$\pi_{A,D}(\sigma_{C=D}(R \times S))$　　　　　　B．$\pi_{A,R.D}(\sigma_{S.C=R.D}(R \times S))$

　　　　C．$\pi_{A,R.D}(\sigma_{R.C=S.D}(R \times S))$　　　　D．$\pi_{A,R.D}(\sigma_{S.C=S.D}(R \times S))$

- 设关系模式 R(U,F)，其中 U 为属性集，F 是 U 上的一组函数依赖，那么函数依赖的公理系统（Armstrong 公理系统）中的合并规则是指 （15） 为 F 所蕴含。

　（15）A．若 A→B，B→C，则 A→C　　　　B．若 Y⊆X⊆U，则 X→Y

　　　　C．若 A→B，A→C，则 A→BC　　　　D．若 A→B，C⊆B，则 A→C

- 若关系模式 R 和 S 分别为：R(A,B,C,D)、S(B,C,E,F)，则关系 R 与 S 自然连接运算后的属性列有 （16） 个，与表达方式 $\pi_{1,3,5,6}(\sigma_{3<6}(R \bowtie S))$ 等价的 SQL 语句为：

  SELECT （17） FROM R, S WHERE （18） ；

　（16）A．4　　　　　　B．6　　　　　　C．7　　　　　　D．8

　（17）A．A,R,C,E,F　　B．A,C,S.B,S.E　　C．A,C,S.B,S.C　　D．R.A,R.C,S.B,S.C

　（18）A．R.B=S.B AND R.C=S.C AND R.C<S.B

    B．R.B=S.B AND R.C=S.C AND R.C<S.F

    C．R.B=S.B OR R.C=S.C OR R.C<S.B

    D．R.B=S.B OR R.C=S.C OR R.C<S.F

● 某高校欲构建财务系统，使得用户可通过校园网访问该系统。根据需求，公司给出如下 2 套方案。方案一：

1）出口设备采用 1 台配置防火墙板卡的核心交换机，并且使用防火墙策略将需要对校园网做应用的服务器进行地址映像；

2）采用 4 台高性能服务器实现整体架构，其中 3 台作为财务应用服务器、1 台作为数据备份管理服务器；

3）通过备份管理软件的备份策略将 3 台财务应用服务器的数据进行定期备份。

方案二：

1）出口设备采用 1 台配置防火墙板卡的核心交换机，并且使用防火墙策略将需要对校园网做应用的服务器进行地址映像；

2）采用 2 台高性能服务器实现整体架构，服务器采用虚拟化技术，建多个虚拟机满足财务系统业务需求。当一台服务器出现物理故障时将业务迁移到另外一台物理服务器上。

与方案一相比，方案二的优点是__(19)__。方案二还有一些缺点，下列不属于其缺点的是__(20)__。

（19）A．网络的安全性得到保障        B．数据的安全性得到保障

       C．业务的连续性得到保障        D．业务的可用性得到保障

（20）A．缺少企业级磁盘阵列，不能将数据进行统一的存储与管理

       B．缺少网闸，不能实现财务系统与 Internet 的物理隔离

       C．缺少安全审计，不便于相关行为的记录、存储与分析

       D．缺少内部财务用户接口，不便于快速管理与维护

● 按照网络分层设计模型，通常把局域网设计为 3 层，即核心层、汇聚层和接入层，以下关于分层网络功能的描述中，不正确的是__(21)__。

（21）A．核心层设备负责数据包过滤、策略路由等功能

       B．汇聚层完成路由汇总和协议转换功能

       C．接入层应提供一部分管理功能，例如 MAC 地址认证、计费管理等

       D．接入层负责收集用户信息，例如用户 IP 地址、MAC 地址、访问日志等

● 结构化布线系统分为六个子系统，其中水平子系统__(22)__。

（22）A．由各种交叉连接设备以及集线器和交换机等设备组成

       B．连接了干线子系统和工作区子系统

       C．由终端设备到信息插座的整个区域组成

       D．实现各楼层设备间子系统之间的互连

● ARP 攻击造成网络无法跨网段通信的原因是__(23)__。

（23）A．发送大量 ARP 报文造成网络拥塞

B．伪造网关 ARP 报文使得数据包无法发送到网关

C．ARP 攻击破坏了网络的物理连通性

D．ARP 攻击破坏了网关设备

● 看门狗（Watch Dog）是嵌入式系统中一种常用的保证系统可靠性的技术，　（24）　会产生看门狗中断。

（24）A．软件喂狗 　　　　　　　　　　　　　B．处理器温度过高

　　　　C．外部中断 　　　　　　　　　　　　　D．看门狗定时器超时

● 随着业务的增长，信息系统的访问量和数据流量快速增加，采用负载均衡（Load Balance）方法可避免由此导致的系统性能下降甚至崩溃。以下关于负载均衡的叙述中，错误的是　（25）　。

（25）A．负载均衡通常由服务器端安装的附加软件来实现

　　　　B．负载均衡并不会增加系统的吞吐量

　　　　C．负载均衡可在不同地理位置、不同网络结构的服务器群之间进行

　　　　D．负载均衡可使用户只通过一个 IP 地址或域名就能访问相应的服务器

● 软件著作权保护的对象不包括　（26）　。

（26）A．源程序 　　　B．目标程序 　　　C．用户手册 　　　D．处理过程

● M 公司购买了 N 画家创作的一幅美术作品原件。M 公司未经 N 画家的许可，擅自将这幅美术作品作为商标注册，并大量复制用于该公司的产品上。M 公司的行为侵犯了 N 画家的　（27）　。

（27）A．著作权 　　　B．发表权 　　　C．商标权 　　　D．展览权

● M 软件公司的软件产品注册商标为 N，为确保公司在市场竞争中占据优势，对员工进行了保密约束。此情形下，　（28）　的说法是错误的。

（28）A．公司享有商业秘密权 　　　　　　　　B．公司享有软件著作权

　　　　C．公司享有专利权 　　　　　　　　　　D．公司享有商标权

● 企业信息化一定要建立在企业战略规划基础之上，以企业战略规划为基础建立的企业管理模式是建立　（29）　的依据。

（29）A．企业战略数据模型 　　　　　　　　　　B．企业业务运作模型

　　　　C．企业信息系统架构 　　　　　　　　　　D．企业决策支持

● ERP 是对企业物流资源，资金流资源和信息流资源进行全面集成管理的管理信息系统。在 ERP 五个层次的计划中，　（30）　根据经营计划的生产目标制订，是对企业经营计划的细化；　（31）　说明了在一定时期内生产什么，生产多少和什么时候交货，它的编制是 ERP 的主要工作内容；　（32）　能够帮助企业尽早发现企业生产能力的瓶颈，为实现企业的生产任务提供能力方面的保障。

（30）A．销售管理计划 　B．生产预测计划 　C．生产计划大纲 　D．主生产计划

（31）A．经营计划 　　　B．车间作业计划 　C．物料需求计划 　D．主生产计划

（32）A．采购与库存计划 　　　　　　　　　　B．能力需求计划

　　　　C．物料需求计划 　　　　　　　　　　D．质量管理计划

- 商业智能是企业对商业数据的搜集、管理和分析的系统过程，主要技术包括 __(33)__ 。
  - (33) A. 数据仓库、联机分析和数据挖掘
  - B. 数据采集、数据清洗和数据挖掘
  - C. 联机分析、多维度分析和跨维度分析
  - D. 数据仓库、数据挖掘和业务优化重组

- 软件过程是制作软件产品的一组活动以及结果，这些活动主要由软件人员来完成，主要包括 __(34)__ 。软件过程模型是软件开发实际过程的抽象与概括，它应该包括构成软件过程的各种活动。软件过程有各种各样的模型，其中， __(35)__ 的活动之间存在因果关系，前一阶段工作的结果是后一段阶段工作的输入描述。
  - (34) A. 软件描述、软件开发和软件测试
  - B. 软件开发、软件有效性验证和软件测试
  - C. 软件描述、软件设计、软件实现和软件测试
  - D. 软件描述、软件开发、软件有效性验证和软件进化
  - (35) A. 瀑布模型　　B. 原型模型　　C. 螺旋模型　　D. 基于构建的模型

- 以下关于敏捷方法的叙述中， __(36)__ 是不正确的。
  - (36) A. 敏捷型方法的思考角度是"面向开发过程"的
  - B. 极限编程是著名的敏捷开发方法
  - C. 敏捷型方法是"适应性"而非"预设性"
  - D. 敏捷开发方法是迭代增量式的开发方法

- __(37)__ 在软件开发机构中被广泛用来指导软件过程改进。
  - (37) A. 能力成熟度模型（Capacity Maturity Model）
  - B. 关键过程领域（Key Process Areas）
  - C. 需求跟踪能力链（Traceability Link）
  - D. 工作分解结构（Work Breakdown Structure）

- __(38)__ 是关于需求管理正确的说法。
  - (38) A. 为达到过程能力成熟度模型第二级，组织机构必须具有 3 个关键过程域
  - B. 需求的稳定性不属于需求属性
  - C. 需求变更的管理过程遵循变更分析和成本计算、问题分析和变更描述、变更实现的顺序
  - D. 变更控制委员会对项目中任何基线工作产品的变更都可以做出决定

- 螺旋模型在 __(39)__ 的基础上扩展而成。
  - (39) A. 瀑布模型　　B. 原型模型　　C. 快速模型　　D. 面向对象模型

- __(40)__ 适用于程序开发人员在地域上分布很广的开发团队。
  - (40) A. 水晶系列（Crystal）开发方法　　B. 开放式源码（Open Source）开发方法
  - C. SCRUM 开发方法　　D. 功用驱动开发方法（FDD）

● 面向对象的分析模型主要由 ___(41)___ 、用例与用例图、领域概念模型构成；设计模型则包含以包图表示的软件体系结构图、以交互图表示的 ___(42)___ 、完整精确的类图、针对复杂对象的状态图和描述流程化处理过程的 ___(43)___ 等。

(41) A．业务活动图　　　B．顶层架构图　　　C．数据流模型　　　D．实体联系图

(42) A．功能分解图　　　B．时序关系图　　　C．用例实现图　　　D．软件部署图

(43) A．序列图　　　　　B．协作图　　　　　C．流程图　　　　　D．活动图

● 一组对象以定义良好但是复杂的方式进行通信，产生的相互依赖关系结构混乱且难以理解。采用 ___(44)___ 模式，用一个特定对象来封装一系列的对象交互，从而使各对象不需要显式地相互引用，使其耦合松散，而且可以独立地改变它们之间的交互。

(44) A．解释器（Interpreter）　　　　　　　B．策略（Strategy）

　　　C．中介者（Mediator）　　　　　　　　D．迭代器（Iterator）

● 某广告公司的宣传产品有宣传册、文章、传单等多种形式，宣传产品的出版方式包括纸质方式、CD、DVD、在线发布等。现要求为该广告公司设计一个管理这些宣传产品的应用，采用 ___(45)___ 设计模式较为合适，该模式 ___(46)___ 。

(45) A．Decorator　　　B．Adapter　　　C．Bridge　　　D．Facade

(46) A．将一系列复杂的类包装成一个简单的封闭接口

　　　B．将抽象部分与它的实现部分分离，使它们都可以独立地变化

　　　C．可在不影响其他对象的情况下，以动态、透明的方式给单个对象添加职责

　　　D．将一个接口转换为客户希望的另一个接口

● 体系结构文档化有助于辅助系统分析人员和程序员去实现体系结构。体系结构文档化过程的主要输出包括 ___(47)___ 。

(47) A．体系结构规格说明、测试体系结构需求的质量设计说明书

　　　B．质量属性说明书、体系结构描述

　　　C．体系结构规格说明、软件功能需求说明

　　　D．多视图体系结构模型、体系结构验证说明

● 软件架构风格描述某一特定领域中的系统组织方式和惯用模式，反映了领域中众多系统所共有的 ___(48)___ 特征。对于语音识别、知识推理等问题复杂、解空间很大、求解过程不确定的这一类软件系统，通常会采用 ___(49)___ 架构风格。对于因数据输入某个构件，经过内部处理，产生数据输出的系统，通常会采用 ___(50)___ 架构风格。

(48) A．语法和语义　　B．结构和语义　　C．静态和动态　　D．行为和约束

(49) A．管道-过滤器　　B．解释器　　　C．黑板　　　　　D．过程控制

(50) A．事件驱动系统　B．黑板　　　　C．管道-过滤器　　D．分层系统

● 面向服务系统构建过程中，___(51)___ 用于实现 Web 服务的远程调用，___(52)___ 用来将分散的、功能单一的 Web 服务组织成一个复杂的有机应用。

(51) A．UDDI（Universal Description Discovery and Integration）

  B．WSDL（Web Service Description Language）

  C．SOAP（Simple Object Access Protocol）

  D．BPEL（Business Process Execution Language）

（52）A．UDDI（Universal Description Discovery and Integration）

  B．WSDL（Web Service Description Language）

  C．SOAP（Simple Object Access Protocol）

  D．BPEL（Business Process Execution Language）

- ___（53）___ 架构风格可以概括为通过连接件绑定在一起按照一组规则运作的并行构件。

（53）A．C2　　　　B．黑板系统　　　C．规则系统　　　D．虚拟机

- DSSA 是在一个特定应用领域中为一组应用提供组织结构参考的软件体系结构,参与 DSSA 的人员可以划分为 4 种角色,包括领域专家、领域设计人员、领域实现人员和 ___（54）___ ,其基本活动包括领域分析、领域设计和 ___（55）___ 。

（54）A．领域测试人员　　　　　　　B．领域顾问

  C．领域分析师　　　　　　　D．领域经理

（55）A．领域建模　　B．架构设计　　C．领域实现　　D．领域评估

- 某公司欲开发一个智能机器人系统,在架构设计阶段,公司的架构师识别出 3 个核心质量属性场景。其中"机器人系统主电源断电后,能够在 10 秒内自动启动备用电源并进行切换,恢复正常运行"主要与 ___（56）___ 质量属性相关,通常可采用 ___（57）___ 架构策略实现该属性;"机器人在正常运动过程中如果发现前方 2 米内有人或者障碍物,应在 1 秒内停止并在 2 秒内选择一条新的运行路径"主要与 ___（58）___ 质量属性相关,通常可采用 ___（59）___ 架构策略实现该属性;"对机器人的远程控制命令应该进行加密,从而能够抵挡恶意的入侵破坏行为,并对攻击进行报警和记录"主要与 ___（60）___ 质量属性相关,通常可采用 ___（61）___ 架构策略实现该属性。

（56）A．可用性　　B．性能　　　　C．易用性　　　D．可修改性

（57）A．抽象接口　　B．信息隐藏　　C．主动冗余　　D．记录/回放

（58）A．可测试性　　B．易用性　　C．互操作性　　D．性能

（59）A．资源调度　　B．操作串行化　　C．心跳　　D．内置监控器

（60）A．可用性　　B．安全性　　C．可测试性　　D．可修改性

（61）A．内置监控器　　B．追踪审计　　C．记录/回放　　D．维护现有接口

- 某公司拟开发一个地面清洁机器人。机器人的控制者首先定义清洁任务和任务之间的关系,机器人接受任务后,需要响应外界环境中触发的一些突发事件,根据自身状态进行动态调整,最终自动完成任务。针对上述需求,该机器人采用 ___（62）___ 架构风格最为合适。

（62）A．面向对象　　B．主程序-子程序　　C．规则系统　　D．管道-过滤器

- 特定领域软件架构（DSSA）是在一个特定应用领域为一组应用提供组织结构参考的标准软件架构。实施 DSSA 的过程中包括一系列基本的活动,其中 ___（63）___ 活动的主要目的是为了获

得 DSSA。该活动参加人员中，___（64）___的主要任务是提供关于领域中系统的需求规约和实现的知识。

（63）A．领域需求　　　B．领域分析　　　C．领域设计　　　D．领域实现

（64）A．领域专家　　　B．领域分析者　　　C．领域设计者　　　D．领域实现者

● 详细的项目范围说明书是项目成功的关键。___（65）___不应该属于范围定义的输入。

（65）A．项目章程　　　　　　　　　　B．项目范围管理计划

　　　C．批准的变更申请　　　　　　　D．项目文档管理方案

● 项目时间管理包括使项目按时完成所必需的管理过程，活动定义是其中的一个重要过程。通常可以使用___（66）___来进行活动定义。

（66）A．鱼骨图　　　　　　　　　　　B．工作分解结构（WBS）

　　　C．层次分解结构　　　　　　　　D．功能分解图

● 软件产品配置是指一个软件产品在生存周期各个阶段所产生的各种形式和各种版本的文档、计算机程序、部件及数据的集合。该集合的每一个元素称为该产品配置中的一个配置项。下列不应该属于配置项的是___（67）___。

（67）A．源代码清单　　　　　　　　　B．设计规格说明书

　　　C．软件项目实施计划　　　　　　D．CASE 工具操作手册

● 某乡 8 个小村（编号为 1～8）之间的距离见下表（单位：km）。1 号村离水库最近，为 5km，从水库开始铺设水管将各村连接起来，最少需要铺设___（68）___长的水管（为便于管理和维修，水管分岔必须设在各村处）。

| 从\到 | 2 | 3 | 4 | 5 | 6 | 7 | 8 |
|---|---|---|---|---|---|---|---|
| 1 | 1.5 | 2.5 | 1.0 | 2.0 | 2.5 | 3.5 | 1.5 |
| 2 | | 1.0 | 2.0 | 1.0 | 3.0 | 2.5 | 1.8 |
| 3 | | | 2.5 | 2.0 | 2.5 | 2.0 | 1.0 |
| 4 | | | | 2.5 | 1.5 | 1.5 | 1.0 |
| 5 | | | | | 3.0 | 1.8 | 1.5 |
| 6 | | | | | | 0.8 | 1.0 |
| 7 | | | | | | | 0.5 |

（68）A．6.3km　　　B．11.3km　　　C．11.8km　　　D．16.8km

● 某地天然气输送管线网络图如下，每段管线旁边数字表示输气能力（单位：万 m³/h）。根据该图，从源（S）到目的地（T）的最大输气能力为___（69）___万 m³/h。

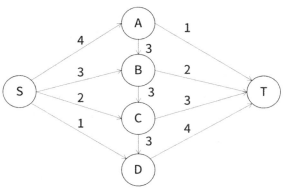

（69）A．4　　　　　B．8　　　　　C．9　　　　　D．10

● 某公司需要将 4 吨贵金属材料分配给下属的甲、乙、丙三个子公司（单位：吨）。据测算，各子公司得到这些材料后所能获得的利润（单位：万元）见下表：

| 子公司 | 材料 | | | |
|---|---|---|---|---|
| | 1 吨 | 2 吨 | 3 吨 | 4 吨 |
| 甲 | 4 | 7 | 10 | 13 |
| 乙 | 5 | 9 | 11 | 13 |
| 丙 | 4 | 6 | 11 | 14 |

根据此表，只要材料分配适当，该公司最多可以获得利润　（70）　万元。

（70）A．14　　　　　B．16　　　　　C．17　　　　　D．18

● The architecture design specifies the overall architecture and the placement of software and hardware that will be used. Architecture design is a very complex process that is often left to experienced architecture designers and consultants. The first step is to refine the　（71）　into more detailed requirements that are then employed to help select the architecture to be used and the software components to be placed on each device. In a　（72）　, one also has to decide whether to use a two-tier, three-tier,or n-tier architecture. Then the requirements and the architecture design are used to develop the hardware and software specification. There are four primary types of nonfunctional requirements that can be important in designing the architecture. 　（73）　specify the operating environment(s) in which the system must perform and how those may change over time. 　（74）　focus on the nonfunctional requirements issues such as response time,capacity,and reliability. 　（75）　are the abilities to protect the information system from disruption and data loss, whether caused by an intentional act. Cultural and political requirements are specific to the countries in which the system will be used.

（71）A．functional requirements　　　　　　B．nonfunctional requirements

        C．system constraint            D．system operational environment

（72）A．client-based architecture      B．server-based architecture

        C．network architecture            D．client-server architecture

（73）A．Operational requirements      B．Speed requirement

        C．Access control requirements    D．Customization requirements

（74）A．Environment requirements      B．Maintainability requirements

        C．Performance requirements      D．Virus control requirements

（75）A．Safety requirements           B．Security requirements

        C．Data management requirements  D．System requirements

# 综合知识模拟卷答案解析

（1）（2）**参考答案**：B　C

🔖**解析**　本题考查流水线计算。流水线周期为：$3\Delta t$。

流水线的吞吐率为：指令条数/流水线执行时间，即 $n/(2\Delta t+1\Delta t+3\Delta t+1\Delta t+2\Delta t+(n-1)\times 3\Delta t)=n/(6\Delta t+3n\Delta t)$ 流水线的最大吞吐率就是上面的式子中，$n$ 趋向于无穷大的结果。当 $n$ 趋向于无穷大时，上式的结果为：$1/3\Delta t$。所以应该选 B。

流水线加速比=不用流水线的执行时间/使用流水线的执行时间。10 条指令不用流水线的执行时间=$(2\Delta t+1\Delta t+3\Delta t+1\Delta t+2\Delta t)\times 10=90\Delta t$。10 条指令使用流水线的执行时间=$(2\Delta t+1\Delta t+3\Delta t+1\Delta t+2\Delta t)+(10-1)\times 3\Delta t=36\Delta t$。所以加速比为：$90\Delta t/36\Delta t=5:2$。

（3）**参考答案**：B

🔖**解析**　RISC 与 CISC 的对比如下表所示：

| 指令系统类型 | 指令 | 寻址方式 | 实现方式 | 其他 |
|---|---|---|---|---|
| CISC（复杂） | 数量多，使用频率差别大，可变长格式 | 支持多种 | 微程序控制技术（微码） | 研制周期长 |
| RISC（精简） | 数量少，使用频率接近，定长格式，大部分为单周期指令，操作寄存器，只有 Load/Store 操作内存 | 支持方式少 | 增加了通用寄存器；硬布线逻辑控制为主；适合采用流水线 | 优化编译，有效支持高级语言 |

寻址方式尽量丰富不是 RISC 的特点，而是 CISC 的特点。

（4）（5）**参考答案**：C　A

🔖**解析**　本题考查基本概念，应用最频繁的那部分核心程序作为评价计算机性能的标准程序，

系统架构设计师备考一本通

称为基准测试程序。丢包率不应作为 Web 服务器性能评估的主要指标，而应作为网络的相关指标。

（6）（7）**参考答案：B A**

**解析** 在此题中，信号量 S 是一个互斥信号量，作用是避免多个进程同时对余票数量进行处理导致问题，所以初值应置为 1。程序中（a）应使用 P(S)操作，代表占用资源，（c）是成功完成订票时释放资源进行的操作，应该进行 V(S)操作，（b）是指当前没有足够的余票，未完成出票，此时，也要释放资源，所以也应该进行 V(S)操作。

（8）（9）**参考答案：D C**

**解析** 逻辑地址(0,810)不能转换成对应的物理地址，原因是：0 号段的段长为800，而此逻辑地址偏移量为 810，已超出段长，所以越界。逻辑地址(4,120)存在同样的问题。

（10）**参考答案：D**

**解析** 联合测试工作组（Joint Test Action Group，JTAG）是一种国际标准测试协议（IEEE 1149.1 兼容），主要用于芯片内部测试。现在多数的高级器件都支持 JTAG 协议，如 DSP、FPGA 器件等。标准的 JTAG 接口是 4 线：TMS、TCK、TDI、TDO，分别为模式选择、时钟、数据输入线和数据输出线。

（11）**参考答案：C**

**解析** 在嵌入式系统开发中，由于嵌入式设备不具备足够的处理器能力和存储空间，程序开发一般用 PC（宿主机）来完成，然后将可执行文件下载到嵌入式系统（目标机）中运行。当宿主机与目标机的机器指令不同时，就需要交叉工具链（指编译、汇编、链接等一整套工具）。

（12）**参考答案：D**

**解析** 硬件抽象层是位于操作系统内核与硬件电路之间的接口层，其目的在于将硬件抽象化。它隐藏了特定平台的硬件接口细节，为操作系统提供虚拟硬件平台，使其具有硬件无关性，可在多种平台上进行移植。

（13）（14）**参考答案：D C**

**解析** 自然连接运算的基本规则是：对两个参与运算的关系中，共同拥有的属性进行等值连接，并将结果中相同列，只保留 1 个。所以运算之后，元组个数为 3，而属性的个数为 4。

（15）**参考答案：C**

**解析** A 选项对应的是传递律。B 选项对应的是自反律。C 选项对应的是合并规则。D 选项对应的是分解规则。

（16）（17）（18）**参考答案：B A B**

**解析** 本题考查关系代数运算与 SQL 查询方面的基础知识。自然连接 R⋈S 是指 R 与 S 关系中相同属性列名的等值连接运算后，再去掉右边重复的属性列名 S.B、S.C，所以经 R⋈S 运算后的属性列名为：R.A、R.B、R.C、R.D、S.E 和 S.F，共有 6 个属性列。$\pi_{1,3,5,6}(\sigma_{3<6}(R⋈S))$的含义是从 R⋈S 结果集中选取 R.C<S.F 的元组，再进行 R.A、R.C、S.E 和 S.F 投影，故选项 A 是正确的。由于自然连接 R⋈S 是指 R 与 S 关系中相同属性列名的等值连接，故需要用条件

"WHERE R.B=S.B AND R.C=S.C"来限定；又由于经自然连接 R ⋈ S 运算后，去掉了右边重复的属性列名 S.B、S.C 使得第三列属性列名和第六列属性列名分别为 R.C、S.F，所以选取运算 σ3<6 需要用条件"WHERE R.C<S.F"来限定。

（19）（20）**参考答案**：C　B

🖝**解析**　本题考查网络规划与设计案例。与方案一相比，方案二服务器采用虚拟化技术，当一台服务器出现物理故障时将业务迁移到另外一台物理服务器上，保障了业务的连续性。网络的安全性、数据的安全性、业务的可用性都没有发生实质性变化。当然方案二还有一些缺陷。首先缺少将数据进行统一的存储与管理的企业级磁盘阵列；其次缺少安全审计，不便于相关行为的记录、存储与分析；而且缺少内部财务用户接口，不便于快速管理与维护。但是如果加网闸，就不能实现对财务系统的访问。不能实现用户可通过校园网对财务系统的访问。

（21）**参考答案**：A

🖝**解析**　数据包过滤与策略路由的功能是由汇聚层来完成的，而非核心层。

（22）**参考答案**：B

🖝**解析**　水平子系统是指从楼层管理间到信息插口这一段，它连接了垂直干线子系统与工作区子系统。

（23）**参考答案**：B

🖝**解析**　本题主要考查 ARP 攻击的定义和特点。ARP 攻击是针对以太网地址解析协议（ARP）的一种攻击技术，此种攻击可让攻击者取得局域网上的数据封包甚至可篡改封包，且可让网络上特定计算机或所有计算机无法正常连接。ARP 攻击造成网络无法跨网段通信的原因是伪造网关 ARP 报文使得数据包无法发送到网关。

（24）**参考答案**：D

🖝**解析**　看门狗技术是一种计算机程序监视技术，防止程序由于干扰等原因而进入死循环，一般用于计算机控制系统。原理是不断监测程序循环运行的时间，一旦发现程序运行时间超过循环设定的时间，就认为系统已陷入死循环，然后强迫程序返回到已安排了出错处理程序的入口地处，使系统回到正常运行。从其定义与特点可知当看门狗定时器超时的时候，会产生看门狗中断。

（25）**参考答案**：B

🖝**解析**　负载均衡建立在现有网络结构之上，它提供了一种廉价、有效、透明的方法，来扩展网络设备和服务器的带宽、增加吞吐量、加强网络数据处理能力、提高网络的灵活性和可用性。负载均衡有两方面的含义：首先，大量的并发访问或数据流量分担到多台节点设备上分别处理，减少用户等待响应的时间；其次，单个重负载的运算分担到多台节点设备上做并行处理，每个节点设备处理结束后，将结果汇总，返回给用户，系统处理能力得到大幅度提高。

（26）**参考答案**：D

🖝**解析**　软件著作权中规定：开发软件所用的思想、处理过程、操作方法或者数学概念不受保护。

（27）**参考答案**：A

🔖**解析**　著作权法规定：美术作品的著作权不随原作品所有权的转变而发生变化。所以 M 公司购买 N 画家的美术作品，著作权不归 M 公司，而归 N 画家。M 公司将美术作品注册为商标，是侵犯了 N 画家著作权的。

（28）**参考答案**：C

🔖**解析**　在题目的描述中，未体现出有申请专利的行为，所以不享有专利权。

（29）**参考答案**：A

🔖**解析**　企业信息化一定要建立在企业战略规划基础之上，以企业战略规划为基础建立的企业管理模式是建立企业战略数据模型的依据。企业信息化就是技术和业务的融合。这个"融合"并不是简单地利用信息系统对手工的作业流程进行自动化，而是需要从企业战略的层面、业务运作层面、管理运作层面这 3 个层面来实现。企业信息化建设与其说是一场技术变革，还不如说是对企业的经营管理和业务流程的一次革命，它是借助于先进的信息技术和网络技术的价值链进行重构。同时，企业信息化是一个不断发展、变化的过程，它没有终点，至少目前还看不到终点。企业信息化方法并不同于信息系统建设方法，这是因为信息系统建设方法是一个具体的信息项目建设的方法，而企业信息化方法是整个企业实现信息化的方法，因此，企业信息化方法要比信息系统建设方法层次更高、涉及面更广。

（30）（31）（32）**参考答案**：C　D　B

🔖**解析**　生产计划大纲（Production Planning，PP）是根据经营计划的生产目标制订的，是对企业经营计划的细化，用以描述企业在可用资源的条件下，在一定时期中的产量计划。生产计划大纲在企业决策层的三个计划中有承上启下的作用，一方面它是企业经营计划和战略规划的细化，另一方面它又用于指导企业编制主生产计划，指导企业有计划地进行生产。

主生产计划（Master Production Schedule，MPS）是对企业生产计划大纲的细化，说明在一定时期内的如下计划：生产什么，生产多少和什么时候交货。主生产计划的编制以生产大纲为准，其汇总结果应当等同于生产计划大纲，同时，主生产计划又是其下一层计划——物料需求计划的编制依据。主生产计划的编制是 ERP 的主要工作内容。主生产计划的质量将大大影响企业的生产组织工作和资源的利用。

物料需求计划（Material Requirement Planning，MRP）是对主生产计划的各个项目所需的全部制造件和全部采购件的网络支持计划和时间进度计划。它根据主生产计划对最终产品的需求数量和交货期，推导出构成产品的零部件及材料的需求数量和需求时期，再导出自制零部件的制作订单下达日期和采购件的采购订单发送日期，并进行需求资源和可用能力之间的进一步平衡。物料需求计划是生产管理的核心，它将主生产计划安排生产的产品分解成各自制零部件的生产计划和采购件的采购计划。物料需求计划属于 ERP 管理层计划。

能力需求计划（Capacity Requirements Planning，CRP）是对物料需求计划所需能力进行核算的一种计划管理方法。旨在通过分析比较 MRP 的需求和企业现有生产能力，及早发现能力的瓶颈所在，为实现企业的生产任务而提供能力方面的保障。

车间作业计划（Production Activity Control，PAC）是在 MRP 所产生的加工制造订单（即自制零部件生产计划)的基础上，按照交货期的前后和生产优先级选择原则以及车间的生产资源情况(如设备、人员、物料的可用性、加工能力的大小等)，将零部件的生产计划以订单的形式下达给适当的车间。车间作业计划属于 ERP 执行层计划。当前主流的车间作业计划模式是 JIT（Just In Time）模式。

（33）**参考答案：**A

**解析** 商业智能的核心技术包括：数据仓库、数据挖掘、联机分析处理。

（34）（35）**参考答案：**D    A

**解析** 软件过程是制作软件产品的一组活动以及结果，这些活动主要由软件人员来完成，软件活动主要有：

1）软件描述。必须定义软件功能以及使用的限制。

2）软件开发。也就是软件的设计和实现，软件工程人员制作出能满足描述的软件。

3）软件有效性验证。软件必须经过严格的验证，以保证能够满足客户的需求。

4）软件进化。软件随着客户需求的变化不断地改进。

瀑布模型的特点是因果关系紧密相连，前一个阶段工作的结果是后一个阶段工作的输入。或者说，每一个阶段都是建筑在前一个阶段正确结果之上,前一个阶段的错漏会隐蔽地带到后一个阶段。这种错误有时甚至可能是灾难性的。因此每一个阶段工作完成后，都要进行审查和确认，这是非常重要的。历史上，瀑布模型起到了重要作用，它的出现有利于人员的组织管理，有利于软件开发方法和工具的研究。

（36）**参考答案：**A

**解析** 敏捷方法是面向对象的，而非面向过程。

（37）**参考答案：**A

**解析** CMM 即软件开发能力成熟度模型，是用来指导软件过程改进的。

（38）**参考答案：**D

**解析** 过程能力成熟度模型（CMM）在软件开发机构中被广泛用来指导软件过程改进。该模型描述了软件处理能力的 5 个成熟级别。为了达到过程能力成熟度模型的第二级，组织机构必须具有 6 个关键过程域（Key Process Areas，KPA）。除了文本，每一个功能需求应该有一些相关的信息与它联系，我们把这些信息称为需求属性。对于一个大型的复杂项目来说，丰富的属性类别显得尤为重要。例如，在文档中考虑和明确如下属性：创建需求的时间、需求的版本号、创建需求的作者、负责认可该软件需求的人员、需求状态、需求的原因和根据、需求涉及的子系统、需求涉及的产品版本号、使用的验证方法或者接受的测试标准、产品的优先级或者重要程度、需求的稳定性。

需求的变更遵循以下流程：

1）问题分析和变更描述。这是识别和分析需求问题或者发出一份明确的变更提议，以检查它的有效性，从而产生一个更明确的需求变更提议。

2）变更分析和成本计算。使用可追溯性信息和系统需求的一般知识，对需求变更提议进行影响分析和评估。变更成本计算应该包括对需求文档的修改、系统修改的设计和实现的成本。一旦分析完成并且被确认，应该进行是否执行这一变更的决策。

3）变更实现。这要求需求文档和系统设计以及实现都要同时修改。如果先对系统的程序做变更，然后再修改需求文档，这几乎不可避免地会出现需求文档和程序的不一致。

（39）**参考答案：C**

**解析** 螺旋模型是在快速模型的基础上扩展而成的。

（40）**参考答案：B**

**解析** 1）极限编程（Extreme Programming，XP）在所有的敏捷型方法中，极限编程是最引人瞩目的。它源于 Smalltalk 圈子，特别是 Kent Beck 和 Ward Cunningham 在 20 世纪 80 年代末的密切合作。XP 在一些对费用控制严格的公司中的使用，已经被证明是非常有效的。

2）Cockburn 的水晶系列方法，水晶系列方法是由 Alistair Cockburn 提出的。它与 XP 方法一样，都有以人为中心的理念，但在实践上有所不同。Alistair 考虑到人们一般很难严格遵循一个纪律约束很强的过程，因此，与 XP 的高度纪律性不同，Alistair 探索了用最少纪律约束而仍能成功的方法，从而在产出效率与易于运作上达到一种平衡。也就是说，虽然水晶系列不如 XP 那样的产出效率，但会有更多的人能够接受并遵循它。

3）开放式源码，这里提到的开放式源码指的是开放源码界所用的一种运作方式。开放式源码项目有一个特别之处，就是程序开发人员在地域上分布很广，这使得它和其他敏捷方法不同，因为一般的敏捷方法都强调项目组成员在同一地点工作。开放源码的一个突出特点就是查错排障（debug）的高度并行性，任何人发现了错误都可将改正源码的"补丁"文件发给维护者。然后由维护者将这些"补丁"或是新增的代码并入源码库。

4）SCRUM。SCRUM 已经出现很久了，像前面所论及的方法一样，该方法强调这样一个事实，即明确定义了的可重复的方法过程只限于在明确定义了的可重复的环境中，为明确定义了的可重复的人员所用，去解决明确定义了的可重复的问题。

5）Coad 的功用驱动开发方法（Feature Driven Development，FDD）。FDD 是由 Jeff De Luca 和大师 Peter Coad 提出来的。像其他方法一样，它致力于短时的迭代阶段和可见可用的功能。在 FDD 中，一个迭代周期一般是两周。在 FDD 中，编程开发人员分成两类：首席程序员和"类"程序员（Class Owner）。首席程序员是最富有经验的开发人员，他们是项目的协调者、设计者和指导者，而"类"程序员则主要做源码编写。

6）ASD（Adaptive Software Development）方法由 Jim Highsmith 提出，其核心是 3 个非线性的、重叠的开发阶段：猜测、合作与学习。

（41）（42）（43）**参考答案：B C D**

**解析** 本题考查的是面向对象的分析设计，面向对象的分析模型主要由顶层架构图、用例与用例图、领域概念模型构成；设计模型则包含以包图表示的软件体系结构图、以交互图表示的用例实现图、完整精确的类图、针对复杂对象的状态图和用以描述流程化处理过程的活动图等。

（44）**参考答案**：C

**解析**　1）解释器（Interpreter）模式。解释器模式属于类的行为型模式，描述了如何为语言定义一个文法，如何在该语言中表示一个句子，以及如何解释这些句子，这里的"语言"是使用规定格式和语法的代码。解释器模式主要用在编译器中，在应用系统开发中很少用到。

2）策略（Strategy）模式。策略模式是一种对象的行为型模式，定义一系列算法，并将每一个算法封装起来，并让它们可以相互替换。策略模式让算法独立于使用它的客户而变化，其目的是将行为和环境分隔，当出现新的行为时，只需要实现新的策略类。

3）中介者（Mediator）模式。中介者模式是一种对象的行为型模式，通过一个中介对象来封装一系列的对象交互。中介者使得各对象不需要显式地相互引用，从而使其耦合松散，而且可以独立地改变它们之间的交互。中介者对象的存在保证了对象结构上的稳定，也就是说，系统的结构不会因为新对象的引入带来大量的修改工作。

4）迭代器（Iterator）模式。迭代器模式是一种对象的行为型模式，提供了一种方法来访问聚合对象，而不用暴露这个对象的内部表示。迭代器模式支持以不同的方式遍历一个聚合对象，复杂的聚合可用多种方法来进行遍历；允许在同一个聚合上可以有多个遍历，每个迭代器保持它自己的遍历状态，因此，可以同时进行多个遍历操作。

（45）（46）**参考答案**：C　B

**解析**　本题考点是设计模式，不同的设计模式可以应用于不同的场景，在本题题干部分提到宣传产品有多种表现形式，又有多种媒介，如果用一棵类树来表达，必然会带来"类爆炸"的问题，所以使用桥接模式是合适的。桥接模式的最核心特点便是：将抽象部分与它的实现部分分离，使它们都可以独立地变化。

（47）**参考答案**：A

**解析**　体系结构文档化过程的主要输出结果是体系结构规格说明和测试体系结构需求的质量设计说明书这两个文档。软件体系结构的文档要求与软件开发项目中的其他文档是类似的。文档的完整性和质量是软件体系结构成功的关键因素。文档要从使用者的角度进行编写，必须分发给所有与系统有关的开发人员，且必须保证开发者手上的文档是最新的。

（48）（49）（50）**参考答案**：B　C　C

**解析**　体系结构风格反映了领域中众多系统所共有的结构和语义特性，并指导如何将各个模块和子系统有效地组织成一个完整的系统。对软件体系结构风格的研究和实践促进对设计的重用，一些经过实践证实的解决方案也可以可靠地用于解决新的问题。例如，如果某人把系统描述为"客户/服务器"模式，则不必给出设计细节，我们立刻就会明白系统是如何组织和工作的。

语音识别是黑板风格的经典应用场景。

输入某个构件，经过内部处理，产生数据输出的系统，正是管道-过滤器中过滤器的职能，把多个过滤器使用管道相联的风格为管道-过滤器风格。

（51）（52）**参考答案**：C　D

**解析**　UDDI 用于 Web 服务注册和服务查找；WSDL 用于描述 Web 服务的接口和操作功能；SOAP 为建立 Web 服务和服务请求之间的通信提供支持。翻译成中文的意思是面向 Web 服务的业务流程执行语言，也有的文献简写成 BPEL4WS，它是一种使用 Web 服务定义和执行业务流程的语言。使用 BPEL，用户可以通过组合、编排和协调 Web 服务自上而下地实现面向服务的体系结构（SOA）。BPEL 提供了一种相对简单易懂的方法，可将多个 Web 服务组合到一个新的复合服务（称作业务流程）中。

（53）**参考答案**：A

**解析**　C2 体系结构风格可以概括为：通过连接件绑定在一起的按照一组规则运作的并行构件网络。C2 风格中的系统组织规则如下：

1）系统中的构件和连接件都有一个顶部和一个底部。

2）构件的顶部应连接到某连接件的底部，构件的底部则应连接到某连接件的顶部，而构件与构件之间的直接连接是不允许的。

3）一个连接件可以和任意数目的其他构件和连接件连接。

4）当两个连接件进行直接连接时，必须由其中一个的底部到另一个的顶部。

（54）（55）**参考答案**：C　C

**解析**　DSSA 的基本活动包括：领域分析、领域设计、领域实现。

1）领域分析。这个阶段的主要目标是获得领域模型。领域模型描述领域中系统之间的共同需求，即领域模型所描述的需求为领域需求。在这个阶段中首先要进行一些准备性的活动，包括定义领域的边界。从而明确分析的对象；识别信息源，整个领域工程过程中信息的来源，可能的信息源包括现存系统、技术文献、问题域和系统开发的专家、用户调查和市场分析、领域演化的历史记录等，在此基础上就可以分析领域中系统的需求，确定哪些需求是领域中的系统广泛共享的，从而建立领域模型。当领域中存在大量系统时，需要选择它们的一个子集作为样本系统。对样本系统需求的考查将显示领域需求的一个变化范围。一些需求对所有被考查的系统是共同的，一些需求是单个系统所独有的。很多需求位于这两个极端之间，即被部分系统共享。

2）领域设计。这个阶段的目标是获得 DSSA。DSSA 描述在领域模型中表示的需求的解决方案，它不是单个系统的表示，而是能够适应领域中多个系统的需求的一个高层次的设计。建立了领域模型之后，就可以派生出满足这些被建模的领域需求的 DSSA，由于领域模型中的领域需求具有一定的变化性，DSSA 也要相应地具有变化性。它可以通过表示多选一的、可选的解决方案等来做到这一点。模型和 DSSA 来组织的，因此在这个阶段通过获得 DSSA，也就同时形成了重用基础设施的规约。

3）领域实现。这个阶段的主要目标是依据领域模型和 DSSA 开发和组织可重用信息。这些可重用信息可能是从现有系统中提取得到，也可能需要通过新的开发得到。它们依据领域模型和

DSSA 进行组织，也就是领域模型和 DSSA 定义了这些可重用信息的重用时机，从而支持了系统化的软件重用。这个阶段也可以看作重用基础设施的实现阶段。值得注意的是，以上过程是一个反复的、逐渐求精的过程。在实施领域工程的每个阶段中，都可能返回到以前的步骤，对以前的步骤得到的结果进行修改和完善，再回到当前步骤，在新的基础上进行本阶段的活动。参与 DSSA 的人员可以划分为 4 种角色：领域专家、领域分析人员、领域设计人员和领域实现人员。

a. 领域专家。领域专家可能包括该领域中系统的有经验的用户、从事该领域中系统的需求分析、设计、实现以及项目管理的有经验的软件工程师等。领域专家的主要任务包括提供关于领域中系统的需求规约和实现的知识，帮助组织规范的、一致的领域字典，帮助选择样本系统作为领域工程的依据，复审领域模型、DSSA 等领域工程产品等。领域专家应该熟悉该领域中系统的软件设计和实现、硬件限制、未来的用户需求及技术走向等。

b. 领域分析人员。领域分析人员应由具有知识工程背景的有经验的系统分析员来担任。领域分析人员的主要任务包括控制整个领域分析过程，进行知识获取，将获取的知识组织到领域模型中，根据现有系统、标准规范等验证领域模型的准确性和一致性，维护领域模型。领域分析人员应熟悉软件重用和领域分析方法；熟悉进行知识获取和知识表示所需的技术、语言和工具；应具有一定的该领域的经验，以便于分析领域中的问题及与领域专家进行交互；应具有较高的进行抽象、关联和类比的能力；应具有较高的与他人交互和合作的能力。

c. 领域设计人员。领域设计人员应由有经验的软件设计人员来担任。领域设计人员的主要任务包括控制整个软件设计过程，根据领域模型和现有的系统开发出 DSSA，对 DSSA 的准确性和一致性进行验证，建立领域模型和 DSSA 之间的联系。领域设计人员应熟悉软件重用和领域设计方法；熟悉软件设计方法；应有一定的该领域的经验，以便于分析领域中的问题及与领域专家进行交互。

d. 领域实现人员。领域实现人员应由有经验的程序设计人员来担任。领域实现人员的主要任务包括根据领域模型和 DSSA，或者从头开发可重用构件，或者利用再工程的技术从现有系统中提取可重用构件，对可重用构件进行验证，建立 DSSA 与可重用构件间的联系。领域实现人员应熟悉软件重用、领域实现及软件再工程技术；熟悉程序设计；具有一定的该领域的经验。

（56）（57）（58）（59）（60）（61）参考答案：A  C  D  A  B  B

🖋解析　"机器人系统主电源断电后，能够在 10 秒内自动启动备用电源并进行切换，恢复正常运行"属于可用性，因为场景描述的是故障恢复问题。主动冗余是可用性的常见策略。"机器人在正常运动过程中如果发现前方 2 米内有人或者障碍物，应在 1 秒内停止并在 2 秒内选择一条新的运行路径"属于性能，资源调度是其常见策略。"对机器人的远程控制命令应该进行加密，从而能够抵挡恶意的入侵破坏行为，并对攻击进行报警和记录"属于安全性，常见的策略是追踪审计。

（62）参考答案：C

🖋解析　规则系统属于虚拟机风格的一种，在本题中要求机器人的控制者首先定义清洁任务和任务之间的关系，然后由机器人执行，这说明机器人能对自定义的一些逻辑进行解析，这是虚拟机风格的一大特色。

（63）（64）**参考答案：C　A**

🔊**解析**　本题主要考查特定领域软件架构的基本定义和基本活动。特定领域软件架构（DSSA）是在一个特定应用领域为一组应用提供组织结构参考的标准软件架构。实施 DSSA 的过程中包括一系列基本的活动，其中领域设计活动的主要目的是为了获得 DSSA。该活动参加人员中，领域专家的主要任务是提供关于领域中系统的需求规约和实现的知识。

（65）**参考答案：D**

🔊**解析**　在初步项目范围说明书中已文档化的主要的可交付物、假设和约束条件的基础上准备详细的项目范围说明书，是项目成功的关键。范围定义的输入包括以下内容：

1）项目章程。如果项目章程或初始的范围说明书没有在项目执行组织中使用，同样的信息需要进一步收集和开发，以产生详细的项目范围说明书。

2）项目范围管理计划。

3）组织过程资产。

4）批准的变更申请。所以项目文档管理方案不属于范围定义的输入。

（66）**参考答案：B**

🔊**解析**　项目时间管理包括使项目按时完成所必需的管理过程。项目时间管理中的过程包括：活动定义、活动排序、活动的资源估算、活动历时估算、制订进度计划以及进度控制。为了得到工作分解结构（WBS）中最底层的交付物，必须执行一系列的活动。对这些活动的识别以及归档的过程就是活动定义。鱼骨图是一种发现问题"根本原因"的方法，通常用来进行因果分析。

（67）**参考答案：D**

🔊**解析**　本题考查软件产品配置项的相关知识。源代码清单、设计规格说明书、软件项目实施计划均可以成为配置项。而工具操作手册是指导开发人员使用 CASE 工具来做开发的一个说明文档，它与软件产品并无直接关联，不宜作为配置项。

（68）**参考答案：B**

🔊**解析**　本题考查最小生成树问题。为解决这类问题，可以按最短距离逐村铺设水管进行连接。

从水库到①村先铺设水管，距离为 5km。

离①村最近的④村距离为 1km，因此铺设水管①-④。

离①、④村最近的为⑧村，④-8 距离为 1km，因此铺设水管④-8。

离①、④、⑧村最近的为⑦村，⑦-8 距离为 0.5km，因此铺设水管⑧-⑦。

离①、④、⑦、⑧村最近的为⑥村，⑦-6 距离为 0.8km，因此铺设水管⑦-6。

②、③、⑤村中，离①、④、⑥、⑦、⑧村最近的为③村，8-③距离为 1km，因此铺设水管⑧-③。

②、⑤村中，离①、③、④、⑥、⑦、⑧村最近的为②村，③-②距离为 1km，因此铺设水管③-②。

⑤村离①、②、③、④、⑥、⑦、⑧村最近的为②村，②-⑤距离为 1km，因此铺设水管②-⑤。至此，所有 8 村均已与水库连接。因此，从水库开始连接各村水管的最小总长度为：5+5×1+0.5+0.8=11.3km。

（69）**参考答案**：C

🖋**解析**　可以按步骤依次抽取最大流量路径的流量，抽取过程如下所示：

【可以有多种不同的抽取方案，都能取得最大流量值】

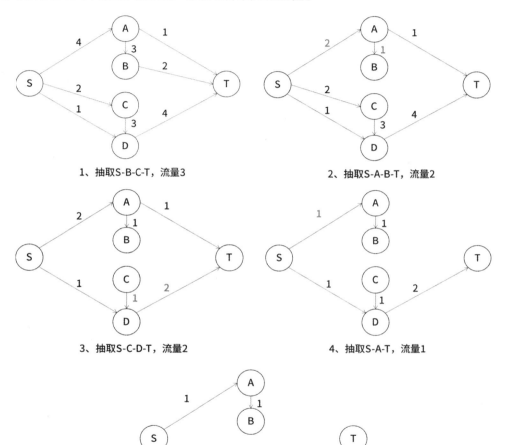

1、抽取S-B-C-T，流量3

2、抽取S-A-B-T，流量2

3、抽取S-C-D-T，流量2

4、抽取S-A-T，流量1

5、抽取S-D-T，流量1

总共抽取流量：3+2+2+1+1=9。综上可得，最大输出能力为 9 万 $m^3/h$。

（70）**参考答案**：C

**解析** 三个子公司分 4 吨金属材料。分法包括：

1）1+1+2 方案，即：1 家公司分 2 吨，另外 2 家公司分 1 吨。该方案下的子方案包括：

①甲 2 吨 + 乙 1 吨 + 丙 1 吨：7+5+4=16。

②甲 1 吨 + 乙 2 吨 + 丙 1 吨：4+9+4=17。

③甲 1 吨 + 乙 1 吨 + 丙 2 吨：4+5+6=15。

2）2+2 方案，即：2 家公司每家分 2 吨，另外 1 家公司不分。该方案下的子方案包括：

①甲 2 吨 + 乙 2 吨：7+9=16。

②甲 2 吨 + 丙 2 吨：7+6=13。

③乙 2 吨 + 丙 2 吨：9+6=15。

3）3+1 方案，即：1 家公司分 3 吨，1 家公司分 1 吨，另外 1 家公司不分。该方案有多种子方案组合，但此处是选择题，只需要做一些分析即可得到结论。3+1 的方案，无论如何组合，都是将题目表格中的 1 吨列中与 3 吨列中各取 1 个数相加来。而此处能得到的最佳方案也就是 5+11=16，而之前我们已算出 17 的方案，所以 3+1 产生不了最佳方案。

4）4+0 方案，即：1 家公司分 4 吨，其余两家公司不分。该方案也就对应着题目表格中的 4 吨这一列，最大值为 14 吨，也非最佳方案，所以最佳方案为甲 1 吨+ 乙 2 吨 + 丙 1 吨=17。

（71）（72）（73）（74）（75）**参考答案**：B D A C B

**解析** 架构设计指定了将要使用的软件和硬件的总体架构和布局。架构设计是一个非常复杂的过程，往往留给经验丰富的架构设计师和顾问。第一步是将（71）细化为更详细的要求，然后用于帮助选择要使用的体系结构以及要放置在每个设备上的软件组件。在（72）中，还必须决定是使用两层，三层还是 n 层架构。然后使用需求和体系结构设计来开发硬件和软件规范。有四种主要的非功能需求类型可能在设计架构时非常重要。（73）指定系统必须执行的操作环境以及这些操作环境如何随时间变化。（74）侧重于非功能性需求问题，如响应时间、容量和可靠性。（75）是否有能力保护信息系统免受故意行为造成的破坏和数据丢失。文化和政治要求是特定于系统将被使用的国家。

（71）A．functional requirements（功能需求）

B．nonfunctional requirements（非功能需求）

C．system constraint（系统约束）

D．system operational environment（系统操作环境）

（72）A．client-based architecture（基于客户端的架构）

B．server-based architecture（基于服务器的架构）

C．network architecture（网络架构）

D．client-server architecture（客户端-服务器架构）

（73）A．Operational requirements（操作要求）

B．speed requirements （速度要求）

C．Access control requirements（访问控制要求）

      D．Customization requirements（用户要求）

（74）A．Environment requirements（环境要求）

      B．Maintainability requirements（可维护性要求）

      C．Performance requirements（性能要求）

      D．Virus control requirements（病毒控制要求）

（75）A．Safety requirements（安全要求）

      B．Security requirements（安全要求）

      C．Data management requirements（数据管理要求）

      D．System requirements（系统要求）

# 第26章

# 案例分析模拟卷

试题一

阅读以下关于软件架构设计的叙述，在答题纸上回答问题 1 至问题 3。

【说明】某软件公司为某品牌手机厂商开发一套手机应用程序集成开发环境，以提高开发手机应用程序的质量和效率。在项目之初，公司的系统分析师对该集成开发环境的需求进行了调研和分析，具体描述如下：

a. 需要同时支持该厂商自行定义的应用编程语言的编辑、界面可视化设计、编译、调试等模块，这些模块产生的模型或数据格式差异较大，集成环境应提供数据集成能力。集成开发环境还要支持以适配方式集成公司现有的应用模拟器工具。

b. 经过调研，手机应用开发人员更倾向于使用 Windows 系统，因此集成开发环境的界面需要与 Windows 平台上的主流开发工具的界面风格保持一致。

c. 支持相关开发数据在云端存储，需要保证在云端存储数据的机密性和完整性。

d. 支持用户通过配置界面依据自己的喜好修改界面风格，包括颜色、布局、代码高亮方式等，配置完成后无需重启环境。

e. 支持不同模型的自动转换。在初始需求中定义的机器性能条件下，对于一个包含 50 个对象的设计模型，将其转换为相应代码框架时所消耗时间不超过 5 秒。

f. 能够连续运行的时间不小于 240 小时，意外退出后能够在 10 秒之内自动重启。

g. 集成开发环境具有模块化结构，支持以模块为单位进行调试、测试与发布。

h. 支持应用开发过程中的代码调试功能：开发人员可以设置断点，启动调试，编辑器可以自动卷屏并命中断点，能通过变量监视器查看当前变量取值。

在对需求进行分析后，公司的架构师小张查阅了相关的资料，认为该集成开发环境应该采用管道-过滤器（Pipe-Filter）的架构风格，公司的资深架构师王工在仔细分析后，认为应该采用数据仓储（Data Repository）的架构风格。公司经过评审，最终采用了王工的方案。

**【问题 1】（10 分）**

识别软件架构质量属性是进行架构设计的重要步骤。请分析题干中的需求描述，填写表 1-1 中（1）～（5）处的空白。

表 1-1　质量属性识别表

| 质量属性名称需求 | 描述编号 | 质量属性名称需求 | 描述编号 |
| --- | --- | --- | --- |
| 可用性 | (1) | 可测试性 | (4) |
| (2) | E | 安全性 | c |
| 可修改性 | (3) | 易用性 | (5) |

**【问题 2】（7 分）**

请在阅读题干需求描述的基础上，从交互方式、数据结构、控制结构和扩展方法 4 个方面对两种架构风格进行比较，填写表 1-2 中（1）～（4）处的空白。

表 1-2　两种架构的比较

| 比较因素 | 管道—过滤器风格 | 数据仓储风格 |
| --- | --- | --- |
| 交互方式 | 顺序结构或有限的循环结构 | (1) |
| 数据结构 | (2) | 文件或模型 |
| 控制结构 | (3) | 业务功能驱动 |
| 扩展方法 | 接口适配 | (4) |

**【问题 3】（8 分）**

在确定采用数据仓库架构风格后，王工给出了集成开发环境的架构图。请填写图 1-1 中（1）～（4）处的空白，完成该集成开发环境的架构图。

图 1-1　集成开发环境架构图

第 26 章

## 试题二

阅读以下关于系统设计建模的说明，在答题纸上回答问题 1 至问题 3。

【说明】某公司拟研制一款高空监视无人直升机，该无人机采用遥控-自主复合型控制实现垂直升降。该直升机飞行控制系统由机上部分和地面部分组成，机上部分主要包括无线电传输设备、飞控计算机、导航设备等，地面部分包括遥控操纵设备、无线电传输设备以及地面综合控制计算机等。其主要工作原理是地面综合控制计算机负责发送相应指令，飞控计算机按照预定程序实现相应功能。经过需求分析，对该无人直升机控制系统纵向控制基本功能整理如下：

（a）飞控计算机加电后，应完成系统初始化，飞机进入准备起飞状态。

（b）在准备起飞状态中等待地面综合控制计算机发送起飞指令，飞控计算机接收到起飞指令后，进入垂直起飞状态。

（c）垂直起飞过程中如果飞控计算机发现飞机飞行异常，飞行控制系统应转入无线电遥控飞行状态，地面综合控制计算机发送遥控指令。

（d）垂直起飞达到预定起飞高度后，飞机应进入高度保持状态。

（e）飞控计算机在收到地面综合控制计算机发送的目标高度后，飞机应进入垂直升降状态，接近目标高度；垂直升降过程中出现飞机飞行异常，控制系统应转入无线电遥控飞行。

（f）飞机到达目标高度后，应进入高度保持状态，完成相应的任务。

（g）飞机在接到地面综合控制计算机发送的任务执行结束指令后，进入飞机降落状态。

（h）飞机降落过程中如果出现飞机飞行异常，控制系统应转入无线电遥控飞行。

（i）飞机降落到指定着陆高度后，进入飞机着陆状态，应按照预定着陆算法，进行着陆。

（j）无线电遥控飞行中，地面综合控制计算机发送着陆指令，飞机进入着陆状态，应按照预定着陆算法，进行着陆。

【问题 1】（6 分）

状态图和活动图是软件系统设计建模中常用的两种手段，请用 200 字以内文字简要说明状态图和活动图的含义及其区别。

【问题 2】（10 分）

根据题干中描述的基本功能需求，架构师王工通过对需求的分析和总结给出了无人直升机控制系统纵向控制状态图（图 2-1）。请根据题干描述，提炼出相应状态及条件，并完善图 2-1 所示状态图中的（1）～（5），将答案填写在答题纸中。

【问题 3】（9 分）

根据题目中描述的基本功能需求，架构师王工给出了无人直升机控制系统纵向控制的顶层活动图（图 2-2）。请根据题干描述，完善图 2-2 活动图的（1）～（9），将答案填写在答题纸中。

图 2-1 无人直升机控制系统纵向控制状态图

图 2-2 无人直升机控制系统纵向控制顶层活动图

## 试题三

请详细阅读有关嵌入式构件设计方面的说明，在答题纸上回答问题 1 至问题 3。

【说明】构件（Component）也称为组件，是一个功能相对独立的具有可复用价值的软硬件单元。近年来，构件技术正在逐步应用于大型嵌入式系统的软件设计。某公司长期从事飞行器电子设备研制工作，已积累了大量成熟软件。但是，由于当初管理和设计等原因，公司的大量软件不能被复用，严重影响了公司后续发展。公司领导层高度重视软件复用问题，明确提出了要将本公司的成熟软件进行改造，建立公司可复用的软件构件库，以提升开发效率、降低成本。公司领导层决定将此项任务交给技术部门的王工程师负责组织实施。两个月后，王工程师经过调研、梳理和实验，提交了一份实施方案。此方案得到了公司领导层的肯定，但在实施过程中遇到了许多困难，主要表现在公司软件架构的变更和构件抽取的界面等方面。

【问题 1】（9 分）

请用 200 字以内文字说明获取构件的方法有哪几种，开发构件通常采用哪几种策略，并列举出两种主流构件标准。

【问题 2】（6 分）

由于该公司已具备大量的成熟软件，王工程师此次的主要工作就是采用遗留工程（Legacy Engineering）方法，将具有潜在复用价值的软件提取出来，得到可复用的构件。因此，在设计软件时与原开发技术人员产生了重大意见分歧，主要分歧焦点在于大家对构件概念理解上的差异。请根据你对构件的理解，判断表 3-1 给出的有关构件的说法是否正确，将答案写在答题纸上。

表 3-1　有关构件的 6 种说法

| 序号 | 关于构件的说明 | 正确：√ 不正确：× |
|---|---|---|
| 1 | 构件是系统中的一个封装了设计与实现，而只披露接口的可更换的部分 | （1） |
| 2 | 构件是解决软件复用的基础，复用的形式可分为垂直式复用和水平式复用。而水平式复用的主要关键在于领域分析，具有领域特征和相似性，受到广泛关注 | （2） |
| 3 | 构件构建在平台之上，平台提供核心平台服务，是构件实现与构件组装的基础。构件组装通常采用基于功能的组装技术、基于数据的组装技术和基于配置的组装技术等三种技术 | （3） |
| 4 | 软件架构为软件系统提供了一个结构、行为和属性的高级抽象，由构件的描述、构件的相互作用（连接件）、指导构件集成的模式以及这些模式的约束组成 | （4） |
| 5 | 构件可分为硬件构件、软件构件、系统构件和应用构件。RTL（运行时库）属于软件构件，由于 RTL 与应用领域相关，所以 RTL 应属于垂直式复用构件 | （5） |
| 6 | 硬件构件的功能被给定的硬件结构如 ASIC 预先确定，是不能修改的。同样，软件构件的功能由在 FPGA 或者 CPU 上的软件确定的，也是不能修改的 | （6） |

【问题 3】（10 分）

王工程师的实施方案指出：本公司的大部分产品是为用户提供标准计算平台的，而此平台中的主要开发工作是为嵌入式操作系统研制板级支持软件（BSP）。为了提高 BSP 软件的复用，应首先开展 BSP 构件的开发，且构件架构应符合国外 GENESYS 规范定义的嵌入式系统架构风格。图 3-1 给出了架构风格定义的构件通用接口，其中：链接接口（LIF）是构件对外提供的功能服务接口；局部接口建立了构件和它的局部环境的连接，如传感器、作动器或人机接口；技术相关接口（TDI）提供了查看构件内部、观察构件的内部变量的手段，如诊断等；技术无关接口（TII）用来在运行时配置、复使、重启构件的接口。现需要针对 BSP 中常用的 RS-232 串行驱动程序设计一个可复用的软构件，请说明该软构件四类接口的具体功能。

图 3-1　GENESYS 规范定义的构件接口

## 试题四

阅读以下有关表现层设计方面的说明，在答题纸上回答问题 1 至问题 3。

【说明】某商业银行欲开发一套个人银行系统，为用户提供常见的金融服务，包括转账、查询、存款变更和个人信息管理等功能。该软件除了业务需求外，还有一些特殊的表现层需求：

（1）根据用户级别的不同，界面和可用功能是不同的。

（2）支持 Web、Windows、手机 App 等多种不同类型的界面。

（3）考虑到将来功能的扩展，需要系统支持界面的定制以及动态生成等功能，以降低系统维护和新功能发布的成本。

经过对需求的讨论，该银行初步决定采用 MVC 模式设计该个人银行系统的表现层，采用 XML 作为 GUI 的描述语言，并应用 XML 的界面管理技术来实现灵活的界面配置、界面动态生成和界面定制。

【问题 1】（9 分）

MVC 模式强制性地将一个应用处理流程按照模型、视图、控制的方式进行分离，三者的协作关系如图 4-1 所示。

图 4-1　MVC 设计模式

请填写图 4-1 中的（1）～（3），并简要说明在该个人银行系统中采用 MVC 模式对界面设计的作用。

【问题 2】（4 分）

请从设计模式的角度，简要说明设计方案采用 XML 作为 GUI 描述语言的机制。

【问题 3】（12 分）

基于 XML 的界面管理技术可实现灵活的界面配置、界面动态生成和界面定制，其思路是用 XML 生成配置文件及界面所需的元数据，按不同需求生成界面元素及软件界面，其技术框图如图 4-2 所示。

图 4-2　基于 XML 的界面管理技术框架

请将恰当的内容填入图 4-2 中的（1）～（3），并简要解释说明其含义。

## 试题五

请详细阅读有关数据架构方面的描述，回答问题 1 至问题 3。

【说明】某软件公司欲开发一个基于 Web 2.0 的大型社交网络系统。就该系统的数据架构而言，李工决定采用公司熟悉的数据架构，使用通用的商用关系型数据库，系统内部数据采用中央集中方式存储。

该系统投入使用后，初期用户数量少，系统运行平稳。6 个月后，用户数出现了爆炸式增长，系统暴露出诸多问题，集中表现在：

（1）用户执行读写操作时，响应时间均变得很慢。

（2）随着系统功能的扩充，原有数据格式发生变化，又出现新的数据格式，维护困难。

（3）数据容量很快超过系统原有的设计上限，数据库扩容困难。

（4）软件系统不断出现宕机，整个系统可用性较差。经过多次会议讨论，公司的王工建议采用 NoSQL 数据库来替代关系数据库，以解决上述问题。但李工指出 NoSQL 数据库出现时间不长，在使用上可能存在风险。公司技术人员对 NoSQL 数据库产品进行了认真测试，最终决定采用 NoSQL 数据库来替代现有的数据库系统。

【问题 1】（11 分）

分别解释产生问题（1）～（4）的原因。

【问题 2】（8 分）

请针对问题（1）～（4），分别指出 NoSQL 数据库的哪些特点促使公司最终采用了 NoSQL 数据库。

【问题 3】（6 分）

请指出该系统采用 NoSQL 数据库时可能存在的问题。

# 第27章
# 案例分析模拟卷答案解析

**解析** 本题考查的是架构设计过程中涉及的一些质量属性，以及架构风格的对比。常用的质量属性包括：

（1）性能是指系统的响应能力，即要经过多长时间才能对某个事件作出响应，或者在某段时间内系统所能处理的事件的个数。

（2）可靠性是软件系统在应用或系统错误面前，在意外或错误使用的情况下维持软件系统的功能特性的基本能力。

（3）可用性是系统能够正常运行的时间比例。经常用两次故障之间的时间长度或在出现故障时系统能够恢复正常的速度来表示。

（4）安全性是指系统在向合法用户提供服务的同时能够阻止非授权用户使用的企图或拒绝服务的能力。安全性又可划分为机密性、完整性、不可否认性及可控性等特性。

（5）可修改性是指能够快速地以较高的性能价格比对系统进行变更的能力。通常以某些具体的变更为基准，通过考查这些变更的代价衡量可修改性。

（6）易用性软件开发工具应有十分友好的用户界面，用户乐于使用；工具应能剪裁和定制，以适应特定用户的需要；工具应能提示用户的交互操作，提供简单有效的执行方式；工具还应能检查用户的操作错误，尽可能自动改正错误。

题目中还涉及管道-过滤器风格与仓库风格的对比。这两种风格的基本概念为：在管道-过滤器风格的软件体系结构中，每个构件都有一组输入和输出，数据输入构件，经过内部处理，然后产生数据输出。因此，这里的构件被称为过滤器，这种风格的连接件就像是数据流传输的管道，将一个过滤器的输出传到另一个过滤器的输入。

在仓库风格中，有两种不同的构件：中央数据结构说明当前状态，独立构件在中央数据存储上执行。一方面，若构件控制共享数据，则仓库是一个传统型数据库；另一方面，若中央数据结构的当前状态触发进程执行的选择，则仓库是一个黑板系统。

题目中对比的方面分别是：

交互方式：管理过滤器很明显是顺序结构或循环结构，数据在管道中进行传递。而仓库结构是数据在中心位置，所有的处理均是中心节点与周边节点之间的交互，从形态来看，是星型的。

数据结构：从数据结构来看，仓库风格会使用一个文件将数据保存起来，所有的操作围绕这个文件进行。而管道-过滤器则是在过滤器之间传递数据流。

控制结构：从控制结构来说仓库风格是业务功能驱动，而管道过滤器是由数据流驱动的。

扩展方法：从扩展方法来讲，管道-过滤器是通过过滤器提供标准接口与其他过滤器对接，而数据仓库风格，要共享数据，扩展功能，只要功能的操作与数据模型本身是匹配的就行了，就像我们要共享一个数据库做系统集成，此时共享同一个数据库的多个应用系统所用的数据模型一定会是一致的，否则无法去共享。

本题最后一问是分析开发环境架构图。要填充这个图，首先得想明白的是，这个环境中，仓库的中心是数据，数据对应的是语法结构树，因为一系列的处理都是以此为依据来进行的。接下来找出与编译器同等地位的其他处理工具即可。

**试题答案：**
【问题1】（1）f　　（2）性能　　（3）g　　（4）h　　（5）b
【问题2】（1）星型　　（2）数据流　　（3）数据流驱动　　（4）模型适配
【问题3】（1）语法结构树　　（2）编辑器　　（3）适配器　　（4）应用模拟器工具

## 试题二

🖊**解析**

【问题1】本问题考查系统建模中常用的活动图与状态图的概念知识。

状态图用来描述一个特定对象的所有可能状态以及其引起状态转移的事件，一个状态图包括一系列的状态以及状态之间的转移，状态图通常用于表示单个对象在其生命周期中的行为。活动图用来描述操作的行为，也用于描述用例和对象内部的工作过程。状态图和活动图都是用来描述系统的动态行为特征的，主要用于描述事物的状态变化和处理过程。

但是两者还是有本质区别的：状态图和活动图用于不同的目的，状态图着重描述一系列的状态及状态间的转移，状态间的变迁需要外部事件的触发。活动图用于捕获动作（将要执行的工作或活动）及动作的结果，活动图中一个活动结束将立即进入下一个活动，是内部处理驱动的流程。

【问题2】本问题考查系统建模中状态图的设计与应用。考生应该在熟记基本概念的基础上结合实际问题灵活掌握并应用这些概念。在解答本题时，首先需要对题目中描述的基本功能需求（a）～（j）进行分析与梳理，确定系统控制中的所有状态以及状态间的转换条件，再结合［问题2］中已经给出的状态，完成其余状态及条件的设计。

【问题3】

本问题考查系统建模中活动图的设计与应用。考生应该掌握泳道活动图的概念并且学会应用。泳道活动图，是将一个活动图中放入活动状态进行分组，每一组表示一个特定的类或者对象，它们负责完成组内的活动。每个活动都明确属于一个泳道，不可以跨越泳道，而转移则可以跨越泳道。在解答本题时，首先需要对题目中描述的基本功能需求进行分析与梳理，确定题目中存在哪些硬件设备与飞控计算机进行交互，以及设备间的交互关系，再结合【问题3】中已经给出的活动，完成其余活动及设备的设计。

试题答案：

【问题1】状态图主要用于描述一个对象在其生存期间的动态行为，表现一个对象所经历的状态序列，引起状态转移的事件（event），以及因状态转移而伴随的动作（action）。

活动图可以用于描述系统的工作流程和并发行为。活动图其实可看作状态图的特殊形式，活动图中一个活动结束后将立即进入下一个活动（在状态图中状态的转移可能需要事件的触发）。

两者最大的区别是：状态图侧重于描述行为的结果，而活动图侧重于描述行为的动作。活动图可描述并发行为，而状态图不能。

【问题2】

（1）垂直起飞状态

（2）飞机飞行异常

（3）高度保持状态

（4）垂直升降状态

（5）无线遥控飞行状态

【问题3】

（1）地面综合控制计算机

（2）下传完成系统初始化信息

（3）飞机垂直起飞

（4）飞行高度保持

（5）发送目标高度

（6）飞机垂直升降

（7）发送任务执行结束指令

（8）飞机降落

（9）无线电遥控飞行

试题三

🔖解析　构件组装是指将库中的构件经适当修改后相互连接，或者将它们与当前开发项目中的软件元素相连接，最终构成新的目标软件。构件组装技术大致可分为基于功能的组装技术、基于数据的组装技术和面向对象的组装技术。

（1）基于功能的组装技术。基于功能的组装技术采用子程序调用和参数传递的方式将构件组装起来。它要求库中的构件以子程序/过程/函数的形式出现，并且接口说明必须清晰。当使用这种组装技术进行软件开发时，开发人员首先应对目标软件系统进行功能分解，将系统分解为强内聚、松耦合的功能模块。然后根据各模块的功能需求提取构件，对它进行适应性修改后再挂接在上述功能分解框架中。

（2）基于数据的组装技术。基于数据的组装技术首先根据当前软件问题的核心数据结构设计出一个框架，然后根据框架中各节点的需求提取构件并进行适应性修改，再将构件逐个分配至框架中的适当位置。此后，构件的组装方式仍然是传统的子程序调用与参数传递。这种组装技术也要求库中构件以子程序形式出现，但它所依赖的软件设计方法不再是功能分解，而是面向数据的设计方法，例如 Jackson 系统开发方法。

（3）面向对象的组装技术。由于封装和继承特征，面向对象方法比其他软件开发方法更适合支持软件重用。在面向对象的软件开发方法中，如果从类库中检索出来的基类能够完全满足新软件项目的需求，则可以直接应用。否则，必须以类库中的基类为父类采用构造法或子类法生成子类。

**试题答案：**

**【问题 1】**

获取构件的方法包括：

（1）从现有构件中获得符合要求的构件，直接使用或作适应性修改，得到可重用的构件。

（2）通过遗留工程，将具有潜在重用价值的构件提取出来，得到可重用的构件。

（3）从市场上购买现成的商业构件，即 COTS（Commercial Off-The-Shell）构件。

（4）开发新的符合要求的构件。

开发构件的策略：

（1）分区：指的是将问题情景的空间分割成几乎可以独立研究的部分。

（2）抽象：是对给定实践内执行指定计算的软/硬件单元的一种抽象。

（3）分割：是将结构引入构件的行为，支持对行为性质进行时序推理。

主流构件标准包括：COBRA、COM/DCOM/COM+、EJB（答出其中两种即可）。

**【问题 2】**

（1）√　　（2）×　　（3）×　　（4）√　　（5）×　　（6）×

**【问题 3】**

1. 链接接口（LIF）：RS-232 串行驱动程序对外提供的功能服务数据传输的接口。

2. 局部接口：RS-232 串行驱动程序与它的局部环境的连接。

3. 技术相关接口（TDI）：查看 RS-232 串行驱动内部数据通信负载情况，观察内部变量的变化。

4. 技术无关接口（TII）：用来在运行时配置、重启 RS-232 串行驱动程序。

试题四

🔍**解析** 本题考查 MVC 模式以及 XML 技术的应用。

MVC 全名是 Model View Controller，是模型－视图－控制器的缩写，一种软件设计典范，用一种业务逻辑、数据、界面显示分离的方法组织代码，将业务逻辑聚集到一个部件里面，在改进和个性化定制界面及用户交互的同时，不需要重新编写业务逻辑。

Model（模型）是应用程序中用于处理应用程序数据逻辑的部分。通常模型对象负责在数据库中存取数据。

View（视图）是应用程序中处理数据显示的部分。通常视图是依据模型数据创建的。

Controller（控制器）是应用程序中处理用户交互的部分。通常控制器负责从视图读取数据，控制用户输入，并向模型发送数据。

MVC 分层有助于管理复杂的应用程序，因可以在一个时间内专门关注一个方面。例如，您可以在不依赖业务逻辑的情况下专注于视图设计。同时也让应用程序的测试更加容易。

MVC 分层同时也简化了分组开发。不同的开发人员可同时开发视图、控制器逻辑和业务逻辑。

**试题答案：**

**【问题 1】**

（1）选择视图　　　（2）业务视图　　　（3）状态查询

MVC 模式对该个人银行系统的作用：

（1）允许多种界面的扩展，视图的变更与增加，与模型无关。

（2）易于维护，控制器和视图随着模型的扩展而扩展，只要保持公共接口，控制器和视图的旧版本可以继续使用。

（3）可支持功能强大的用户界面。

**【问题 2】**

从设计模式的角度来说，整个 XML 表现层解析的机制是一种策略模式。在调用显示 GUI 时，不是直接调用特定的表现技术的 API，而是装载 GUI 对应的 XML 配置文件，然后根据特定的表现技术的解析器解析 XML，得到 GUI 视图实例对象。这样，对于 GUI 开发人员来说，GUI 视图只需要维护一套 XML 文件即可。

**【问题 3】**

（1）界面定制模块

（2）界面动态生成模块

（3）界面配置模块

界面配置是对用户界面的静态定义，通过读取配置文件的初始值对界面配置。由界面配置对软件功能进行裁剪、重组和扩充，以实现特殊需求。界面定制是对用户界面的动态修改过程，在软件运行过程中，用户可按需求和使用习惯，对界面元素（如菜单、工具栏、键盘命令）的属性（如文字、图标、大小、位置等）进行修改。软件运行结束，界面定制的结果被保存。

系统通过 DOM API 读取 XML 配置文件的表示层信息（初始界面大小、位置等），通过数据存取类读取数据库中的数据层信息，运行时由界面元素动态生成界面。界面配置和定制模块在软件运行前后，修改配置文件，更改界面内容。

## 试题五

**试题答案：**

**【问题 1】** 其原因主要是：

（1）用户响应时间慢。大型社交网络系统要根据用户个性化信息来实时生成动态页面和提供动态信息，所以基本上无法使用动态页面静态化技术，因此数据库并发负载非常高，往往要达到每秒上万次读写请求。关系数据库应付上万次 SQL 查询还勉强可以，但是应付上万次 SQL 写数据请求，硬盘 I/O 就已经无法承受了。特别是涉及多表连接操作，会导致响应变慢。

（2）数据格式变化。大型社交网络系统随着用户的使用，会不断地增加新的功能，导致原有数据格式发生变化，甚至出现新的数据格式。但关系数据库中采用元组方式组织数据，难以使用新型数据格式，难以维护。

（3）数据容量超过设计上限。对于大型社交网络系统，往往会在很短的时间内产生海量数据。关系数据库多采用中央数据存储，使得数据容量受限于前期设计的上限，很难实现数据容量的横向扩展。

（4）系统可用性差：关系数据库采用中央数据存储，容易成为系统的性能瓶颈，单点故障很容易导致系统崩溃，负载过高往往导致系统出现宕机现象。

**【问题 2】**

针对问题（1），NoSQL 数据库支持高并发数据访问，性能较高。

针对问题（2），NoSQL 数据库的数据存储结构松散，能够灵活支持多种类型的数据格式。

针对问题（3），NoSQL 数据库能够支持海量数据的存储，且易于横向扩展。

针对问题（4），NoSQL 数据库基于分布式数据存储，不存在单点故障和性能瓶颈，系统可用性高。

**【问题 3】**

该系统采用 NoSQL 数据库时可能存在的问题有：

（1）NoSQL 数据库的现有产品不够成熟，大多数产品处于初创期。

（2）NoSQL 数据库并未形成一定的标准，产品种类繁多，缺乏官方支持。

（3）NoSQL 数据库不提供对 SQL 的支持，学习和应用迁移成本较高。

（4）NoSQL 数据库支持的特性不够丰富，现有产品提供的功能比较有限。

# 第28章
# 论文写作模拟卷

## 试题一：论软件架构风格

软件体系架构风格是描述某一特定应用领域中系统组织方式的惯用模式。体系架构风格定义一个系统家族，即一个体系架构定义一个词汇表和一组约束。词汇表中包含一些构件和连接件类型，而这组约束指出系统是如何将这些构件和连接件组合起来的。体系架构风格反映了领域中众多系统所共有的结构和语义特性，并指导如何将各个模块和子系统有效地组织成一个完整的系统。请围绕"论软件架构风格"论题，依次从以下三个方面进行论述。

1．概要叙述你参与分析和设计的软件系统开发项目以及你所承担的主要工作。

2．软件系统开发中常用的软件架构风格有哪些？详细阐述每种风格的具体含义。

3．详细说明你所参与分析和设计的软件系统是采用什么软件架构风格的，并分析采用该架构风格设计的原因。

## 试题二：论软件系统架构评估

对于软件系统，尤其是大规模的复杂软件系统来说，软件的系统架构对于确保最终系统的质量具有十分重要的意义，不恰当的系统架构将给项目开发带来高昂的代价和难以避免的灾难。对一个系统架构进行评估，是为了：分析现有架构存在的潜在风险，检验设计中提出的质量需求，在系统被构建之前分析现有系统架构对于系统质量的影响，提出系统架构的改进方案。架构评估是软件开发过程中的重要环节。请围绕"论软件系统架构评估"论题，依次从以下三个方面进行论述。

1．概要叙述你所参与的架构评估的软件系统，以及在评估过程中所承担的主要工作。

2．分析软件系统架构评估中所普遍关注的质量属性有哪些，详细阐述每种质量属性的具体含义。

3．详细说明你所参与的软件系统架构评估中，采用了哪种评估方法，具体实施过程和效果如何。

## 试题三：论企业集成平台的技术与应用

企业集成平台是一个支持复杂信息环境下信息系统开发、集成和协同运行的软件支撑环境。它基于各种企业经营业务的信息特征，在异构分布环境（操作系统、网络、数据库）下为应用提供一致的信息访问和交互手段，对其上运行的应用进行管理，为应用提供服务，并支持企业信息环境下各特定领域的应用系统的集成。企业集成平台的核心是企业集成架构，包括信息、过程、应用集成的架构。

请以"企业集成平台的技术与应用"为题，依次从以下三个方面进行论述：

1．概要叙述你参与管理和开发的企业集成平台相关的软件项目以及你在其中所承担的主要工作。

2．简要说明企业集成平台的基本功能及企业集成的关键技术，并结合项目实际情况，阐述该项目所选择的关键技术及其原因。

3．结合你具体参与管理和开发的实际项目，举例说明所采用的企业集成架构设计技术的具体实施方式及过程，并详细分析其实现效果。

## 试题四：论面向服务架构设计及其应用

企业应用集成（Enterpise Application Integration, EAI）是每个企业都必须要面对的实际问题。面向服务的企业应用集成是一种基于面向服务体系结构（Service-Oriented Architecture，SOA）的新型企业应用集成技术，强调将企业和组织内部的资源和业务功能暴露为服务，实现资源共享和系统之间的互操作性，并支持快速地将新的应用以服务的形式加入到已有的集成环境中，增强企业 IT 环境的灵活性。

**请围绕"SOA 在企业集成架构设计中的应用"论题，依次从以下三个方面进行论述。**

1．概要叙述你参与管理和实施的企业应用集成项目及你在其中所担任的主要工作。

2．具体论述 SOA 架构的内容、特点，以及你熟悉的工具和环境对 SOA 的支持，在应用中重点解决了哪些问题。

3．通过你的切身实践详细论述 SOA 在企业应用集成中发挥的作用和优势。

# 附录 专业英语词汇表

| 词汇 | 含义 |
| --- | --- |
| access | 存取 |
| active-matrix | 主动矩阵 |
| adapter | 适配器，转换器 |
| adapter cards | 适配卡 |
| agents | 代理 |
| analog signals | 模拟信号 |
| animations | 动画 |
| applets | 程序 |
| arithmetic operations | 算术运算 |
| array | 数组，阵列 |
| assembly | 汇编，安装，装配 |
| asynchronous | 异步的，非同步的 |
| asynchronous communications port | 异步通信端口 |
| attachment | 附件 |
| audio-output device | 音频输出设备 |
| bandwidth | 带宽 |
| bar code reader | 条形码读卡器 |
| bit | 比特 |
| bluetooth | 蓝牙 |
| bus line | 总线 |
| cache | 高速缓存 |
| CAD（computer aided design） | 计算机辅助设计 |
| CD-R | 可记录压缩光盘 |
| CD-ROM | 可记录光盘 |
| CD-RW | 可重写光盘 |

续表

| 词汇 | 含义 |
| --- | --- |
| certificates | 证书 |
| command | 命令，指令 |
| compress | 压缩，精减 |
| configuration | 配置 |
| control unit | 操纵单元 |
| controller | 控制器 |
| cookies | 信息记录程序 |
| cookies-cutter programs | 信息记录截取程序 |
| coprocessor | 协同处理器 |
| copyright | 版权 |
| correspond | 通信（联系） |
| critical | 临界的，临界值 |
| cursor | 光标 |
| database | 数据库 |
| decimal | 十进制，十进制的 |
| digital | 数字的 |
| digital subscriber line | 数字用户线路 |
| digital versatile disc | 数字化通用磁盘 |
| digital video disc | 数字化视频光盘 |
| directory | 目录，索引簿 |
| disk | 盘，磁盘 |
| display | 显示 |
| dot-matrix printer | 点矩阵式打印机 |
| drive | 驱动 |
| e-commerce | 电子商务 |
| E-mail | 电子邮件 |
| enclose | 封闭，密封，围住，包装 |
| file | 文件 |
| firewall | 防火墙 |
| Flash RAM | 闪存 |
| format | 格式 |

| 词汇 | 含义 |
| --- | --- |
| hacker | 黑客 |
| hexadecimal | 十六进制的 |
| hierarchical | 分级的，分层的 |
| home page | 主页 |
| host computer | 主机 |
| index | 索引，变址，指数 |
| integrate | 综合，集成 |
| integrated software | 集成软件 |
| interpreter | 解释程序，翻译机 |
| key | 键，关键字，关键码 |
| line | （数据，程序）行，线路 |
| list | 列表，显示 |
| locating | 定位，查找 |
| macro | 宏，宏功能，宏指令 |
| main board | 主板 |
| map | 图；映像，变址 |
| margin | 余量，边缘，边际 |
| micro | 微的，百万分之一 |
| memory | 内存 |
| network adapter card | 网卡 |
| network terminal | 网络终端 |
| numerical | 数量的，数字的 |
| on-line | 联机的 |
| operate | 操作，运算 |
| optimize | 优选，优化 |
| output | 输出，输出设备 |
| pixel | 像素 |
| pop | 上托，弹出（栈） |
| printer | 打印机，印刷机 |
| product | （乘）积，产品 |
| Programming language | 程序设计语言 |

续表

| 词汇 | 含义 |
| --- | --- |
| property | 性（质），特征 |
| protocol | 规约，协议，规程 |
| pseudo | 假的，伪的，冒充的 |
| push | 推，按，压，进（栈） |
| recall | 撤销，复活，检索 |
| replaceable | 可替换的 |
| retrieve | 检索 |
| rewrite | 重写 |
| scan | 扫描，扫视，搜索 |
| scanner | 扫描器 |
| series | 序列，系列，串联 |
| set | 设置 |
| space | 空格键，空间 |
| stack | 栈，堆栈，存储栈 |
| sub-directory | 子目录 |
| subset | 子集，子设备 |
| system software | 系统软件 |
| telnet | 远程登录 |
| template | 模板 |
| terminal | 终端，端子 |
| tracks | 磁道 |
| update | 更新，修改，校正 |
| variable | 可变的 |
| video | 视频，电视 |
| video display screen | 视频显示屏 |
| virtual memory | 虚拟内存 |
| virus | 病毒 |
| voice recognition system | 声音识别系统 |
| ADSL（Asymmetric Digital Subscriber Line） | 不对称数字订阅线路 |
| AGP（accelerated graphics port） | 加速图形接口 |
| AH（Authentication Header） | 鉴定文件头 |

| 词汇 | 含义 |
| --- | --- |
| API（Application Programming Interface） | 应用程序设计接口 |
| ARP（Address Resolution Protocol） | 地址解析协议 |
| ATM（Asynchronous Transfer Mode） | 异步传输模式 |
| BCF（Boot Catalog File） | 启动目录文件 |
| BIOS（Basic input/output System） | 基本输入/输出系统 |
| CA（Certification Authority） | 证书管理机构 |
| CD（compact disc） | 压缩盘 |
| CGI（Common Gateway Interface） | 公共网关界面 |
| CGI（Common Gateway Interface） | 通用网关接口 |
| CISC（Complex Instruction Set Computer） | 复杂指令集计算机 |
| CMOS（complementary metal-oxide semiconductor） | 互补金属氧化物半导体 |
| CPU（central processing unit） | 中央处理器 |
| CRC（Cyclical Redundancy Check） | 循环冗余检查 |
| CRT（Cathode Ray Tube） | 阴极射线管 |
| CTI（Computer Telephone Integration） | 计算机电话综合技术 |
| DBMS（database management system） | 数据库管理系统 |
| DBS（Direct Broadcast Satellite） | 直接卫星广播 |
| DES（Data Encryption Standard） | 数据加密标准 |
| DIC（Digital Image Control） | 数字图像控制 |
| DNS（Domain Name System） | 域名系统 |
| DOM（Document Object Model） | 文档对象模型 |
| DSP（Digital Signal Processing） | 数字信号处理 |
| DTE（Data Terminal Equipment） | 数据终端设备 |
| DWDM（Dense Wavelength Division Multiplex） | 波长密集型复用技术 |
| EDO（Extended Data Output） | 扩充数据输出 |
| FRC（Frame Rate Control） | 帧比率控制 |
| FTP（File Transfer Protocol） | 文件传输协议 |
| Ghost（General Hardware Oriented System Transfer） | 全面硬件导向系统转移 |
| HDTV（high-definition television） | 高清晰度电视 |
| HTML（Hyper Text Markup Language） | 超文本标示语言 |
| HTTP（Hyper Text Transmission Protocol） | 超文本传输协议 |

续表

| 词汇 | 含义 |
| --- | --- |
| Hypertext | 超文本 |
| ICMP（Internet Control Message Protocol） | 因特网信息控制协议 |
| IP（Internet Protocol） | 网际协议 |
| LAN（Local Area Network） | 局域网 |
| LCD（Liquid crystal display monitor） | 液晶显示器 |
| MAC（Media Access Control） | 媒体访问控制子层协议 |
| MIDI（Musical Instrument Digital Interface） | 乐器数字化接口 |
| MMDS（Multichannel Multipoint Distribution Service） | 多波段多点分发服务 |
| NAC（Network Access Control） | 网络存取控制 |
| NOS（Network operation system） | 网络操作系统 |
| OJI（Open Java VM Interface） | 开放 Java 虚拟机接口 |
| OLE（object linking and embedding） | 对象链接入 |
| OMR（optical-mark recognition） | 光标阅读器 |
| P3P（Privacy Preference Project） | 个人隐私安全平台 |
| PCI（peripheral component interconnect） | 外部设备互连总线 |
| PCM（Pulse Code Modulation） | 脉冲编码调制 |
| PDA（personal digital assistant） | 个人数字助理 |
| POP3（Post Office Protocol Version 3） | 第三版电子邮局协议 |
| PSTN（Public Switched Telephone Network） | 公用交换式电话 |
| RAM（Random Access Memory） | 随机存取存储器 |
| Remote Login | 远程登录（注册） |
| RISC（Reduced Instruction Set Computer） | 精简指令集计算机 |
| ROM（read-only memory） | 只读存储器 |
| SDRAM（Synchronous Dynamic Random Access Memory） | 同步动态随机存储器 |
| SGML（Standard Generalized Markup Language） | 标准通用标记语言 |
| SMIL（Synchronous Multimedia Integrate Language） | 同步多媒体集成语言 |
| SQL（structured query language） | 结构化查询语言 |
| TAPI（Telephony Application Programming Interface） | 电话应用程序接口 |
| TCP（Transmission Control Protocol） | 传输控制协议 |
| TSAPI（Telephony Services Application Programming） | 电话服务应用 |

续表

| 词汇 | 含义 |
| --- | --- |
| UDP（User Datagram Protocol） | 用户数据报协议 |
| URL（Uniform Resource Locator） | 统一资源定位符 |
| USB（universal serial bus） | 通用串行总线 |
| VDT（Video Display Terminals） | 视频显示终端 |
| VOD（Video On Demand） | 视频点播 |
| VPN（virtual private network） | 虚拟专用网络 |
| VPN（Virtual Private Network） | 虚拟局域网 |
| VRML（Virtual Reality Makeup Language） | 虚拟现实结构化语言 |
| VRR（Vertical Refresh Rate） | 垂直扫描频率 |
| WAIS（Wide Area Information Service） | 广域信息服务器 |
| WDM（Wavelength Division Multiplex） | 波分多路复用 |
| Web browser | 网络浏览器 |
| WWW（World Wide Web） | 万维网 |
| XML（Extensible Markup Language） | 可扩展标记语言 |